岭南建筑文化与美学丛书·第三辑

唐孝祥　主编

# 潮汕地区祠庙建筑遗产价值

白　颖　著

中国建筑工业出版社

**图书在版编目（CIP）数据**

潮汕地区祠庙建筑遗产价值 / 白颖著 . -- 北京：中国建筑工业出版社，2024. 9. --（岭南建筑文化与美学丛书 / 唐孝祥主编）. -- ISBN 978-7-112-30573-5

Ⅰ. K928.75

中国国家版本馆CIP数据核字第2024FG1875号

责任编辑：唐　旭
文字编辑：陈　畅
书籍设计：锋尚设计
责任校对：赵　力

岭南建筑文化与美学丛书 · 第三辑
唐孝祥　主编
**潮汕地区祠庙建筑遗产价值**
白　颖　著

*

中国建筑工业出版社出版、发行（北京海淀三里河路 9 号）
各地新华书店、建筑书店经销
北京锋尚制版有限公司制版
北京中科印刷有限公司印刷

*

开本：787 毫米×1092 毫米　1/16　印张：13½　字数：266 千字
2024 年 11 月第一版　2024 年 11 月第一次印刷
定价：**68.00** 元
ISBN 978-7-112-30573-5
（43716）

# 序

岭南一词，特指南岭山脉（以越城、都庞、萌渚、骑田和大庾之五岭为最）之南的地域，始见于司马迁《史记》，自唐太宗贞观元年（公元627年）开始作为官方定名。

岭南文化，历史悠久，积淀深厚，城市建城史逾两千余年。不少国人艳羡当下华南的富足，却失语于它历史的馈赠、文化的滋养、审美的熏陶。泱泱华南，四时异趣，建筑遗存，风姿绰约，价值丰厚。那些蕴藏于历史长廊的岭南建筑审美文化基因，或称南越古迹，或谓南汉古韵，如此等等，自成一派又一脉相承；至清末民国时期，西风东渐，融东西方建筑文化于一体，促成岭南建筑文化实现了从“得风气之先”到“开风气之先”的良性循环，铸塑岭南建筑的文化地域性格。改革开放，气象更新，岭南建筑，独领风骚。务实开放、兼容创新、世俗享乐的岭南建筑文化精神愈发彰显。

岭南建筑，类型丰富、特色鲜明。一座座城市、一个个镇村，一栋栋建筑、一处处遗址，串联起岭南文化的历史线索，表征岭南建筑的人文地理特征和审美文化精神，也呼唤着岭南建筑文化与美学的学术探究。

建筑美学是建筑学和美学相交而生的新兴交叉学科，具有广阔的学术前景和强大的学术生命力。“岭南建筑文化与美学丛书”的编写，旨在从建筑史学和建筑美学相结合的角度，并借鉴社会学、民族学、艺术学等其他不同学科的相关研究新成果，探索岭南建筑和聚落的选址布局、建造技艺、历史变迁和建筑意匠等方面的文化地域性格，总结地域技术特征，梳理社会时代精神，凝练人文艺术品格。

我自1993年从南开大学哲学系美学专业硕士毕业后来华南理工大学任教，便开展建筑美学理论研究，1997年有幸师从陆元鼎教授攻读建筑历史与理论专业博士学位，逐渐形成了建筑美学和风景园林美学两个主要研究方向，先后主持完成国家社会科学基金项目、国际合作项目、国家自然科学基金项目共4项，出版有《岭南近代建筑文化与美学》《建筑美学十五讲》《风景园林十五讲》等著（译）作12部，在《建筑学报》《中国园林》《南方建筑》《哲学研究》《广东社会科学》等重要期刊公开发表180多篇学术论文。我主持并主讲的《建筑美学》课程先后被列为国家级精品视频课程和国家级一流本科课程。经过近30年的持续努力逐渐形成了植根岭南地区的建筑美学研究团队。其中在“建筑美学”研究方向指导完成40余篇硕士学位论文和10余篇博士学位论文，在团队建设、人才培养、成果产出等方面已形成一定规模并取得一定成效。为了进一步推动建筑美学研究的纵深发展，展现团队研究成果，以“岭南建筑文化与美学丛书”之名，分辑出版。经过统筹规划和沟通协调，本丛书首辑以探索岭南建筑文化与美学由传统性向现代性的创造性转化和创新性发展为主题方向，挖掘和展示岭南传统建筑文化的精神内涵和当代价值。第二辑的主题是展现岭南建筑文化与美学由点连线成面的空间逻辑，以典型案例诠释岭南城乡传统建筑的审美文化特征，以比较研究揭示岭南建筑特别是岭南侨乡建筑的独特品格。第三辑则透过不同形态的岭南文化遗产典型案例，生动阐释了文化遗产的多元价值与内涵表达，在当下与未来的动态变化中呈现出丰富而多样的审美取向，重在探讨了岭南城市历史景观在传承与可持续发展中的关系问题。这既是传承和发展岭南建筑特色的历史责任，也是岭南建筑创作溯根求源的时代需求，更是岭南建筑美学研究的学术使命。

“岭南建筑文化与美学丛书·第三辑”共三部，即彭孟宏著《珠三角城乡景观集称审美文化》，刘琳婕著《广州绿道系统中的文化景观呈现》和白颖著《潮汕地区祠庙建筑遗产价值》。

本辑丛书的出版得到华南理工大学亚热带建筑科学国家重点实验室的资助，特此说明并致谢。

是为序！

唐孝祥

教授、博士生导师

华南理工大学建筑学院

亚热带建筑科学国家重点实验室

2024年5月27日

# 前言

潮汕祠庙建筑植根于潮汕地区的传统文化，展现了完整的体系、丰富的类型以及鲜明的特色，是城乡建筑文化资源和文化生态系统的重要组成部分。潮汕祠庙建筑遗产作为地方历史的见证，记录了潮汕地区城乡的空间变迁，亦为地方文化提供了独特的空间叙事。潮汕祠庙深嵌于鲜活的地方日常生活中，成为潮汕地区特有的历史文化现象，构成了中心的城乡历史文化景观，具有丰富多元的遗产价值。对潮汕祠庙建筑遗产价值的研究是当前文化遗产保护的重要内容。本书以多维立体的综合研究视角全面认知潮汕祠庙建筑遗产价值，以期将其可持续发展纳入区域性城乡整体发展框架中。这对传统历史文化传承、文化多样性构建、乡土中国保护、社会稳定发展等方面具有重要且深远的意义。

## 一

文化遗产的传承、保护与利用是增强国家文化自信、增强民族历史自信的重要源泉。党的十八大以来，中华优秀传统文化的传承和弘扬被提升为国家战略，我国的文化遗产研究从深度和广度上不断扩展。正确挖掘与认知文化遗产价值，是当前文化遗产保护的重要内容，为进一步传承与弘扬我国传统文化奠定基础。目前国际文化遗产保护的研究已取得巨大进步，然而不同国家和地区的文化及遗产特色各具差异，保护实践观念与方法也呈现差别。今天的中国已成为全球文化遗产保护体系的重要成员，进入了一个以保护传承、活化利用为主的新时期，协调平衡历史、文化资源的保护与开发之间的关系已成为无法回避的问题。2021年，国务院颁布《关于在城乡建设中强化历史文化遗产保护与传承的意见》，明确将遗产保护与传承整合至城乡发展动态进程的指导原则，进而丰富了我国城乡历史文化遗产的价值内涵和时空维度[①]。此方针表明，当前我国城乡文化遗产保护的实践探索方向应以识别多元价值和活跃文化传承为主导。2022年2月20日，《关于贯彻习近平总书记重要讲话精神并全面加强历史文化遗产保护的通知》强调，保护文化遗产须“不断提升文化遗产价值挖掘阐释及推广水平”，并要求加大文化遗产

① 中华人民共和国国务院. 关于在城乡建设中强化历史文化遗产保护与传承的意见［Z］. 2021.

价值研究力度，深刻挖掘文化遗产的丰富内涵。如何立足于本土语境，提升“蕴含着中华民族特有的精神价值、思维方式、想象力”使中国本土的文化遗产理念与实践传统得到合理、充分的挖掘，应当成为文化遗产研究的重要研究方向。

祠庙建筑是我国典型的本土地域建筑，深植于古老的信仰文化和民间风俗之中。它与特定的社会历史情境相结合，形成了体系完整、内涵丰富的传统建筑类型。它不仅数量众多、地域分布广，更是地域传统文化的物质载体，是我国城乡历史文化保护传承的重要文化遗产。由于潮汕地区的地理及历史原因，其长期独立于其他邻近民系；加之气候与生产因素，孕育出了别具特色的文化。其传统文化至今仍保存完整，如语言、习俗、建造技艺等。《东里志》曰：“粤俗尚鬼，祠庙兴矣。”[①]潮汕地区民间信仰传统丰富多样，民众相袭久远，造就了该地区祠庙建筑独特鲜明的文化地域性格。潮汕地区数以千计、大大小小的各种民间祠庙，是城乡聚落的公共开放场所，与民俗活动共同构成了富有地方色彩的社会现象和多彩绚丽的文化景观。尽管在快速经济发展和大规模城乡建设的影响下，潮汕城乡传统风貌已发生了巨大变化，然而，富含人文精神的祠庙遗产在城镇乡村中依然得以保留和传承，显示出历久弥新的魅力。同济大学常青院士认为：“在传统社会中，建筑的一些内在含义是经由场景和仪式来表达的，只有探究逝去的场景和仪式，进行人类学的考察和分析，才能真正理解昔日建筑的价值和意义。”[②]潮汕祠庙建筑深嵌于广阔的城乡环境中，与民众生活紧密相关，它不仅是从农耕文明时代至今的城镇发展、乡村经济以及社会形态的真实写照，同时也见证了城乡聚落格局的演变和传统建筑的发展过程。在对潮汕祠庙建筑遗产价值充分挖掘的基础上，对其内涵进行深度探索与揭示，对传承优秀传统文化，助力文化强国建设具有重要且深远的意义。其次，潮汕祠庙建筑起源并扎根于地方，表征地方文化多样性，是地域文化的重要组成部分。立足于本土语境，建构对祠庙遗产价值的研究框架，是推动建筑遗产保护本土化实践的重要探索。对潮汕祠庙建筑遗产价值的认知与传承，在地域文化认同、传统文化延续、社会稳定发展等方面具有重要意义。

潮汕祠庙建筑遗产众多，保存完整，极具地方特色，体现了优秀的地方传统建筑营造技艺，承载着丰富的人文历史信息，彰显了独特的文化地域性格，表征着深厚的民族文化，它是潮汕地区文化资源的重要组成。潮汕祠庙建筑遗产具有多尺度延续、广泛复杂的实体以及多样化的特征。开展潮汕地区祠庙建筑遗产价值研究，对拓展建筑、规划、风景园林等不同学科的研究领域，推进与社会学、人类学、民俗学等跨学科交叉研究的深化，揭示城乡建筑遗产价值生成机制具有推动作用；同时也为祠庙建筑遗产的传承保护与开发利用提供了理论指导，具有重要的学理意义和实践价值。从学理意义上来看，本研究：

---

① 陈天资．东里志［M］．潮州：饶平县地方志编纂委员会办公室，1990.

② 卢永毅．同济建筑讲坛　当代建筑理论的多维视野［M］．北京：中国建筑工业出版社，2009.

**（1）探索了建筑遗产价值研究的理论及方法**

从动态整体的角度，基于本土语境构建潮汕祠庙建筑遗产价值理论框架，是对我国本土建筑遗产价值研究的深化。从建筑遗产价值保护的角度，探索遗产价值特征概念的应用，使建筑遗产价值特征与承载要素之间建立起逻辑联系，促进建筑遗产保护对象进一步具体化，推动我国建筑遗产保护的发展。

**（2）拓展了建筑学在文化遗产领域的研究视野**

建筑遗产研究是建筑学和建筑历史理论研究的重点方向，本书立足于建筑史学与文化遗产学，结合民俗学、宗教学、人类学、社会学等多学科的成果与方法，从遗产价值的角度展开对潮汕祠庙建筑研究，延展了祠庙建筑类型在文化遗产视角下的研究，扩展了建筑学的研究视野。

**（3）挖掘了建筑学对祠庙建筑类型研究的深度**

本书在对祠庙建筑遗产价值研究的过程中，通过梳理潮汕祠庙建筑的形成与发展，考据了祠庙建筑遗产在历史演进中的真实性与完整性，进而揭示了潮汕祠庙建筑与地方历史、社会、文化的互动关系，最终辨识及呈现了潮汕祠庙建筑遗产的整体价值特征及承载要素。这些研究拓展了祠庙建筑类型的研究深度。

从现实意义而言，本研究：

**（1）推动了区域文化的传承与可持续发展**

文化遗产作为文化资源，其价值日趋突显。作为文化旅游的资源主体，文化遗产正逐步成为区域经济发展的重要支撑。潮汕祠庙建筑遗产是潮汕区域文化的重要组成部分，对其展开研究，可有利于推动潮汕区域文化经济社会的可持续发展。

**（2）为传统建筑遗产的保护发展提供了科学的理论支撑**

祠庙建筑遗产的价值研究为地方建筑遗产的科学保护和合理活化利用提供理论依据，同时也为中国其他传统建筑遗产类型价值识别与保护研究提供了参考范本。

**（3）为地方祠庙建筑遗产活化利用提供了新的视角和有效途径**

对潮汕祠庙建筑遗产价值全面、整体的识别与认知，对其价值与承载要素的深度阐释与呈现，为地方在祠庙建筑活化利用时提供了更多的科学选择，使文化传承与地方经济的发展之间保持了更加理性适宜的平衡。在促进潮汕祠庙建筑遗产价值转化、增益的同时，有利于当地传统文化的传承与发扬。

## 二

本书的研究对象为潮汕地区的祠庙建筑遗产。其研究范畴可从空间范畴和时间范畴来进行界定。空间范畴包括以潮州、汕头、揭阳三个潮汕文化核心城市为主，同时扩展岭南其他区域的祠庙进行对比研究。时间范畴依据"潮汕祠庙"的概念进行界定，以大多数建于明清时期的祠庙遗产为主。目前潮州、汕头、揭阳三市纳入保护系统的祠庙遗产共60余个（表0-1）。考虑到保护系统的评判标准存在一定的局限性，故本研究中所涉及的祠庙建筑遗产样本，以纳入国家保护系统的祠庙遗产为主，但不只限于纳入保护系统的祠庙建筑遗产，还包括潮汕地区不同规模的广义层面的潮汕祠庙遗产。

**潮汕地区祠庙建筑遗产示例** 表0-1

| 保护级别 | 祠庙名称 | 年代 | 所在区位 | 公布时间 |
| --- | --- | --- | --- | --- |
| 国家级文物保护单位 | 揭阳城隍庙 | 明 | 揭阳市榕城区城隍路 | 2010年 |
| | 古榕武庙 | 明 | 揭阳市榕城区天福路 | 2013年 |
| 省级文物保护单位 | 霖田祖庙 | 明 | 揭阳市揭西县河婆镇 | 2010年 |
| | 樟林古港遗址（含天后圣母庙等） | 明—清 | 汕头市澄海区东里镇 | 2019年 |
| | 赤山古院 | 元 | 揭阳市华湖镇东福村 | 2015年 |
| 市（县）级文物保护单位 | 揭东乔林双忠庙 | 明 | 揭阳市揭东区磐东街 | 1996年 |
| | 深澳城隍庙 | 明 | 汕头市南澳县深澳镇金山村 | 1992年 |
| | 慈济古庙暨古戏台 | 明—清 | 揭阳市棉湖镇米街 | 1994年 |
| | 汕头老妈宫关帝庙 | 清 | 汕头市金平区升平路 | 1988年 |
| | 深澳武帝庙 | 明 | 汕头市南澳县深澳镇 | 1992年 |
| | 山海雄镇庙 | 明 | 汕头市澄海区东里镇 | 2017年 |
| | 祖师庙 | 清 | 汕头市南澳县后宅镇 | 1999年 |
| | 妈屿天后宫 | 清 | 汕头市潮阳区河溪镇 | 1988年 |
| | 珠珍古庙 | 明 | 汕头市潮阳区河溪镇 | 2010年 |
| | 真武古庙遗址（真武古庙） | 南宋 | 汕头市潮阳区海门镇 | 2014年 |
| | 北门妈宫 | 清 | 揭阳市榕城区北门妈前路 | 1993年 |
| | 玄帝庙 | 清 | 潮州市潮安区浮洋镇 | 2006年 |
| | 枫溪三山国王庙 | 明—清 | 潮州市枫溪区洲园宫前 | 2004年 |
| | 安济王庙 | 1996年 | 潮州市韩江大桥南堤 | 2011年 |
| | 字祖古庙 | 清 | 揭阳市揭西县棉湖镇 | 2003年 |
| | 帝君古庙 | 清 | 揭阳市揭西县棉湖镇 | 2003年 |

（表格来源：自绘）

在具体样本的选择上，首先，以纳入国家文物保护系统的祠庙建筑为主要研究对象。此类祠庙建筑历史悠久、信息丰富、保护状况良好、完整性强、特征明显、地方特色突出，具有较高的遗产价值，可以保证研究样本的典型性（图0-1）。如揭阳城隍庙、南澳关帝庙、霖田三山国王祖庙、妈屿天后宫等；其次，从民间信仰的神祇类型进行选择，从历史年代、规模大小、地方影响力等综合考虑进行选择，将数量不多但具有代表性的地方神祠纳入研究范围，尽量覆盖潮汕地区的现有神祇类型的祠庙，保证研究样本的差异性。如龙尾庙、雨仙庙、慈悲娘庙等；本研究同时纳入祠庙建筑建成民俗文化、传统技艺等非物质文化遗产内容，并对潮汕祠庙与周边历史动态要素的关系进行考察，保证研究样本与城乡环境之间的整体性视角。

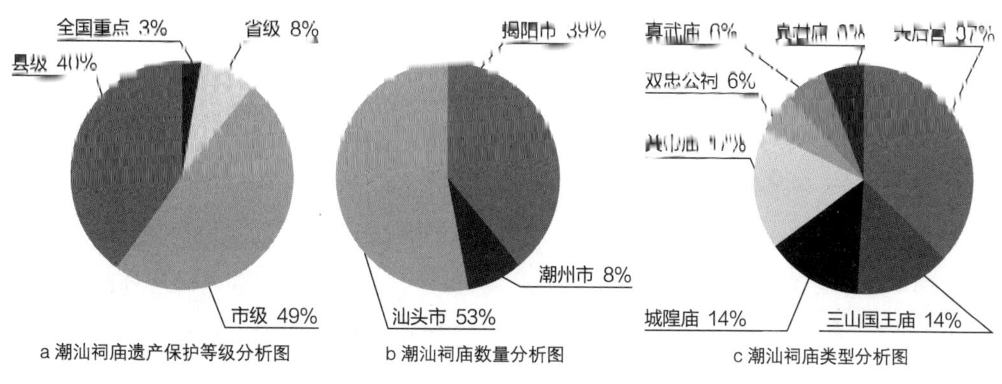


图0-1　潮汕祠庙遗产分析图
（图片来源：自绘）

## 概念界定

### （1）潮汕地区

作为独立的地理单元，潮汕地区通常指广大粤东地区，亦称岭东。潮汕地区位于广东东南，南海与台湾海峡在这里交接，其东北与福建接壤。地理历史原因使潮汕通用同一种语言，长期保持相似的生活习俗，具有共同的人文特质，形成了独特潮汕文化。在本研究中，"潮汕地区"一词强调文化含义，泛指受潮汕文化熏陶的人文地理地区。行政范围包括现潮州、汕头、揭阳、汕尾等部分地区，文化辐射囊括揭阳、潮阳、潮安、饶平、惠来、澄海、普宁、揭西、海丰、陆丰、潮州、汕头、南澳及惠东、丰顺、大埔三县部分地区。本书研究范围的潮汕地区，约为明清潮州府辖区及潮汕文化辐射核心区，以广东东南部汕头、潮州、揭阳三市为主，涵盖汕头、南澳、潮阳、澄海、潮州、潮安、饶平、揭阳、揭东、揭西、惠来、普宁等12个区域。

### （2）祠庙建筑

祠庙建筑是随着民间信仰发展，为供奉神灵而修建的祭祀建筑。祠庙起源于民间，大部分祠庙由民间自发组织建造，部分被纳入到国家祭祀体系的祠庙则在官方主导下修建。作为民间信仰的承载物，祠庙概念受其信仰体系复杂性的影响，从而引发了认知困惑，出现了或泛称“庙宇”或与祠堂相混谈等情况，因而在此对“祠庙建筑”概念进行辨析与界定。

从宗教信仰体系进行区分，有助于厘清祠庙建筑这一概念。祠庙与佛寺、道观皆为祭祀场所，所供奉的神灵也多与佛教、道教神仙谱系关系紧密，因而祠庙建筑概念相对模糊。“庙”起源于祭祀祖先的祖庙。“祠”原指祭祀祈祷，如“求福曰祷，得求曰祠。”[①]《史记·封禅书》[②]称，秦时雍有四畤。“诸此祠皆太祝常主，以岁时奉祠之。”汉高祖刘邦询问“秦时上帝祠何帝”，得知四帝：“有白、青、黄、赤帝之祠。”高祖“立黑帝祠，命曰北畤”，凑为五。至此，“祠”的内涵尚未质变。汉武帝令天下“缮治宫观名山神祠所”。《后汉书·襄楷传》[③]载襄楷奏称：“又闻宫中立黄老、浮屠之祠。”魏晋时，《华阳国志·大同志》[④]载王为益州朝史，“蜀中山川神祠皆种松柏，溶以为非礼，皆废坏烧除，……又禁民作巫祀。于是蜀无淫祀之俗，教化大行。”由此，“祠”演变为民间信仰庙宇代称。早期记载中，“祠”与“庙”并无严格区别，可互换。在古代中国方志中通常单列“祠庙”“坛庙”“庙宇”等条目，将祠庙与寺观进行区分，如乾隆《揭阳县志》[⑤]中“庙宇”条目列出了南海庙、三山国王庙、双忠庙、娘娘庙、雷神庙等民间信仰神明为主的庙宇，在“寺观”条目中则列出了双峰寺、福田寺、元妙观等佛教道教寺观，反映了古代对祠庙建筑类型的认知。张驭寰在辨析祠庙概念时认为，“寺院”与“祠庙”混为一谈不妥[⑥]。他认为寺院虽中国化，但是供奉释迦牟尼佛，属于外来宗教载体，而祠庙则是民间信仰的载体，为中国所特有。对寺庙、道观、祠庙进行区别时，应考虑祭祀场所供奉神明的不同。佛寺供奉佛及佛教神，道观供奉道教神，而祠庙则供奉中国民间信仰神明，民间信仰具有多神崇拜的特点，其所祀神灵与佛教、道教神仙谱系存在交叉。

本研究中的祠庙建筑指源自民间、供奉中国传统民间信仰神明，为社区民众提供祭祀的开放性公共建筑，一定程度上反映了地缘、神缘关系，在社区中具有广泛影响力。祠庙建筑作为民间信仰的载体和主要场所，在信仰文化、神灵体系、信仰实践、社会功能等方面均自成体系，具备了独立的类型特征，与佛教、道教等的寺庙道观、家庙宗祠有别。[⑦⑧]本书涉及的城隍庙、关帝庙、真武庙等与佛教或道教相关的神明祭祀庙宇，由

---

① 林尹注释．周礼今注今释［M］．天津：天津古籍出版社，1988.

② （汉）司马迁．史记会注考证5卷22汉兴以来将相名臣年表第10-卷28封禅书第6［M］．北京：新世界出版社，2009.

③ （南朝宋）范晔．张道勤校．后汉书［M］．杭州：浙江古籍出版社，2000.01.

④ （东晋）常璩．华阳国志［M］．北京：中华书局，2023.

⑤ （清）刘业勤．揭阳县志．清乾隆四十四年刻本.

⑥ 张驭寰．张驭寰文集（第十一卷）［M］．北京：中国文史出版社，2008.

⑦ 段玉明．中国寺庙文化［M］．上海：上海人民出版社，1994.

⑧ 郭华瞻．民俗学视野下的祠庙建筑研究［D］．天津大学，2011.

于其受众来源、奉祀目的及祭祀方式等具有鲜明的民间信仰实践特征，故纳入到祠庙建筑范畴。而仅供一家一族供奉与祭祀祖先的家庙祠堂，是家族的象征，维系着血缘关系，因而不属于祠庙建筑范畴。

**（3）价值特征**

“价值特征”作为术语在世界遗产领域的发展始于2001年ICOMOS对遗产申报项目的评估报告中。2005年被《实施世界遗产公约操作指南》正式引用，近年来在国内遗产领域也受到关注。2020年9月，由中国文化遗产研究院和中国世界文化遗产中心校译的《中国世界文化遗产第三轮定期报告指导材料》关键术语表中，“attributes”被译作价值特征，其作用是建立起遗产价值与承载要素之间的联系，形成遗产价值—价值特征—承载要素的逻辑关系。“价值特征”概念的产生与发展是和世界遗产价值认知深化的发展历程同步的。随着遗产价值认知需求的深入，这一概念在遗产申报和评估过程中逐渐普及，并成为第二、三轮世界遗产定期报告的核心技术基础。随着价值特征界定相关要求被列为世界遗产申报文件的必备内容后，价值特征在世界遗产领域的技术地位进一步确立。

## 三

遗产价值理论是遗产保护理论的重要组成部分。遗产价值理论的发展变化是与建筑遗产保护理论的发展相互印证、相互促进的，在建筑遗产保护理论及实践的推动下，建筑遗产价值理论研究不断深入；而建筑遗产价值理论不断清晰完善的建构与探索，则为遗产保护的发展奠定了坚实的基础，促进并引领着遗产保护理论的发展方向，二者相辅相成，不断推进，合力影响着当前人们对建筑遗产的价值认识和保护传承。在国内外文化遗产保护思想的发展及国家政策的导向下，祠庙建筑遗产价值的研究也有了新的变化及扩展。

**1．建筑遗产保护相关研究**

建筑遗产是文化遗产的主要类型之一，其保护观念和思想的发展是文化遗产保护思想发展史的重要组成部分。随着国际遗产保护及参照系的全球化，对不同文化背景的遗产保护实践的思考都不能回避这个历史基础。

国外对建筑遗产的研究起步比较早，与之相关的研究成果层出不穷，从历史性纪念物到多样化遗产，国际遗产保护一直在不断发展演变。过去一个多世纪以来，以联合国教科文组织（UNESCO）、国际古迹遗址理事会（ICOMOS）、欧洲理事会、国际文化遗产保护与修复研究中心（ICCROM）等为代表的遗产保护国际网络已建立。许多国际组织通过世界公约、国际宪章等保护文件形成了文化遗产保护领域的国际共识，相关的理论研究与实践运用较为成熟，形成相当深刻的理论阐述。其研究视角比较广泛，形成了历史学、社会学、民族学、生态学等多学科探讨，将研究内容不断向纵深推进，并清晰呈现了文化遗产保护从“历史性保护”逐渐转变为“价值保护”，基于价值保护的遗产保护理念已经形成。在遗产保护理论发展的过程中，一系列宪章宣言建议的提出，意味着国际文化遗产保护领域已具备了从单一历史性纪念物保护到历史环境整体保护的科学理念及方法。在这些渐成体系的国际保护文件的指导下，世界各国开展了多样化的遗产保护行动，推动了国际遗产保护理论的深化发展。

就我国而言，遗产保护研究历史悠久绵长，尤其在明清时期，已有了明确的文献记载和政策制定以保护历史遗迹和建筑。而中国建筑遗产保护的现代化起步则始于20世纪初，在梁思成、刘敦桢等学者引领下完成了大量古建测绘、整理与修缮工作，奠定了我国建筑遗产保护的基础。在20世纪50年代后，文物建筑保护理论与管理体系逐渐建立（图0-2）。自20世纪80年代起，中国正式加入ICOMOS，融入世界文化遗产保护运动。1982年的《中国文物保护法》[①]与2000年的《中国文物古迹保护准则》[②]都展示了跨文化交流的成果。2005年《国务院关于加强文化遗产保护工作的通知》促使“文物”向“文化遗产”的概念转变。这一变化反映了中国社会、文化及政治需求，体现了跨文化交流的特点，明晰中国建筑遗产保护从发端到形成自身体系的过程，对目前我国在建筑遗产价值本土化保护存在的问题有所启示。

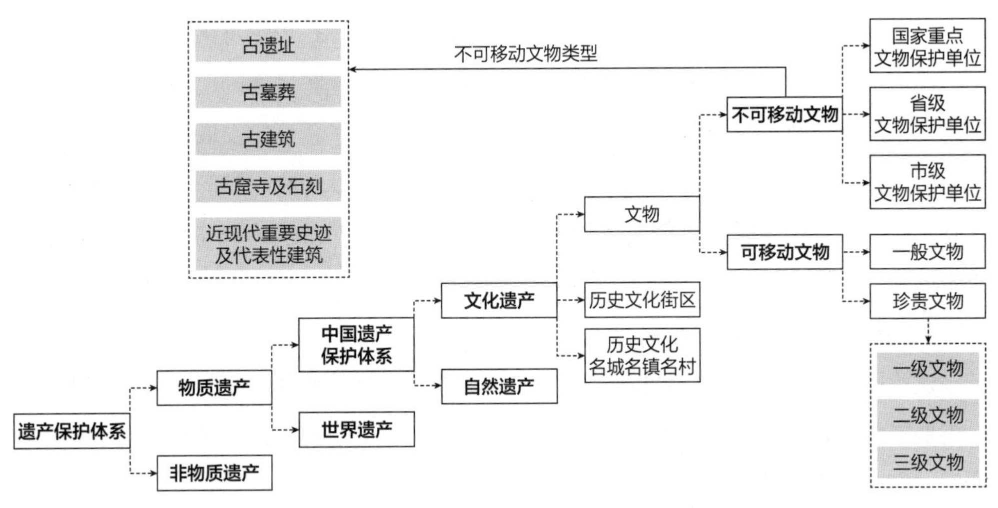


图0-2　中国文物保护体系
（图片来源：自绘）

① 全国人民代表大会．中华人民共和国文物保护法［Z］．1982.

② 国际古迹遗址理事会中国国家委员会．中国文物古迹保护准则［Z］．2000.

伴随建筑遗产保护理论的发展，建筑遗产概念内涵外延不断拓展。在1975年欧洲建筑遗产年阿姆斯特丹大会上通过了《关于建筑遗产的欧洲宪章》[①]，“建筑遗产”作为专有名词首次被提出，并形成了建筑遗产保护的共同方法。1999年10月ICOMOS第十二届大会上通过了《关于乡土建筑遗产的宪章》[②]，该宪章规定了乡土建筑遗产的乡土性不只是物质形式及建筑物、结构与空间的组合，也包括对其进行使用关于理解的方式及其承载的传统和无形思想，该宪章是对《威尼斯宪章》的细化补充。在ICOMOS于1999年将工业遗产及20世纪建筑纳入建筑遗产之后，至2003年，ICOMOS重新审定了建筑遗产的定义，将之视为具备历史价值的建筑或建筑群。在国际遗产保护理论及自身遗产保护的发展需求推动下，我国建筑遗产分类更趋全面，包括从单体建筑到建筑群，风景名胜到城市村镇等各方面，而在功能分类上，涵盖居住、礼制、宗教、商业、园林、防御等10余个类型[③]。

## 2．遗产价值理论研究

建筑遗产保护作为一项社会系统工程，一直处于不断发展的动态过程中。这种动态性源于对建筑遗产价值认知的持续变化。作为严谨的学科研究对象，遗产价值在国内外遗产理论学者的研究中，其内涵与范畴在不同领域仍存在多样化的表述。研究关注遗产价值的产生形成过程，在遗产价值的类型、评估、保护及利用等方面均奠定了深厚的研究基础，通过对前人研究的梳理，可厘清遗产价值的相关基本问题，把握遗产价值研究方向，并从中得到启发。文化遗产研究学者针对遗产价值的内涵、遗产价值体系构建、遗产价值的分类以及价值保护与利用开展了多方面的研究，明晰了国际遗产价值理论的发展脉络及其特点。

从遗产保护发展的历程可看出，对遗产价值内涵、遗产价值类型及体系建构、遗产价值认知及保护研究等方面的关注，使遗产价值理论的探讨已形成了近一个世纪的研究线索。在20世纪90年代初，以价值保护为基础的遗产保护方法还处于相对模糊的状态。以价值为基础的方法被定义为寻求识别、维持和加强意义的方法，其中意义被理解为遗产的整体价值[④]。随着经济的发展，有关遗产保护的问题不断出现，迫使人们讨论如何解决这类问题。社会和经济发展的加速进程引起了人们文化观念的变化，这往往受到经济全球化和市场经济的影响。然而，人口流动性的增强和遗产保护技术的改进都有助于加强人们对遗产价值的个人和共同理解。自19世纪60年代以来，许多旧建筑逐渐被视为值得保护的建筑，在日益有效的遗产保护政策下，历史建筑的潜在意义也得到了承认。

---

① 欧洲理事会．关于建筑遗产的欧洲宪章［Z］．1975.

② ICOMOS．关于乡土建筑遗产的宪章［Z］．1999.

③ 陈蔚．我国建筑遗产保护理论和方法研究［D］．重庆：重庆大学，2006.

④ L. HARALD FREDHEIM & MANAL KHALAF. The Significance of Values: Heritage Value Typologies Re-examined[J]. International Journal of Heritage Studies, 2016.

在许多国家，遗产保护战略主要由政府制定的立法或受当地社区和非政府组织影响的政策决定。国际现代建筑师大会于1933年发布《雅典宪章》，对英国、法国、日本和美国的历史和建筑区域的保护进行规范化。联合国教育、科学及文化组织（联合国教科文组织）报告了历史建筑保护的概念、原则和方法，并于1972年11月通过了《保护世界自然与文化遗产公约》（简称《世界遗产公约》），就遗产保护达成国际共识，确定了遗产的具体价值并制定旨在保护这些价值的保护政策以保持其意义和意图是非常重要。

遗产价值内涵研究方面，遗产价值被认为是遗产保护和保存的内在原因。同时，遗产是社会和社区福祉的重要组成部分[①]，关乎人们的生活质量。遗产保护技术的进步也改变和扩大了对文化遗产价值的理解。关注遗产价值的研究人员更注重以价值为中心的方法。在遗产保护面临日益困难的背景下，也吸引了众多其他学科的研究机构和研究人员关注遗产的价值，在价值观的基础上提出了文化遗产保护的模式和对策。直到21世纪，以价值为基础的保护范式才开始在文物保护者中得到重视。自那时起，保护被广泛认为是一种固有的基于价值的活动，可以被理解为一种价值的表达。在遗产价值类型及体系建构方面，随着对遗产价值的研究不断深入，学者们开始探索文化遗产中不同方面的价值。为了以价值为导向地保护遗产，遗产专家和机构依据一些先入为主的标准来确定遗产的价值。“价值类型学”被用于表达和解析价值的各个组成部分，这些价值类型旨在补充联合国教科文组织《世界遗产公约》中所承认的五种价值，即历史价值、审美价值、艺术价值、科学价值和社会价值。因此，人们试图将遗产归类为不同的“价值类型”。

国内外学者们从多种视角探讨建筑遗产价值类型之间的互动关系，并努力构建一个完整的建筑遗产价值认知体系，然而无法明确表述价值判断，导致保护决策难以合理化和沟通的现象仍然存在。为了全面了解遗产的价值，必须首先确定有关遗产的全部范围[②]。若对地方遗产的研究缺乏缜密的历史逻辑，那遗产价值的认定将局限于肤浅的人文历史和风格特征表述[③]。世界遗产具备突出的普遍价值，这种普遍价值的概念强调了国际与国家层级的价值，较少顾及当地与社区层级的价值，势必造成价值阐释的不完整，从而带来遗产保护与管理的问题。而且对遗产价值重要性的评估必须视时间和环境而定。因此，价值类型学也必须解决遗产价值过去与现在之间的关系[④]（表0-3）。为了有效应用基于价值类型的分析方法，对现有的价值类型进行批判性审视并重新确认其意

---

① MASON. Assessing Values In Conservation Planning: Methodological Issues and Choices. In Assessing the Values of Cultural Heritage; de la Torre, M., Ed.; Getty Conservation Institute: Los Angeles, CA, USA, 2002, 5-30.

② RUDOLFF, B. "'Intangible' and 'Tangible' Heritage: A Topology of Culture in Contexts of Faith." PhD diss., Johannes Gutenberg-University of Mainz, 2006.

③ 卢永毅. 遗产价值的多样性及其当代保护实践的批判性思考［J］. 同济大学学报（社会科学版），2009，20（5）：35-43，118.

④ L. HARALD FREDHEIM & MANAL KHALAF. The Significance of Values: Heritage Value Typologies Re-examined[J]. International Journal of Heritage Studies, 2016.

义是至关重要的。不同学者和组织在不同文化背景下采取了各种不同遗产价值类型，以此回应遗产价值的不断发展（表0-2、图0-3）。

国外对于遗产价值体系的研究是从艺术史、考古管理、古迹保存维护等学科发展而来的，而在国内则受到了长期以来文物学研究传统的影响，以《中国文物古迹保护准则》中规定的历史、艺术、科学、社会、文化五大价值为基准[①]，进行扩展和分类细化遗产价值类型。在遗产价值认知及保护研究则逐渐从单体转向为包含历史建成环境的整体，从不同角度呈现出了对价值认知、挖掘、提炼等多元方法路径，这些探索对本书搭建价值与承载要素之间的逻辑关联具有很大的启发作用。

价值类型示例　　表0-2

| 作者/年份 | 提出的价值类型 | | |
|---|---|---|---|
| 黑格尔（Riegl），1901 | 古物　历史　艺术　使用　新奇 | | |
| 利佩（Lipe），1984 | 经济　审美　联想　符号　信息 | | |
| 卡佛（Carver），1996 | **市场价值** | **社群价值** | **人的价值** |
| | 资本/房地产；<br>生产/商业/住宅 | 便利/政治<br>少数群体/地方风格 | 环境/考古 |
| 弗雷（Frey），1997 | 货币　选择　存在　遗产　威望　教育价值观 | | |
| 阿什利（Ashley），1998 | 经济　信息　文化　情感　存在价值 | | |
| 索罗斯比（Throsby），2001 | 审美　精神　社会　历史　有象征意义　真实性价值 | | |
| 梅森（Mason），2002 | **经济价值** | **社会文化价值** | |
| | 使用价值/非使用价值<br>选择/赠予 | 历史/文化/象征<br>社会/精神/宗教/审美 | |
| 费尔登（Feilden），2003 | **情绪价值** | **文化价值** | **使用价值** |
| | 非凡/身份/社区<br>精神/象征 | 记录/历史/考古<br>年代/稀缺/美学<br>象征/体系结构/景观<br>生态/技术 | 功能/经济/社会<br>教育/政治/族群 |
| 基恩（Keene），2005 | 社会/审美/精神/历史/象征/真实性价值 | | |
| 阿佩尔鲍姆（Appelbaum），2007 | 艺术/审美/历史/使用/研究/年龄/教育/历史/新奇的<br>感伤/货币/联想/纪念/罕见 | | |
| 刘祎绯，2015 | 空间价值　时间价值　精神价值 | | |
| 陈耀华，等，2016 | 本底价值　直接应用价值　间接衍生价值 | | |
| 孙华，2019 | **内在价值** | **外在使用价值** | |
| | 年代价值 | 历史/艺术/科学 | |

（表格来源：自绘）

① 国际古迹理事会中国国家委员会. 中国文物古迹保护准则[Z]. 2015.

对于价值类型的批判相关重要观点示例　　表0-3

| 学者 | 对价值类型学的批评 |
| --- | --- |
| 鲁道夫（Rudolff） | ● 类型学可明确表达一些价值概念，但同时也加剧了表达不符合该计划的价值观的不情愿。这意味着在参与价值评估时，遗产专业人员预先选择了他们期望听到的价值类型 |
| 阿弗拉米（Avrami），等 | ● 不同学者和学科的类型学虽各有不同，但都采用简化主义的方法来研究复杂的文化意义 |
| 梅森（Mason） | ● 类型学会隐晦地侧重某些价值观，导致其他价值观被忽视；遗产专业人员在参与价值评估时会选择期望听到的价值类型 |
| 史蒂芬森（Stephenson） | ● 传统景观评估方法无法揭示丰富多样的景观文化价值；评估类型学的应用无法反映人们对景观的不同认知和价值观 |
| 娜拉（Nara） | ● 所有关于遗产价值的判断因文化而异，甚至在同一文化内也会有所不同，价值的判断不可能有固定的标准 |
| 卢永毅 | ● 文物价值及其解释方法并非固定不变，在涉及具有不同立场和背景的人群、不同现实需求或不同时代语境的情况下，文物保护的路径各具特色 |

（表格来源：自绘）

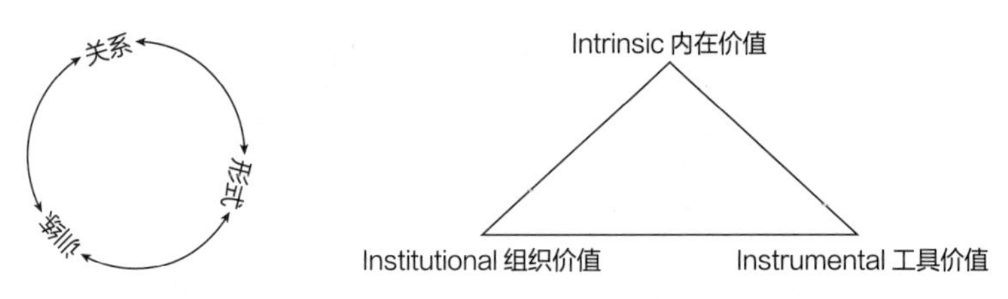


图0-3　斯蒂芬森文化价值模型（左）及HLF遗产价值模型（右）
（图片来源：自绘）

### 3．多学科背景下的祠庙研究

祠庙建筑的独特性涉及建筑学、民俗学、宗教学、历史学和社会学等多个学科研究领域。学界已从祠庙建筑的空间形态、民间信仰、社会组织和仪式行为等诸多方面进行了深入探讨，并取得了众多研究成果。这些研究为本书奠定了坚实的基础。现阶段与本论文相关的研究成果，主要集中在以下三个方面：第一，祠庙的相关背景研究，包括社会学、宗教、历史等领域；第二，祠庙建筑空间的相关性研究，包括城市规划、建筑、园林领域；第三，祠庙建筑的专题研究及保护利用研究。其中的主要研究类型为专著、期刊和论文。近年来，祠庙建筑作为与地方民间非物质文化遗产密切相关的空间载体，从遗产保护角度的关注也成为了热点，且视角更为细微，但对祠庙建筑遗产价值认知方面的研究仍显不足。关于潮汕地区祠庙的研究，主要散见于城市规划、建筑学等对潮汕传统建筑的构成、装饰、形制等相关的研究中，潮汕祠庙遗产的系统研究还尚未形成。潮汕地区的历史文化研究著作丰厚，为潮汕祠庙建筑遗产价值的研究，构建了详实而广阔的区域历史背景。大量的碑刻、庙记、地方志书等是潮汕地区背景研究的详实基础资料。

通过以上对“建筑遗产”“遗产价值”“祠庙”三个关键词的研究综述，从“建筑遗产”概念的内涵及意义到遗产类型的扩展、整体性保护理念的广泛普及，从“历史性遗产价值”到“文化多样性价值”的保护转向，从祠庙的物质呈现特征到文化信息表征三个方面研究的发展及趋势的分析归纳，系统梳理了建筑遗产概念的意义和演变，在此基础上进一步辨析了遗产价值的内涵及属性，对祠庙建筑的特性及其承载的丰富信息特征有了深入了解。基于前辈们丰硕的研究成果，从相关理论、研究视野、研究对象、研究方法等方面为关于潮汕地区祠庙建筑遗产价值的研究提供了坚实的学术支撑和方法启示，也由此明晰了本研究探索的方向。

**（1）建筑遗产价值的认知视野**

作为涉及诸多复杂因素的跨学科领域，建筑遗产研究的发展前景并不仅局限于狭义的建筑学或遗产学，建筑遗产的保护呈现出多样化特征，研究较多集中于案例保护实践、遗产保护史方面。尽管遗产整体性保护已普遍达成共识，但在遗产价值研究中，建筑学、遗产保护学、民俗学、人类学等相关学科在涉及与文化遗产内容重叠的部分时，既以联合国教科文组织（UNESCO）、国际文化遗产保护组织（ICOMOS）、国际文化遗产保护与修复中心（ICCROM）等国际组织构建的文化遗产体系为基准，同时也依据各自的专业知识背景，从各自独特的学科视角进行审视。因而研究可能专注于遗产的某些属性，或旨在挖掘文化遗产作为一种资源的开发等，这导致了对文化遗产价值的认知相对分散，难以与过去、现在和未来的可持续发展有效衔接，整体性保护无法精准涵盖的事实。价值为核心的遗产保护既具有理论指导意义，也包含实践方法。结合当下地方日常生活实际，与未来发展相连，对遗产整体价值持动态、广阔视野的遗产价值认知探索，应是目前遗产价值理论研究的紧迫任务，这将成为本研究的核心目标。

**（2）遗产价值的认知维度**

在建筑遗产保护转为建筑遗产价值保护的当下，以多元化的综合分析视角识别评估建筑遗产价值进而实现可持续保护与发展是当前国际研究的热点和发展方向，重视文化多元的遗产价值研究已渐成显学。对建筑遗产价值的研究，遗产概念的释义及内涵外延是建筑遗产价值研究的起点。遗产原真性与整体性的研究为遗产价值的识别扩大了视野。国内外学者围绕遗产价值及其要素的相互关系，形成了以建筑遗产价值认知为主，以整体性价值、遗产价值认知维度、整体与个体关联等为辅的多主题交融互动的研究结构，为潮汕祠庙建筑遗产价值研究提供了理论支持。

遗产的重要性在于其意义在大众中的认同度和可能的身份级别。大部分遗产的意义和重要性的阐释，需要依赖专业的学术研究，这样的持续研究可能拓展和加深对遗产价值的理解，这也意味着遗产可能吸引更多的价值接受者。遗产的重要性上升可能引发更多人参与，进而放大遗产相关的社会、经济、文化活动的规模，从而产生更明显的社会影响。遗产价值的类型标准是为了更好的理解和分析价值内涵及意义，但过于依赖这些分类进行价值阐述，可能并不利于价值的传播和呈现。同时，现阶段由于国际间的标准和政策存在差异，遗产价值的类型和主要关注点也各不相同。尽管我们通常采用预定的标准来定义价值类型，但在深入研究文化多样性的过程中，尤其是潮汕祠庙建筑遗产这种根植于地方生活中的遗产，很可能会遇到无法全面识别其价值的问题。因此，建立一个能在更广阔的背景下认知遗产价值，以更全面和开放的角度看待遗产价值在动态发展中的多样、重叠和潜在价值认知方法是必要的，是本研究的拓展方向。

**（3）潮汕祠庙建筑遗产价值认知**

多年来基于建筑学、规划学的潮汕祠庙建筑本体的建构考辨；宗教学、社会学、民俗学等相关学科的信仰溯源、文化阐释等研究已取得了丰富成果，为祠庙建筑遗产研究的开展积累了丰厚的研究基础。但由于受学科属性及目标所限，潮汕祠庙的研究大多散见于相关研究中，以潮汕祠庙遗产的研究并未形成系统。潮汕祠庙建筑的形制特点、基本功能、空间特点等理论问题缺乏深层理解，潮汕祠庙建筑形式、空间与文化意义之间的关系等仍有较大研究空间。作为重要的地方传统文化组成，潮汕祠庙建筑遗产与城市历史变迁的动态关联、与非物质文化活动的互动关系等未得到揭示，所承载的遗产价值尚未被纳入到城乡历史环境中进行整体的认知。因而对潮汕祠庙建筑遗产价值进行全面探讨，将其可持续保护纳入广泛的城市发展框架中是很有必要的，也是本书研究的重要内容。

## 四

在当前经济全球化和文化多样性保护的大背景下，研究潮汕祠庙遗产价值显得尤为重要。随着建筑遗产价值研究的多学科趋势日益显现，将潮汕祠庙遗产的可持续发展纳入更全面的发展视野变得至关重要。目前研究面临的主要问题在于，许多具有文化和社会意义的遗产地因为文化自信和经济利益的冲突而得不到足够的重视和保护。同时，片面的价值认知和不适当的遗产开发也可能削弱地方遗产独有的特征和文化意义。作为潮汕地区文化资源的重要组成部分，潮汕祠庙建筑遗产在城乡发展历史进程中如何与地方生活共同面向未来，这是一个值得我们深入探讨的问题。因此，本研究旨在应对新时期建筑遗产保护与可持续发展面临的挑战，选择潮汕地区祠庙建筑作为研究对象，基于遗产保护理论，并以遗产保护的可持续发展为目标，尝试对潮汕建筑遗产价值进行全面的认知和阐释，具体研究目标如下：

**（1）潮汕祠庙建筑遗产价值认知框架的构建**

本书首要的研究目标是在城乡可持续发展背景下，系统借鉴多学科交叉研究方法，构建潮汕祠庙建筑遗产价值整体认知框架。框架旨在考察遗产价值在动态发展过程中的累积，以及价值元素之间的动态关系，并从本土语境中全面识别遗产价值，揭示潮汕遗产价值的生成机制。通过对遗产价值构成体系进行深入分析，科学凝炼潮汕祠庙建筑遗产的价值特征，并建立起价值特征与承载要素之间的逻辑关系，以形成全面系统、层次明确、脉络清晰的潮汕祠庙建筑遗产价值认知框架。

**（2）潮汕祠庙建筑遗产价值特征的凝炼**

本研究旨在全面理解潮汕祠庙建筑遗产价值的形成。分析地域环境如何影响潮汕祠庙建筑的发展，通过时空动态视角，概括潮汕祠庙建筑的演变和分布特点，并进一步探讨潮汕祠庙在不同环境中的系统关联，从而更科学凝炼出潮汕祠庙建筑遗产的价值特征。

**（3）潮汕祠庙建筑遗产价值认知及具体呈现**

通过全面地识别和理解潮汕祠庙建筑遗产在动态发展中的价值，建立价值特征与元素之间的关系，以实现对其价值的细致、具体的呈现和阐释。这一研究目标将有助于制定恰当的潮汕祠庙建筑遗产的保护策略，推动潮汕地区的文化传承，进而促进遗产保护的可持续发展。

潮汕祠庙建筑作为具备功能的物质空间存在，它深嵌于由地方民俗、仪式、制度、文化风习等交织的网络中。潮汕祠庙建筑的建造及演变过程应描述为一种复杂的过程和社会现象，在这一漫长的历史变迁中，与历史性城乡景观各要素紧密关联，其遗产价值不断动态发展，单一的学科和方法无法对其不同层次的价值进行全面有效的认知。潮汕祠庙建筑遗产价值的研究是逐渐演进的、多学科建构的概念，需由多学科视野下进行，研究方法的选择上亦呈现系统的多学科交叉综合研究的特点。以建筑学、规划学、遗产保护等学科方法为主，综合借鉴人类文化学、宗教学、历史学、社会学等多学科的成果与方法对潮汕地区祠庙建筑遗产价值展开研究。

**1．以建筑学为主的相关研究方法是贯穿研究始终的主要方法**

以建筑学为纲，综合风景园林、城市规划等相关研究方法，是祠庙建筑遗产价值研究的根基。对潮汕祠庙建筑遗产本体的形成，实践、技术进行基础性研究，从建筑学角度对祠庙建筑本身的具体认识和细致考察，为新的视角和新的方法工具的应用奠定坚实基础。

**2．跨学科综合研究方法是整体识别遗产价值的有效途径**

本论文借鉴了历史人类学、社会学、民族学等相关学科的观念、视角和研究方法，与建筑学方法相结合，进行全面的、典型的祠庙案例研究，以区域发展进程为线索，实现对建筑遗产形成与演变进行动态和多维度的考察，在历史演进过程中对其遗产价值进行整体识别。

**（1）运用建筑民族志方法建立空间与社会文化之间的视觉化关系**

建筑民族志方法作为本研究分析空间与社会文化形成及运作的核心手段，通过对潮汕地区祠庙现象和相关人群的田野调查与观察，运用建筑图绘技术全面展示祠庙空间的物理信息，进一步描绘出祠庙空间实践活动的轨迹。借助将建筑图绘与信仰实践活动结合的图式表达，将抽象的信仰文化与具体的祠庙空间相结合形成独特的可视化视角，以厘清神、人、祠庙空间的互动关系①。

**（2）运用民俗学研究方法，呈现主体于祠庙建筑空间中的多元活动样态**

通过文献与民俗学的现场调查，从祠庙建筑组群空间形态、布局出发，与发生其间的多元实践活动相联系，将祠庙建筑的物化空间及其内部的人类活动纳入统一的话语结构之中，将建筑和人的活动联系起来考察。

**（3）批评性话语方法是构建祠庙建筑遗产历史情境的重要方法**

挖掘不同社会话语，从多维视角解读的与潮汕祠庙相关的志书、庙记、碑刻、祭文等文本，发现其中官方与民间，世俗与信仰之间等错综关系，还原潮汕祠庙于地方的真实历史情境，建立其遗产价值认知语境；其次，城乡社区的生活世界以及符号世界中与潮汕祠庙相关的经济、文化交流、民俗信仰等相关信息，往往并不载入正式的历史记录，需从相关文学作品、活动记录及口述历史等方面获得。

综合以上研究对象、内容、目标与方法，潮汕地区祠庙建筑遗产价值研究主要包括以下三个部分的工作：

（1）采集、分析和整理潮汕地区祠庙建筑生成环境及单体详实数据，形成祠庙建筑基础数据库。以建筑学、城乡规划学、风景园林学为主，社会学、人文地理学等为辅的相关方法对基础资料与数据的进行收集处理。

（2）将潮汕地区祠庙建筑遗产的基本信息分层，将地形、水系等地理信息与类型、文化、风习等社会信息进行叠合，描述其空间分布及遗产层积特征，剖析祠庙建筑遗产在不同尺度区域内的系统关联，揭示潮汕地区祠庙建筑遗产价值形成机制，进而实现潮汕地区祠庙建筑遗产价值特征识别。

（3）采用数据统计分析、古地图翻译、建筑民族志图式、批评性话语分析等方法，建立潮汕地区祠庙建筑遗产价值特征与呈现要素的逻辑关联，全面阐释本体价值、衍生价值、工具价值，从而形成脉络清晰的遗产价值认知与识别。

---

① 王逸凡. 建筑图绘中的民俗学想象力——考现学与建筑民族志探索［J］. 建筑学报，2020（8）：106-113.

# 目 录

# 第一章 潮汕祠庙建筑遗产价值的认知框架

潮汕祠庙建筑遗产是地方文化景观与文化识别的重要物质载体，它不仅拥有建筑遗产的价值，同时汇集了文化景观和非遗文化空间等多重遗产属性。因此，明确其价值是进行保护管理工作的基础和关键。为了实现遗产价值的传承与共享，我们需不断认识、理解在遗产价值认知中出现的新变化与新因素，并据此提出相应的解决方案和策略。本章借鉴城市历史景观理论与方法，结合潮汕祠庙建筑遗产特性以及区域社会发展的实际需求，试图从遗产价值的认知语境、遗产价值的认知维度、遗产价值特征的辨识路径三个关键方面构建潮汕祠庙建筑遗产价值认知框架（图1–1），以期通过整体的价值认知将遗产保护纳入当前以及未来的可持续发展中。

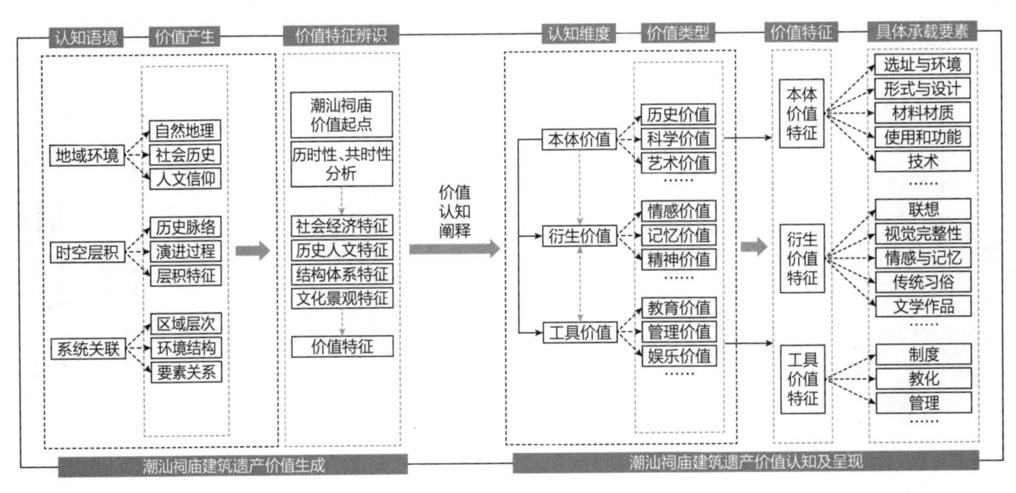


**图1–1　潮汕祠庙建筑遗产价值认知框架图**
**（图片来源：自绘）**

## 1.1 潮汕祠庙建筑遗产价值框架理论基础

遗产价值问题始终贯穿于文化遗产保护发展的理论与实践中，文化遗产保护的进程也正是遗产价值内涵的持续深化和阐释过程。从国际遗产保护进程中关键转折点的视角出发，可更好的理解国际文化遗产保护理念演进的全球化影响，以及我国文化遗产保护与国际话语之间的相互关系。在对遗产价值内涵、认知视野及认知目标深入思辨的基础上，结合我国实际情况开展务实创新的探索，积极汲取国内外遗产保护的实践经验。这将为潮汕祠庙建筑本土化遗产价值认知研究构建重要的理论基础。

### 1.1.1 遗产价值研究转型的阐发

20世纪末的“文化转向”引发了学者对遗产及其价值内涵的重新审视。这一转变反映了自然、文化、人之间相互关系的思考，从而推动了国际遗产领域价值认知的深刻变革。在“文化转向”的大背景下，对普世价值的重新审视为遗产保护研究带来了新的活力。文化遗产话语的转变对文化遗产保护的基本理念和理论产生了直接影响，引发了文化遗产价值认知的变革。王贵祥教授在探讨中国传统建筑所面临的话语转换问题时指出，各个历史时期孕育了各自不同的主流话语，而这些主流话语的转变进一步影响了文物建筑保护的外部社会环境[①]。从这个角度看，正是社会主流话语的转换触发了社会文化现象的变化。作为文化现象的组成部分之一，文化遗产保护自然也发生了相应的转变。因此，文化转向不仅仅是理论层面的转变，更是一场对价值认知的深度革新[②]。

（1）遗产保护从国家宏大叙事转向关注日常生活

随着对国家历史主义的普遍批判和民众意识的觉醒，遗产保护更关注普罗大众的日常生活需求。现代文化遗产保护的基本框架、思想和重要原则文件植根于欧洲保护传统，特别是18世纪欧洲启蒙运动带来的“民族国家”理念的普及，及由此对各民族自身历史的重视。在这种理念下历史被诠释为一种集体的社会经验，反映在遗产保护中，则表现为将艺术品和历史建筑视为体现并反映了国家身份和特性的遗产。随着社会和历史关系的深刻变革，这种遗产观念在各国民族社区中引发了一系列危机，催生了20世纪后半叶和21世纪初世界遗产保护实践的改变。在经历了第二次世界大战后，个体在熟悉的生存环境被破坏时，普遍产生了一种不安感，对生存意义感到困惑，亟需在一个被割裂的“历史、现在和未来”的环境中有效地认识和定位自身的存在[③]。以普罗大众具体而鲜活的日常生活需求为核心的遗产保护开始成为新的焦点。这种保护与民众日常生活密切相关，是对建成环境的保护，而非仅仅是对被国家政治需要而抽离出来的孤立古迹的保护。遗产保护从国家宏大叙事转向对日常生活的重视，开始由抽象、宽泛的国家层级转向具体、微观的社区层级。而另一个更为深远的变化是随着全球化的推进，遗产保护开始跨越文化和地理界限，以追求更为本质的、普世的目标。

（2）遗产价值研究从重视“历史见证价值”走向关注“文化见证价值”

历史性保护是基于文化遗产历史见证价值的保护，这是现代遗产保护的基本思想，深刻影响了国内外遗产保护理念，20世纪90年代以后，在全球化加速的背景下，基于文化人类学视野对遗产保护领域的影响，赋予单一的遗产标准为一系列单一价值已变得不再切合实际。在文化多样性社会中，各社群成员寻求个体身份辨识，遗产和旅游经济驱动个性化体验和多样化消费群体，也促使在处理遗产价值时需考虑更为多样化的方法，

① 王贵祥．关于文物古建筑保护的几点思考［C］//朱诚如．中国紫禁城学会论文集（第四辑）［M］．北京：紫禁城出版社，2005：31.

② 欧文·拉兹洛，戴侃，辛未，译．多种文化的星球——联合国教科文组织国际专家小组的报告［M］．北京：社会科学文献出版社，2001.

③ 陆地．走向“生活世界”的建构　建筑遗产价值观的转变与建筑遗产再生［J］．时代建筑，2013（3）：29-33.

以及认可各文化群体对遗产形式的评判及赋予不同价值。例如对于意大利历史园林遗产而言，特定历史阶段的重要性固然重要，但若仅仅只以特定历史时期的价值以及有形物作为历史见证和象征性特征来确定其价值，这种评价难免失之偏颇[①]。从《威尼斯宪章》中的“人类价值的统一性”到《奈良真实性文件》中的“对文化多样性的尊重”，以及“文化景观”列入《实施世界遗产公约操作指南》等会议及文件标志着遗产保护从重视“历史见证价值”走向关注“文化见证价值”[②]，国际遗产保护领域对遗产地具体社群、物质与非物质元素共同承载的地域文化性的保护，充分体现了对文化遗产价值认知的进步。随着国际对文化多样性与遗产多样性认识的深化，ICOMOS制定了一系列相应的保护文件与策略以处理普世价值和文化多样性的保存和展示关系（表1-1）。




文化多样性转变的回应　　表1-1

| 时间 | 相关文件及事件 | 内容及意义 |
| --- | --- | --- |
| 1992年 | ICOMOS设立“文化景观”类型 | 包括持续演进的景观或活态景观（包括乡村或城市），关联性景观（象征与精神，）等，打破西方主导的自然文化相分离观点，强调景观作为文化建构，自然与文化同时存在于人的充满人文哲学意义的世界 |
| 1994年 | 《为打造一个具有均衡性、代表性、可信性的世界遗产名录的全球战略》 | 推动世界文化多样性和展示地区遗产差异性 |
| 2001年 | 《世界文化多样性宣言》 | 强调了文化多样性是人类的共同遗产，在不同发展时期、不同城市区域具有不同表现形式的文化遗产都应当被视为文化多样性的表征 |
| 2003年 | 《保护和促进文化表现形式多样性公约》 | 将《世界文化多样性宣言》的理念贯彻到了实践层面 |
| 2003年 | 《保护无形文化遗产公约》 | 将无形文化遗产的保护作为一种制度确立下来 |
| 2005年 | 《世界遗产名录：填补空白——未来运动计划》 | 关注并呼吁保护乡土建筑、文化路线、文化景观、工业遗产等更多类型的文化遗产 |

（表格来源：自绘）

UNESCO从文化普世主义价值出发，注重在文化多样性的尊重与保护的价值观下，不断对遗产价值、类型、保护进行调整。1992年文化景观被联合国教科文组织认定为遗产的一个类别，随后，2000年《欧洲景观公约》扩展了这一概念的定义，超越了具有突出普遍价值的景观，包括所有如日常的、消退的景观。文化景观被定义为“人们所感知的一个区域，其特征是自然和人为因素作用或相互作用的结果”。2003年《保护无形

① 牧骑，陈莉，刘晓．承嬗离合——意大利乡村建筑遗产价值认知演变及保护历程回溯［J］．国际城市规划，2023，38（6）：167-173.

② 徐桐．迈向文化性保护［M］．北京：中国建筑工业出版社，2019.

文化遗产公约》承认非物质遗产是文化多样性的主要源泉和可持续发展的保证，并将其定义为："实践、表现、表达、知识、技能——以及与之相关的工具、物品、人工制品和文化空间——社区、群体，在某些情况下，个人承认为其文化遗产的一部分。"至此，遗产的整体概念基本形成，不仅包括一个地方的有形物质方面，同时包括了地方无形的实践和经验，以及由人与环境关系产生的个人感知。2005年《世界遗产名录：填补空白——未来行动计划》呼吁保护更多类型的文化遗产，如乡土建筑、文化路线、文化景观和工业遗产，以克服世界遗产名录中遗产类型过于单一的问题。在《实施世界遗产公约操作指南》关于突出普遍价值标准的修订中，可以看到对物质文化遗产的历史、艺术、审美、科学等价值以及非物质文化遗产的历史、艺术、人种学、人类学、语言学、文学等价值的重视。2011年，UNESCO颁布了《关于城市历史景观的建议书》[①]，以一个世纪的丰富传统和现行的一系列法规和政策文件为基础，加入对"景观方法"[②]的借鉴，建议书对"遗产范式转变"下的保护原则进行了重新审视，发展了一种更全面、综合和基于价值的城市遗产方法，为遗产价值的认知开拓了广阔的视野。

**（3）文化多样性与遗产多样性促进了遗产价值真实性判定的拓展**

1964年《威尼斯宪章》针对第二次世界大战后出现的文物建筑修复重建及保护问题，确立了真实性和完整性保护的原则，这成为文化遗产保护理论的基础。1994年《奈良真实性文件》基于文化多样性和遗产多样性，重新定义了"真实性"概念，通过判断信息源的可信性来判定遗产的真实性，该文件拓展了价值内涵，增加了系统复杂性，引入了关联性的考虑，并强调确保价值真实性判断的信息来源的可靠性。2014年《奈良真实性文件》经过20年回顾修订文件（表1-2），针对各方利益相关者和遗产保护所引发的冲突，明确了遗产在可持续发展中的作用。文件指出，真实性判定应建立在一个能够包容人们认知和变化周期的基础上，并确立了在文化遗产持续演变过程中，对其新遗产价值的认识。2005年，ICOMOS发布《西安宣言》，强调环境包括的是实体、视觉以及与自然环境互动。无形文化遗产塑造了环境空间及当今文化、社会、经济背景。文化遗产价值源于多个方面，包括与物质、视觉、精神及其他文化背景和环境的联系。在这个视角下，遗产被视为一个动态的、综合的整体，从社会、功能、结构和视觉等方面完善了其完整性。

正是在这样的背景下，我们探讨了中国的遗产发展，应关注一个国家如何塑造这种趋势，同时又如何受其影响，而在这个过程中，还需要审视自身的社会经济、政治和文化需求。遗产保护中的张力存在于传统与现代之间，随着中国的快速发展和城市化进程

① 联合国教科文组织．关于城市历史景观的建议书［R］．2011.

② STEPHENSON, JANET. The Cultural Values Model: An integrated approach to values in landscapes. Landscape and urban planning, 2008, 84: 127-139.

真实性判断维度的转变　　表1-2

| 时间 | 文件 | 提出背景 | 主要内容 | 关注点 |
|---|---|---|---|---|
| 1964年 | 《威尼斯宪章》 | 第二次世界大战后出现的文物建筑修复重建及保护问题 | 确立真实性和完整性保护的原则，确实文化遗产保护形成的理论基础 | 保护依附于纪念物的物质实体的历史信息 |
| 1994年 | 《奈良真实性文件》 | 文化多样性和遗产多样性 | 对真实和完整保护原则的明确：通过判定信息源的可信性和真实性来判定遗产真实性 | 横向维度上，拓展了真实性信息源视野 |
| 2014年 | 《奈良真实性文件》修订文件 | 多元利益相关者、遗产保护带来的冲突 | 遗产在可持续发展中的角色阐明遗产的可持续利用。<br>真实性的判定应在一个可容纳人们认知和变化的周期中 | 纵向维度上，文化遗产持续处于演变过程中 |

（表格来源：自绘）





加速，日渐激增。遗产保护、城市发展和经济发展之间的交互影响已成为一个值得研究的主题。深化对遗产概念的理解，洞察其价值认知的演变，被视为理解和处理这种复杂关系的关键。

### 1.1.2　城市历史景观理论的借鉴

“城市历史景观”一词自2005年提出至今，已具有物质实体和实践方法两个层次的内涵。2005年，《护历史性城市景观维也纳备忘录》[①]宣布，不断发展的文化遗产概念需要更新的综合方法以便在领土范围内进行城市保护和发展，以响应当地的文化背景和价值体系。2011年《关于城市历史景观的建议书》[②]中明确定义了城市历史景观作为物质实体的概念，建议应用景观方法，将城市作为一个整体，并在城市管理的更广泛背景下整合遗产保护。2014年《HUL在中国的实施——上海议程》中则强调了城市历史景观（HUL）是一种视角和方法，提倡采用一种整体性的、包容性的城市遗产管理方法，以保持城市遗产价值的多样性和连续性（图1–2）。

（1）整体性多维价值体系构成

建立在一个世纪的国际遗产保护实践以及现有一系列法规和政策文件的基础上，城市历史景观被构想为一种整合建筑环境保护政策与实践的工具，其目标是发展一种更为全面、综合且基于价值的城市遗产方法。这是一种跨学科的方法，用于在快速和持续变化的环境中管理遗产资源整体。

城市历史景观（下文简称为“HUL”）方法为处理城市建成环境与自然环境之间的

① UNESCO. 保护历史性城市景观维也纳备忘录［Z］. 2005.

② 关于历史性城市景观的建议书［Z］. 2011.

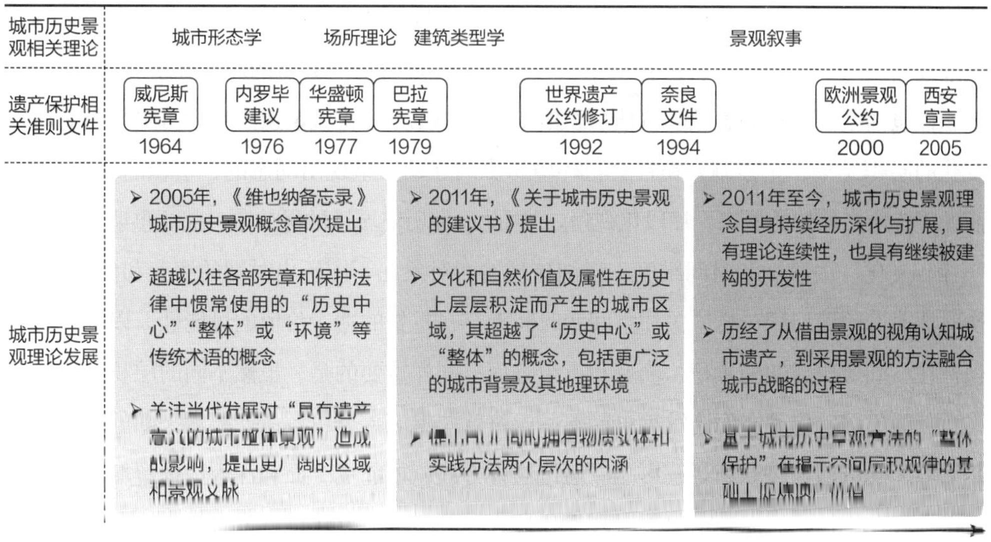

| 城市历史景观相关理论 | 城市形态学　场所理论　建筑类型学 | | 景观叙事 |
| --- | --- | --- | --- |
| 遗产保护相关准则文件 | 威尼斯宪章 1964；内罗毕建议 1976；华盛顿宪章 1977；巴拉宪章 1979 | 世界遗产公约修订 1992；奈良文件 1994 | 欧洲景观公约 2000；西安宣言 2005 |
| 城市历史景观理论发展 | ➢ 2005年，《维也纳备忘录》城市历史景观概念首次提出<br>➢ 超越以往各部宪章和保护法律中惯常使用的“历史中心”“整体”或“环境”等传统术语的概念<br>➢ 关注当代发展对“具有遗产意义的城市整体景观”造成的影响，提出更广阔的区域和景观文脉 | ➢ 2011年，《关于城市历史景观的建议书》提出<br>➢ 文化和自然价值及属性在历史上层层积淀而产生的城市区域，其超越了“历史中心”或“整体”的概念，包括更广泛的城市背景及其地理环境<br>➢ 提出HUL同时拥有物质实体和实践方法两个层次的内涵 | ➢ 2011年至今，城市历史景观理念自身持续经历深化与扩展，具有理论连续性，也具有继续被建构的开发性<br>➢ 历经了从借由景观的视角认知城市遗产，到采用景观的方法融合城市战略的过程<br>➢ 基于城市历史景观方法的“整体保护”在揭示空间层积规律的基础上挖掘遗产价值 |

图1-2　城市历史景观发展历程示意图
（图片来源：自绘）

关系，以及发展需求与历史遗产保护之间的平衡提供了一种视角与途径。该方法强调遗产价值的动态完整性，意味着不仅要保护过去和现在的意义，而且要允许新意义的出现和对旧意义的重新解释。HUL方法关注城市在不同历史时期的发展脉络，以及文化与自然资源之间的互动，以景观视角为切入点，实现遗产价值的时空连续性、价值诠释与延续性、社区参与与身份认同、跨学科整合等目标。通过结合历史环境和当代环境，发展文化遗产保护理论体系，与城市规划密切协作，提供可持续保护框架。针对城市化和全球化带来的挑战，采用“地方性战略”，在保护遗产价值和地方特色的同时应对发展变化。这种方法将遗产价值视为文化与自然互动的连续整体，强调内在联系和价值的延续性，而非传统的碎片化分区和统一化保护措施。HUL方法强调遗产价值的层积性，关注不同历史时期各种文化、自然和社会影响下的价值层累，以及它们在空间和时间上的互动和影响。此外，重视不同层积切片之间的关联性，强调遗产要素在地域范围内的系统联系和互动。为确保遗产保护与当代社会需求和价值观的兼容性，HUL方法保留了对过去、现在和未来意义的开放解释领域。这种方法不仅允许对遗产价值的持续重新解读，同时也强调遗产的动态完整性。这意味着遗产在适应某种程度变化的同时，仍能保持其文化意义的连续性。这要求遗产保护策略具有一定的灵活性，以便适应城市发展和社会变革带来的挑战。综上所述，城市历史景观方法为处理城市遗产保护面临的复杂挑战提供了一种灵活、包容且可持续的方法。

（2）历时性价值层积分析

UNESCO在《关于城市历史景观的建议书》中提出了“层积（Layering）”的概念，这个概念强调对城市遗产在特定空间范围或对象上不同历史时期的叠加和积累过程的关注。这一过程不仅揭示了历史城镇的动态变迁，而且呈现了它们是如何沿着特定的脉络和轨迹逐渐演进的。通过这种层积视角，可更深入地理解历史城镇的历史脉络和文化内涵。层积性包括空间层积的表象和价值层积的本质。HUL方法将城镇遗产视为历史与当前动态变化的层积结果，它强调人类社会与环境历史的互动，呈现出动态的、层积的认知方式，而非传统遗产保护的静态、片段化视角。[①]因此，在历史城镇的保护中，应注重遗产对象的“空间–文化”关联性和时间维度，详细梳理遗产对象在不同历史时期的演变和层积关系。历时性遗产价值层积分析应关注空间和时间上存在重叠的遗产价值的可能性，以揭示城镇遗产在不同历史时期的累积、演变和重组过程；同样重要的是，虽然不同的层积切片间存在显著的关联，但其空间连续性可能不一。这就要求深入分析各遗产要素之间的联系，揭示它们之间的内在关联和相互影响。通过这种方式，才能更全面和深入地理解城市遗产的复杂性和动态性，从而制定出更为合理和有效的遗产保护策略。

（3）关联性视角的价值特征辨识

从HUL的关联性视角辨识价值特征能够更充分地挖掘城镇遗产的价值，将城市视为在时间和空间上动态演变的层积性整体。这无疑在时间和空间两个层面上，都拓展了传统的遗产保护范围。在时间维度上，这一方法打破了遗产年代的界限，强调了历史遗产在不同时期的价值以及其演变过程。在空间维度上，它超越了由遗产群体构成的“整体”观念，将更广泛的与遗产相关的背景环境纳入保护视野。关联性视角考虑物理形式、空间组织和联系、自然特征和环境以及社会和文化价值之间的相互关系，通过这一视角，能够在更广泛的城市背景下识别、评估、保护和管理和评估历史区域。然而，受限于研究对象及学科视野，传统的建筑遗产价值研究常常侧重于从空间的本位角度出发，解读其建筑史学、美学等特征。这样的研究方法较少从更广域、更公众化的文化视角去考察建筑遗产与其所处城市的经济、社会和文化背景的全面关联。因此，采用关联性视角进行价值特征辨识对于揭示城镇遗产与其周围环境的紧密联系具有不可忽视的重要性，有助于更全面、深入地理解遗产价值，以确保在城镇遗产保护和发展过程中，实现遗产与当代生活、经济发展、社会需求以及文化背景之间的平衡和协调。这不仅能为城市提供更为丰富、多元的文化资源，同时也有利于推动城市的可持续发展。

### 1.1.3 遗产价值体系实践的思辨

随着全球化的推进，世界遗产保护准则及价值标准逐渐在世界各地得到普及。但在不同文化背景之下，对“突出普遍价值（OUV）”的修正调适也凸显了遗产保护领域的

① 张文卓，韩锋. 城市历史景观理论与实践探究述要［J］. 风景园林，2017，143（6）：22-28.

变化与差异，全球范围内不同国家根据自身文化和传统的不同，不断调整适合自身发展的遗产价值体系。以澳大利亚、英国、意大利和我国的遗产价值体系探索实践为例，以此说明不同文化背景下遗产价值体系实践的调适转变及发展（表1–3）。

各国遗产价值体系发展示例　　表1–3

| 国家 | 遗产类型 | 价值体系特征 | 价值认知演变 |
| --- | --- | --- | --- |
| 澳大利亚 | 建筑遗产 | 价值认识多元化与权威性兼顾，价值类别不断细化。<br>重视遗产价值的物质性，对系统与联系考虑不足，对文化景观类遗产有局限 | 美学价值、历史价值、社会价值、科学价值、精神价值 |
| 英国 | 乡村景观 | 注重多元价值间平衡对实现可持续发展具有重要作用 | 重视审美价值——强调生产价值、消费价值——社会、经济、环境和文化方面的多元价值 |
| 意大利 | 乡村建筑《关于文化遗产和景观的国家法典》 | 体现多元参与的社会价值，视地域景观价值为地方发展的驱动力 | 符号、艺术、历史价值——历史、艺术及社会价值——地域价值、景观价值 |

（表格来源：自绘）

澳大利亚由于现代发展历史仅200年，与欧洲传统纪念物式的遗产保护实践显然存在不同。1979年澳大利亚ICOMOS发布了《巴拉宪章》，提出强调遗产的认知，1999年修订的《巴拉宪章》明确提出了基于价值认识的保护思想，2013年《巴拉宪章》第四次修订，对遗产价值的类型细化为美学、历史、社会、科学、精神。澳大利亚对《巴拉宪章》的历次修订体现出了对其本土殖民文化遗产价值的不断创新探索，重点关注多元主体下的价值挖掘和识别问题。

英国政府自1882年颁布了《古迹保护法》之后，通过一系列遗产保护相关法规的修订与颁布，表现出国家层面对遗产保护管控的日益增强[①]，遗产概念不断扩展，遗产价值体系在调整中不断向前推进。以英国对乡村景观遗产价值认知的历时性变化为例，英国乡村景观经历1000多年演变，近200年内价值观转变三次：18～19世纪强调审美价值，塑造理想乡村；第二次世界大战后重视生产消费，乡村旅游商品化；20世纪70年代关注可持续发展，涵盖社会、经济、环境和文化价值等[②]；这反映了英国遗产价值体系在不同历史时期价值认知的变化，从单一价值向多元价值的关注，英国乡村得以复兴成为英国民族文化象征，归功于在实现可持续发展的目标下对多元遗产价值的认知与平衡。

意大利遗产价值的变化发展以乡村建筑价值认知演变为例。20世纪初期意大利乡村

① DE LE TORRE, MARTA. Values in Heritage Conservation: A project of the Getty Conservation Institute. *APT Bulletin: The Journal of Preservation Technology,* 2014, 45.2/3: 19–24.

② 马蕊，严国泰．英国乡村景观价值认知转变下的保护历程分析及启示［J］．风景园林，2019，26（3）：105–109.

建筑的艺术、历史、建筑价值被挖掘，在特殊社会政治环境下被赋予符号价值；现代化和城市化使得乡村建筑的实用价值逐步退化，催生了遗产保护视角下对乡村建筑的新认知。20世纪中叶，战后重建及快速城市化进程下，对单体建筑保护趋向于扩展为考量历史建成环境。20世纪70至80年代，受乡村生产主义危机及乡村旅游兴起的影响，一系列普适性的乡村建设管理法律法规形成，乡村建筑遗产保护以及乡村建设法律法规逐步系统化；1990～2000年间，通过欧盟乡村发展框架下制定了修缮导则与更加精细化的乡村建设管理手段，形成了对乡村建筑遗产保护基本价值的保护机制，体现出多元参与的社会价值。21世纪之后，乡村建筑的地域价值及景观价值受到重视。景观规划对乡村建成区域进行记录与管控，明确对地方性材料保护，将乡村作为区域动态景观进行保护并视之为地方发展的驱动力①。





随着1985年联合国教科文组织《世界遗产公约》的批准以及1993年加入ICOMOS，我国的遗产保护实践逐渐走向国际遗产话语。从《中国文物古迹保护准则》中对遗产价值的认知、价值类型的演进可以看到这种影响及变化。2000年，由中国国家文物局与美国盖蒂保护所、澳大利亚遗产委员会合作编制的《中国文物古迹保护准则》印发颁行，强调遗产价值评估的作用；2015年版《中国文物古迹保护准则》在历史、科学、艺术三大价值基础上，增加了“文化价值”“社会价值”的内容表述，将原本对建筑遗产本体特征信息的研究上升到文化多样性、知识与精神传播及社会凝聚力的高度，把遗产价值认识与价值体系向深层次的社会文化价值认识领域提升，在一定程度上填补了遗产本体自身价值之外的文化、社会维度产生的价值（图1-3）。同时在《中国文物古迹保护准则》第3条中也强调了文化景观、文化线路、遗产运河等文物古迹还可能涉及相关自然要素的价值。2021版联合国教科文组织《实施世界遗产公约操作指南》第77条规定

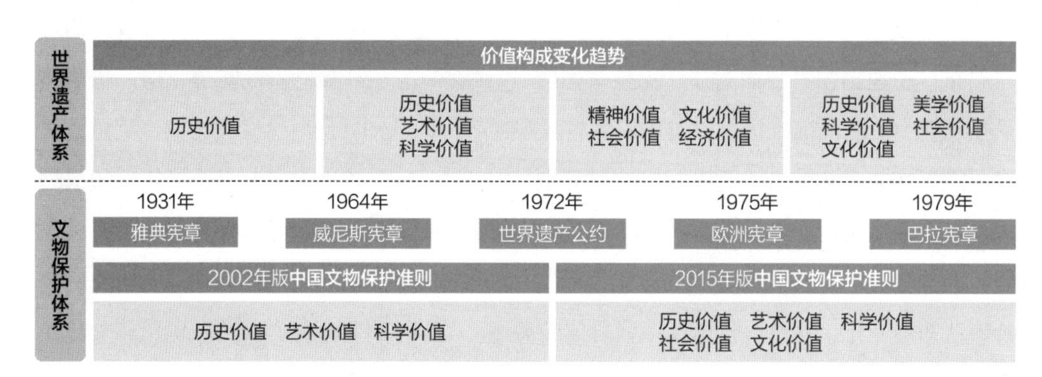


图1-3 世界遗产体系和文物保护体系体系发展示意图
（图片来源：自绘）

① 牧骑，陈莉，刘晓．承嬗离合——意大利乡村建筑遗产价值认知演变及保护历程回溯［J］．国际城市规划，2023，38（6）：167-173.

了10项遗产认定标准。其中后4项标准偏重于自然遗产，前6项标准侧重于文化遗产。其中，除第5项标准属于环境价值外，其他五项标准与《中国文物古迹保护准则》五大价值类型是相互对应的。我国遗产价值认知的演进，强化了文化认同和公众参与，也是国家遗产保护发展的一种全球化回应。

尽管国际遗产保护理论对遗产价值体系的探索与实践使得遗产保护不断向前迈进，然而对于不同文化背景下的文化遗产价值研究仍处于起步阶段。我国在改革开放后四十多年的快速城镇化进程中，城乡建筑遗产价值认知的偏差及保护的尖锐矛盾也显而易见，究其原因可从以下几方面理解：

首先，中国传统的深层文化结构决定了对遗产概念及内涵认知。自古以来我国的传统哲学提倡“虚实相生，有无相形”的整体观，对有形的“物”与无形的“道”的认知使得遗产价值认知与文物保护观念展现出与西方的差异性。与西方围绕遗产强调物质性、注重纪念性的观念有所不同，我国的遗产价值认知则更关注人文环境、象征意义等价值，这也说明了尽管中国历史建筑虽然不断遭到破坏和重建，但其意义并未削减。因而世界遗产价值体系的遗产保护实践，与我国注重整体性的传统文化观之间是需要进行调适的。在更为广阔的时空背景下，遗产价值认知应从遗产本身延展至其周围环境等有形要素，进一步拓展到历史、民俗文化等无形要素，从而在更多维度上确立遗产价值的整体性视角。避免由于文化遗产的“静态单点”保护导致遗产碎片化，造成文化根基与建成环境的断裂，使得一些具有地方文化意义的普通遗产面临消失的可能。

其次，建筑遗产价值及意义是与人类生活紧密相连的。从遗产的主体性角度来看，遗产价值是源于不同的价值主体的构建过程，是多元主体共同构建的特定文化遗产的价值判断。然而，以世界遗产体系为例，遗产往往更容易成为历史学家、建筑学家和考古学家等专业兴趣的反映，被视为“专家”定义和研究的特殊领域，与现代日常生活相距甚远。这种观念容易导致遗产地居民和其他利益相关者在遗产价值认知及遗产保护的参与度不足。此外，世界遗产的目标是强调代表各国文化传统的遗产，以表达国家认同和文化多样性，但这种价值观往往无法充分关注到民族、地区、社区等层面的遗产价值。同时，世界遗产委员会的申报和管理架构也可能加剧这种价值倾向。申报过程以国家为主体，而保护和管理工作主要由专业人员负责，这割裂了遗产与社区的联系。如果遗产价值的评估基于不完整的文化体系，那么它就无法有效地反映其真实和完整的价值。

最后，目前关于遗产价值研究，存在着对于遗产属性认知不全、对遗产价值类型分析错误而导致文化遗产的价值认知的不够准确或意义不大等问题[1]。就价值构成方面而言，从各国的价值体系可看出，当前预设的价值类型存在一定的局限性。新的价值类型不断

① 孙华. 基于价值特征的三星堆遗址公园研究[J]. 中国文化遗产，2022（6）：18-29.

被提出，而从整体出发的遗产价值之间的信息、关系等因素却缺乏相关的联动考虑，在将遗产置于过去、现在、未来这一广阔的范围考虑时，遗产价值有存在重合、隐含、潜在的可能，例如美学价值与艺术价值可以合并，有些价值则可能不是一个独立的价值类型，而是隶属于某个价值的次级价值，如情感价值。同时，遗产价值构成大多仍然为批量表述，致使在认知遗产价值的整体动态性、结构体系性上存在不足，还需通过对价值构成进行结构性梳理，强调多元价值间的层次关系、优先排序的考量，解决价值之间的冲突，关注潜在价值的产生及价值之间的转换，以此提高遗产保护决策的精准性。

基于以上国内外遗产价值实践的对比思辨，对我国本土建筑遗产价值研究有积极的启示。潮汕祠庙建筑形成于地处南越和闽越文化交汇区，其类型多样，蕴含的信仰文化纷繁杂陈，潮汕祠庙中的祭祀活动与非物质文化遗产相伴随。在历史时空中发展演变，潮汕祠庙活跃于地方生动的日常生活中，与城乡环境、社会经济、人文风习等存在复杂的关联性，因而潮汕祠庙建筑遗产价值认知不能仅限于以往建筑学、考古学等相关学科的认识范畴，更应扩展到地方史、人类学、社会学和经济学等多个领域，才能为遗产价值整体认知和评判提供基础。因而需建立更为具有立体性和综合性的遗产价值认知框架。与此同时，潮汕祠庙建筑遗产整体价值发展的动态性是源自多因素“交互”的内在机制，将地方居民及日常生活维度纳入交互动态时空之中亦是理解和阐释潮汕祠庙建筑遗产价值的关键。

综上，动态发展中的遗产及其价值的理论和方法研究、多样化的西方遗产实践与中国传统哲学整体观影响下的遗产实践经验，共同构成了潮汕祠庙建筑遗产价值研究的知识体系，为搭建更为整体系统的潮汕祠庙建筑遗产价值框架奠定了理论基础。随着价值导向越来越成为建筑遗产保护的核心，如何面对不断变化的现实，在一个整体的遗产价值框架内，全面而动态地处理不同类型的遗产价值。为此，建立一套适用于潮汕祠庙这类本土建筑遗产的、具有操作性的价值认知模式是非常必要且迫切的。这也是本章讨论的核心问题。

## 1.2 潮汕祠庙建筑遗产价值认知语境的组成

遗产价值的认知语境是一个包含丰富社会人文内涵的概念，它涵盖了一个拥有共同历史发展轨迹和地域环境的共同体的共同利益观与价值观。遗产价值是主体基于客体属性所作出的价值判断，而主客体之间的关系取决于特定的社会、文化、历史阶段以及人为环境。价值的产生以及价值之间的关系都依赖于一个具体的语境。1999年，吴良镛先生在国际建筑师大会上强调，建筑学是地区性产物，建筑形式的意义源于地方文脉，不仅是地区历史的体现，更与地区未来紧密相连。地方性建筑的形成受自然地理环境的影响，同时与当地的社会风俗、人文信仰以及社会历史背景密切相关。

只有在深入了解自身文化语境的基础上讨论遗产价值，这样的认知才具有完整性和意义。1994年的《奈良真实性文件》强调了遗产保护中文化语境的重要性，并进一步指出了文化遗产的价值判断与其文化背景、信息资源的可信度息息相关，这种关系在不同文化甚至同一文化内均可能表现出差异。因此，无法采用固定标准来评判价值和真实性。遗产保护需尊重各文化，将遗产置于其文化语境中考量。在各文化内部，就遗产价值特性及信息真实可靠性达成共识显得至关紧要[①]。2005年《西安宣言》[②]强调环境对价值认知的重要性，表明环境认识、理解与记录对价值评估具有关键作用。2011年《关于城市历史景观的建议书》明确定义了城市历史景观作为物质实体的概念，作为一种思考历史城市价值的新方式，城市历史景观强调在时间和空间上对遗产的层积认知，关注历史遗迹本身与其周围环境、景观要素之间的联系，并将文化遗产和城乡历史环境作为一个整体来考虑。对潮汕祠庙建筑的遗产价值认知，仅关注表层人文历史和风格特征，缺乏对历史逻辑的深入解读，易误判历史成因和发展趋势；对其遗产价值的认识缺乏时空层次和系统关联的深度分析，则会导致价值生产历史与文化内涵阐释的偏颇，以及在识别建筑遗产历史时间和空间价值上的局限性。

综上，本研究借鉴城市历史景观（HUL）理论及方法，引入层积性与关联性概念，从地域环境、时空层积、系统关联三个方面共同组成动态整体的潮汕祠庙建筑遗产价值认知语境，以地域环境为基础，在动态时空中分析其层积性和关联性，揭示其价值生成逻辑，这是构建潮汕祠庙建筑遗产价值认知框架的重要基础（图1-4）。

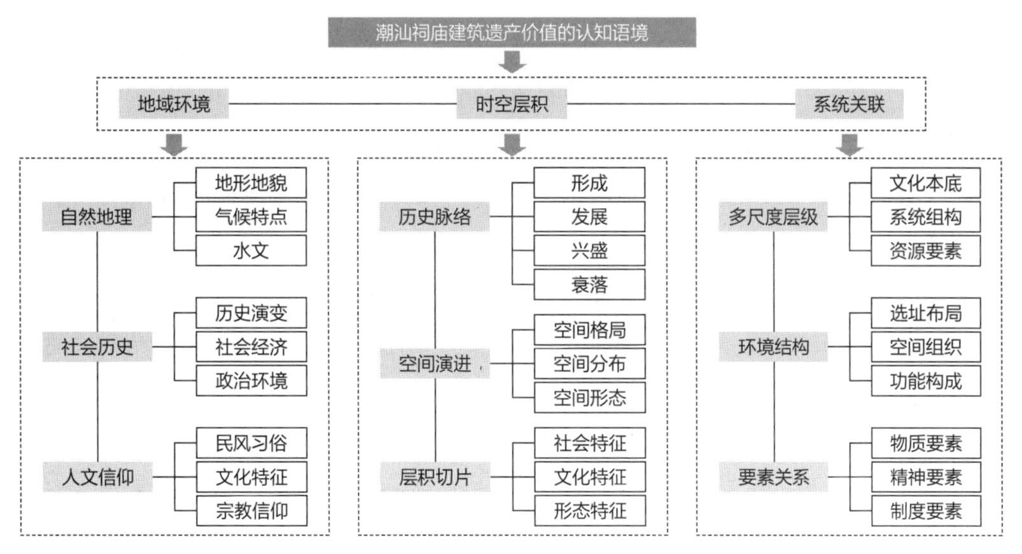


图1-4　潮汕祠庙建筑遗产价值认知语境结构示意图
（图片来源：自绘）

① ICOMOS. 关于原真性的奈良文件［Z］. 1994.
② ICOMOS. 西安宣言［Z］. 2005.

### 1.2.1 地域环境

潮汕祠庙建筑在潮汕地域环境中形成发展，在其对地域环境的顺应变通调适过程中，获得了极具特色的地域性特征。作为潮汕地区信仰祭祀建筑类型的代表，潮汕祠庙场所营造成为潮汕祠庙建筑遗产的核心，展现了独特的价值取向①。地域环境揭示了当地历史发展轨迹，承载了地方利益观和价值观，通过深入研究地域环境特质，有助于把握潮汕祠庙建筑的演进脉络。对潮汕地区自然地理、历史社会及人文信仰等因素的剖析，揭示潮汕祠庙建筑在发展中的自然、社会、人文三个层面的适应性，更好地理解天、地、人三者的互动关系②。拉普普认为，许多文化现象在原文化消失后仍存在于住居和聚落中，尽管附加意义可能已改变。实际上，这些形式对人类而言是超脱物质的，意味着某些行为和生活方式是恒定或缓慢变化的③。深入研究潮汕祠庙建筑在适应环境过程中的应答策略，了解其地域特色、历史背景和文化内涵，有助于全面揭示潮汕祠庙建筑遗产价值的多重层次，为遗产保护和传承提供有力支持。





### 1.2.2 时空层积

对潮汕祠庙建筑遗产价值的洞察是理解和处理遗产可持续保护与城乡发展关系的关键。时空层积从时间、空间和人三个维度出发，提供了一种深入理解潮汕祠庙建筑遗产价值形成的动态视角。在动态的历史演进过程中，潮汕祠庙建筑遗产在特定空间中与不同主体的交互作用下，其遗产价值不断层累，体现出潮汕地区城乡历史发展的独特性与叠加性，强调了历史时期和地域环境的综合影响。潮汕祠庙建筑遗产价值的时空层积性不仅重视广阔的潮汕地区城乡历时性背景下的演进，同样也关注不同历史时期的层积特征。其层积性包括空间层积和价值层积，其中空间层积是价值层积的外在表现，而价值层积则为其内在实质。通过对历史脉络、空间演进和层积分析，可以发现层次类型不仅涉及地形地貌、水文地理和建筑环境等物质空间方面，还涵盖了社会、经济和文化等方面的要素，如经济发展、人文信仰和习俗等。此外不同历史阶段和各类空间层次之间存在着社会、经济、文化密切联系。

为了梳理潮汕祠庙建筑遗产的历史发展脉络，需从空间层次出发，识别空间层积类型，并分阶段形成空间层积切片。通过分析不同阶段的社会、经济、文化特征以及它们与空间-价值层积的内在联系，可为识别潮汕祠庙建筑遗产的价值特征提供重要依据。

---

① HEATH, K. Vernacular Architecture and Regional Design; Routledge: Abingdon, UK, 2009.

② BELLUSCHI, P. The Meaning of Regionalism in Architecture; Architectural Record: New York, NY, USA, 1955.

③ 拉普普. 住屋形式与文化［M］. 张玫玫，译. 台北：台北境与象出版社，1969.

### 1.2.3 系统关联

关注时空层积中要素的演变脉络及各要素之间的关联，是实现潮汕祠庙建筑遗产价值整体认知的重要途径。潮汕祠庙建筑遗产与其所在环境的诸多因素相互关联，形成了具有特定文化意义的整体。潮汕祠庙建筑遗产与人、事件、地点、实践、传统、故事、物体等发生错综复杂的关联，因而即时经历了不断地重建、改建及建筑构件更换等，但仍然维持着与地方社区的紧密联系，保持着自身的多元价值，承担着传承非物质文化遗产的作用，因而更加凸显了系统关联的重要性。潮汕祠庙建筑遗产价值存在于多重空间联系中，在梳理潮汕祠庙建筑遗产关联信息时，应从多尺度空间、环境结构、要素关系等方面展开。融合了社会学、人类学与建筑的视角，深入考察祠庙建筑空间与日常活动关系，揭示祠庙建筑遗产在不同规模尺度的环境格局中与各类物质和非物质要素的系统性关联，在潮汕祠庙物质本体与多元价值之间建立逻辑联系，有效梳理及明晰遗产价值的具体承载要素，便于制定清晰的保护策略。

## 1.3 潮汕祠庙建筑遗产价值认知维度的建构

潮汕祠庙建筑遗产价值生成是一个相互影响的动态系统，受到地域、社会、文化、历史等多重因素的影响，因此其价值表现具有多样性。社会价值取向、政治权力、族群关系乃至个人等因素的变化，都会引起其遗产价值的动态变化，这在很大程度上增加了对潮汕祠庙建筑遗产价值认知的复杂性。无论是世界遗产的价值标准，还是我国现行的价值分类，都是帮助理解、分析价值特征内涵的工具方法，若片面强调价值类别框架下的价值表述，并不利于价值的认知及阐释。鉴于潮汕祠庙遗产的跨学科性、包容性和价值特性，如何综合所有这些特征，并将其各部分有序地组织起来，以便对遗产价值进行清晰且细致的认知，无疑是最大的挑战。这就需要从时间、空间和人文等多个维度出发，进行全面而深入的考量，建立起潮汕祠庙建筑遗产的价值认知维度。

### 1.3.1 潮汕祠庙建筑遗产价值体系

所有的遗产保护策略都是价值判断的产物，不同时代因话语的不同会导致遗产价值认知的转变，科学有效的对遗产价值及其层次构成的理解，是构建潮汕祠庙建筑遗产价值认知框架的关键。这不仅有助于在广度和深度方向上理解遗产本身的拓展，而且有助于根据遗产价值导向明确的遗产认知边界，这为文化遗产的完整性保护提供了依据。

（1）价值体系基于潮汕祠庙建筑多元叠合的遗产属性

从遗产类型角度而言，潮汕祠庙是一种多类型复合遗产，具有多元叠合的遗产属性。首先，潮汕祠庙建筑遗产在漫长的历史演变中，形成了鲜明的文化地域性格，是作为物质文化遗产的建筑空间；其次，潮汕祠庙不仅是民间神明的祭拜空间，还承载了庙会、神诞、传统歌舞等非物质文化遗产，因而是非物质文化遗产所依存的“文化空间”①，潮汕祠庙与庙会、神诞、传统歌舞等非物质文化遗产在互动实践中实现非遗的再生产（表1-4）；

潮汕祠庙空间与相关非物质遗产示例　　表1-4

| 祠庙建筑遗产 | 祠庙空间承载的非物质遗产 | |
|---|---|---|
| 揭阳城隍庙 | 城隍庙会、英歌舞、标旗舞、潮州大鼓、舞狮、潮剧等 | |
| 澄海樟林火帝庙 | 火帝庙庙会、麒麟舞、双头鹅、西门蜈蚣舞、英歌舞、英歌槌、铁枝木偶戏、舞狮等 | |
| 潮阳下宫天后古庙 | 下宫妈祖传说、各类祭祀粿品等 | |
| 潮阳双忠行祠 | 双忠游神赛会、英歌队、笛套音乐队、潮州大锣鼓队、醒狮队、麒麟金狮队、标旗队等 | |
| 汕头澄海冠山古庙 | 祭祀中的赛大猪习俗 | |

（表格来源：自绘）

① 文化空间由场所与意义符号、价值载体共同构成，在物质层面上直观地表现为建筑物，文化空间是定期举行传统文化活动或集中展现传统文化表现形式的场所，兼具空间性和时间性。引自：中华人民共和国文化和旅游部国际交流与合作局编《联合国教科文组织〈保护非物质文化遗产公约〉基础文件汇编（2018版）》。

最后，潮汕祠庙至今依然保持着其原有的建筑功能，相关的风俗节庆和传统活动持续在这里举行。随着时间的推移，潮汕祠庙建筑遗产的价值在不断变化与产生，展现出“活”态的文化遗产特性，它与当地的风土民俗相结合，形成了独特的“文化关联性景观”[①]。

综上可得，潮汕祠庙本身具有的复合遗产特性，在不同实践活动中与地方群体产生各种关系，产生了层次丰富的遗产价值，因而其价值内涵较一般建筑遗产更加复杂，其多元性和动态性的特点已超出了一般建筑遗产价值的认知范畴。2021版《实施世界遗产公约的操作指南》第84条规定也指出，所有物质的、书面的、口头和图形的信息来源，使理解文化遗产的性质、特性、意义和历史成为可能。若仅立足于特定历史时期形态的价值，只侧重关注物质空间的作为历史见证和象征性特征，忽略对潮汕祠庙与当地生活模式的联系考虑，致使潮汕祠庙建筑遗产与不同群体之间的关系无法得到全面揭示，对潮汕祠庙建筑遗产价值的认知会不够全面。

潮汕祠庙建筑遗产作为一种物质文化遗产，受到建筑保护的同时，发生于潮汕祠庙空间中的神诞、庙会等民俗活动则以非物质文化遗产的身份受到分类保护，这种分类认知易割裂非遗项目与其文化空间的整体性，使得非物质文化遗产的有效传承降低。因而基于潮汕祠庙复合遗产属性及多层次价值承载，潮汕祠庙建筑遗产整体价值认知框架应在考虑潮汕祠庙作为“建筑遗产”“文化景观”“文化空间”多元叠合遗产属性的基础上，对其遗产价值展开认知，不仅关注潮汕祠庙建筑遗产本体物质要素承载的丰富价值，同时也注重对潮汕祠庙建筑遗产对非物质要素承载产生的价值分析和研究，更进一步，必要在历史–现在–未来的时间范畴内，通过潮汕祠庙遗产与群体间不断更新的关系，对潮汕祠庙建筑遗产价值持续不断的认知解读。

（2）价值体系基于价值的二重性

构建科学合理的潮汕祠庙建筑遗产价值体系，可从价值论入手解读价值关系。作为哲学范畴的价值具有二重性，可分为内在与外在两种价值表现，事物本身具有的特性是内在价值，满足人类的需要的效用则称功用价值即外在价值；内在价值和外在价值在含义上是互相独立的，它们是两个并列的基本概念，内在价值相当于“实体性价值”，外在价值则相当于“关系性价值”[②③④⑤]。因此，文化遗产的价值大致可分为内在存在价值

① 文化关联性景观的判定是以宗教、艺术或文化与自然因素的强烈关联性为特征的，而非基于物质性文化证据。是自然与人类创造力的共同结晶，反映区域独特的文化内涵，特别是出于社会、文化、宗教上的要求，并受环境影响与环境共同构成的独特景观。引自：UNESCO World Heritage Centre. Operational Guidelines for the Implementation of the World Heritage Convention[Z]. 2015.

② 张岱年. 论价值与价值观［J］. 中国社会科学院研究生院学报，1992（6）：24-29.

③ 何祚榕. 什么是作为哲学范畴的价值［J］. 哲学动态，1993（3）：17-18.

④ 何祚榕. 关于价值一般双重含义的几点辩护［J］. 哲学动态，1995（7）：21-22.

⑤ 鲁品越. 价值的目的性定义与价值世界［J］. 人文杂志，1995（6）：7-13.

和外在使用价值两个层面，具有多样性和衍生性[①]。内在价值又是基于事物的客观现象的直接阐述与解释，也呈现出一部分的客观属性；而外在价值则基于内在价值而产生。就潮汕祠庙建筑遗产而言可理解为：潮汕祠庙建筑的物质空间是客观存在的事实，人类对其特征属性进行观察、记录和描述是一种认知，具有一定的主观性，属于内在价值；通过潮汕祠庙物质空间中展开的实践活动后认知产生的情感、记忆、经济、社会等价值，则属于外在价值。而外在价值又可根据在现实社会中因主体及实践活动的而产生不同的价值关系进一步划分。

（3）价值体系基于价值构成的系统性

从系统论的视角来看，系统是指多个相关事物相互联系、相互制约而组成的整体，其最突出的特点是层次性和整体性。层次性指的是系统内各个元素所处的不同层级，位于基础或关键位置元素的缺失可能会导致整个系统价值的损失或消失。整体性则强调元素之间的协作，共同塑造整个系统的价值，每一个部分都是必不可少的。在《巴拉宪章》[②]和《会安草案》[③]中均强调了价值分级的重要性。理解价值系统的这种系统性，有助于我们更好地判定遗产价值的主次关系和优先级，对于识别和确定价值特征具有重要的意义。

综上所述，从潮汕祠庙建筑自身遗产价值属性出发，结合其价值形成机制，本研究认为潮汕祠庙建筑遗产价值是融汇物质、社会经济、人文历史等相关联的多重意义及资源的集合体，因而可在我国现行的2015版《中国文物古迹保护准则》价值分类基础上，从本体价值、衍生价值、工具价值三个不同维度对潮汕祠庙建筑遗产价值进行整体认知（表1-5）。

潮汕祠庙建筑遗产价值与《中国文物古迹保护准则》的联系及拓展示意 表1-5

| 《中国文物古迹保护准则》价值类型 | 具体内容 | 潮汕祠庙建筑遗产价值维度 | 具体内容 | |
|---|---|---|---|---|
| 历史价值 | 文物古迹作为历史见证的价值 | 本体价值 | 本体价值是指形成认知的客观基础源于遗产自身。是本身具备的功能价值，指潮汕祠庙蕴含着历史、艺术、科学和环境的特征信息 | 历史价值<br>艺术价值<br>科学价值 |

① 孙华. 文化遗产概论（上）——文化遗产的类型与价值［J］. 自然与文化遗产研究，2020，5（1）：8-17.

② ICOMOS. 巴拉宪章［Z］. 1999. “可依据某一场所的文化价值的相对程度决定不同的保护措施。”

③ UNESCO. 会安草案［Z］. 2003. “了解遗产资源的相对价值对我们至关重要，可帮助我们合理判断哪些要素必须在任何情况下得到保存，哪些要素需要在某些情况下得到保护，以及哪些要素可以在某些特殊情况下被牺牲掉。”

续表

| 《中国文物古迹保护准则》价值类型 | 具体内容 | 潮汕祠庙建筑遗产价值维度 | 具体内容 | |
|---|---|---|---|---|
| 艺术价值 | 文物古迹作为人类艺术创作、审美趣味、特定时代的典型风格的实物见证的价值 | 衍生价值 | 衍生价值是基于遗产本体价值在具体时空中群体通过实践活动不断感受、想象、认知等，形成特定的文化、情感、记忆、精神、身份、象征等价值 | 文化内涵、精神、情感、记忆、身份等价值 |
| 科学价值 | 文物古迹作为人类的创造性和科学技术成果本身或创造过程的实物见证的价值 | 工具价值 | 工具价值是潮汕祠庙建筑遗产作为社会资源，承担一定的社会功能以满足社会需求而产生的价值 | 教育、娱乐、旅游、经济等价值 |
| 社会价值 | 文物古迹在知识的记录和传播、文化精神的传承、社会凝聚力的产生等方面所具有的社会效益和价值 | / | / | / |
| 文化价值 | 1. 体现民族文化、地区文化、宗教文化的多样性特征所具有的价值；<br>2. 文物古迹的自然、景观、环境等要素因被赋予了文化内涵所具有的价值；<br>3. 与文物古迹相关的非物质文化遗产所具有的价值 | / | / | / |

（表格来源：自绘）

潮汕祠庙建筑遗产在经历了时间的层累和空间交织关联，随社会活动的更新，不断被赋予了新的文化内涵及属性，继而在本体价值基础上不断产生新的价值关系和存在的意义（图1-5）。本体价值是潮汕祠庙建筑遗产的核心价值，以历史、艺术、科学等价值为主；随着时间、空间、多元主体的交互影响下，潮汕祠庙建筑遗产价值延伸至文化和社会领域内，产生基于本体价值的衍生价值与工具价值，这些价值尤为突出，在某种程度上甚至超越了历史、科学等价值，因而以2015年版《中国文物古迹保护准则》为基础，进一步给予更为细化、明确的价值分类认知是很必要的。潮汕祠庙遗产在与群体互动的过程中承载了多元文化内涵，衍生出文化、情感、记忆、精神、身份等价值，这一价值即为衍生价值；从潮汕地方现实社会的实践活动产生的不同的价值关系而言，工具价值则指遗产作为社会资源，承担一定的社会功能以满足社会需求的过程中产生的价值，如经济、教育、娱乐等价值。三种不同的价值维度之间有机关联，具有系统性和层次性，共同构成了潮汕祠庙建筑遗产的价值体系。

在潮汕祠庙建筑遗产价值动态建构过程中，这三个不同的认知维度有利于强调文化

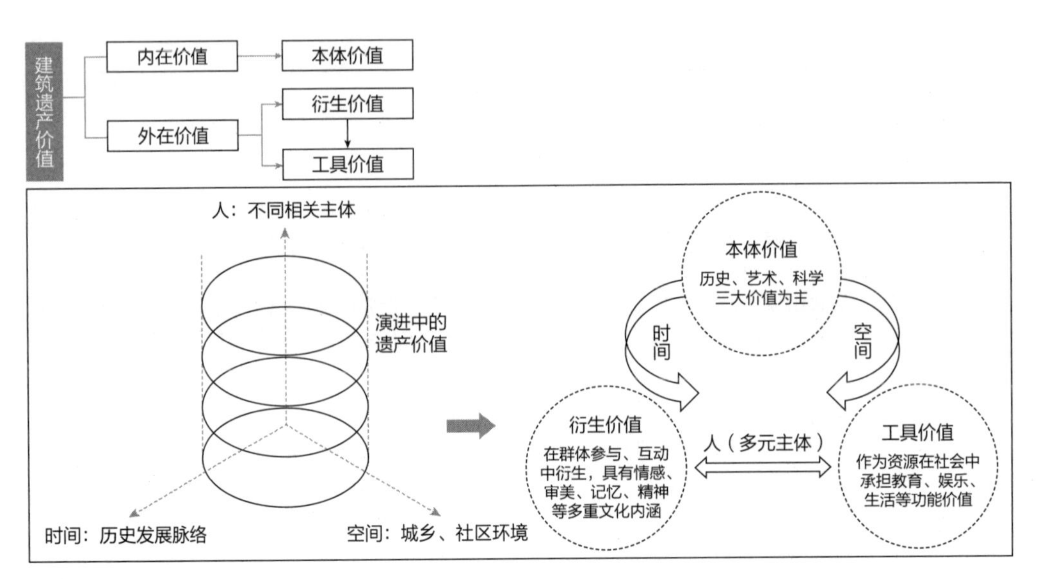


图1-5　潮汕祠庙建筑遗产价值体系示意图
（图片来源：自绘）

多样性、地方特色及本土价值观。这样的价值体系不仅加强了地方遗产与价值主体之间的关系，也对这种动态关系展现出更大的包容性和开放性，有助于实现对潮汕祠庙建筑遗产多层级、多线索和多尺度的协同和整体性保护。

## 1.3.2　本体价值

本体价值是指形成认知的客观基础源于遗产自身。就潮汕祠庙建筑遗产价值而言，其本体价值是本身具备的功能价值，是潮汕祠庙蕴含着历史、艺术、科学和环境的特征信息。对物质信息的记录与认知属于相对浅层次的价值关系，这主要涵盖了基于知识体系从信息载体中识别的历史价值、科学价值和艺术价值等。历史价值与时间的演变相互关联，为确定时间位置提供依据；科学价值和艺术价值则与祠庙建筑载体所体现的物质建造信息相关。潮汕祠庙建筑的本体价值基于客观信息而存在，认知自由度小，具有客观性，属于内在价值，是遗产价值的核心价值，基于本体价值产生的实践、感知与认识延伸到文化与社会领域则是深层次的价值认识即为外在价值，而外在价值又因为不同主体产生不同价值关系而分为衍生价值与工具价值。

## 1.3.3　衍生价值

衍生价值是基于遗产本体价值在具体时空中群体通过实践活动不断感受、想象、认知等，形成特定的文化、情感、记忆、精神、身份、象征等价值，属于遗产的外在价值，具有动态性。潮汕祠庙建筑遗产在漫长的时空中，伴随多元主体的信仰实践活动，不断建构了新的文化内涵，并在新的时代背景下，不断衍生新的价值。多元文化赋予了潮汕祠庙建筑遗产活力和延续性，使其与遗产所有者、传承人和社区紧密联系，让物质与非物质文化遗产相依共存，具有了更广泛的文化社会意义。由于文化和身份具有深刻的空间性，因而在理解与潮汕祠庙建筑遗产相关的情感、精神等价值时，需立足于潮汕地区社会文化背景中。作为具体的物质空间场所，潮汕祠庙建筑遗产为人们提供了不同的生命情感体验，空间参与者的情感在很大程度上由空间特征所决定，潮汕祠庙的空间特征可反映出不同于其他遗产地的感知和体验的差异。地方居民在祠庙建筑空间中的活动对形成集体和个体记忆起着重要作用[①]，而情感与记忆共同建构了他们的身份认同。因此，保护潮汕祠庙建筑遗产的本质在于维护潮汕地区的文化认同，增强社会凝聚力，并建立文化归属感。基于情感、记忆、精神、象征等方面对潮汕祠庙建筑衍生价值的认知无疑具有重要意义。

### 1.3.4 工具价值

工具价值是潮汕祠庙建筑遗产作为社会资源，承担一定的社会功能以满足社会需求而产生的价值，包括教育、娱乐、旅游、经济等价值。可由潮汕祠庙建筑遗产的本体价值或衍生价值转化而来。潮汕祠庙建筑在特定历史时期，通过组织各类信仰实践活动，参与到了地方社会管理中，作为潮汕地方公共祭祀场所，至今仍延续这一历史社会功能，潮汕祠庙的工具价值加强了人们之间的联系与认同感，增进了社区内部的凝聚力和向心力。同时，潮汕祠庙建筑承载了潮汕地区的文化传统，是道德规范、传统礼仪的重要教化空间。对潮汕祠庙建筑遗产资源的合理利用，可为潮汕地方社会带来直接或间接的各种经济效益和社会效益，但应在尊重遗产社区持有者的合理需求前提下，以确保潮汕祠庙建筑遗产价值的传承和可持续性保护。

## 1.4 潮汕祠庙建筑遗产价值特征辨识路径的明晰

潮汕祠庙建筑遗产与地方生产、生活模式、生命关切紧密相联，深入理解这些价值特征和各种载体元素的内在联系，对于保护遗产价值的真实性和完整性具有重要作用。此外，这种深层次的认知也有助于理解潮汕祠庙建筑遗产作为地方发展的重要资源和核心驱动力的必要性。价值特征作为仍在发展中的概念，对其概念的具体诠释依然处于探

---

① GINTING, NURLISA, JULAIHI WAHID. “Exploring Identity’s Aspect of Continuity of Urban Heritage Tourism.” Procedia Social and Behavioral Sciences 202 (2015). 234-241.

索之中，价值特征在文化遗产体系中的应用仍处于初步阶段。对潮汕祠庙建筑遗产价值特征的辨识，可基于潮汕地区自身实际从价值辨识起点、价值–特征–要素的逻辑关系、价值特征认定三个层面展开，由此建立具体而清晰的路径。

### 1.4.1 价值特征的辨识起点

价值特征是遗产价值的深化认知。建筑遗产价值是主客体统一的现象学存在，建筑遗产的客观性是其能够被评估和认定的基础；主观性则表现为在社会历史背景下由个体和集体选择性构建的结果。这种价值是通过社会话语的参与和转换形成的，具有显著的建构特点。建筑遗产价值的形成过程，同时也是文化遗产意义产生的过程。这种主观性强调了文化遗产价值的多样性和不断变化的特性[①]。




在哲学上，价值首先是一个关系范畴，是关系范畴而非实体范畴。价值是在实践中形成的。它所表达的是一种人与物之间的需要与满足的对应关系，即事物（客体）能够满足人（主体）的一定需要。其次，价值亦是一个属性范畴。其属性分述如下：①社会性或主体性；②绝对性与相对性的统一；③主观性与客观性的统一。简言之，任何一种事物的价值，都广义地包含两个相互联系的方面：一是事物的存在对人的作用或意义；二是人对事物有用性的评价。遗产价值是遗产中蕴含的信息或某种特征被具体时空中的特定人群感受、认知的结果。价值观、知识背景、经历体验的不同，会导致群体对同一处遗产关注不同的内在信息或特征，甚至对同一特征有不同的解读，这是价值认知的主观性。在人与建筑遗产的实践过程中，人作为主体，建筑遗产作为被实践的客体，它们的主客体关系是基于相同情境下产生的。人的主观判断与建筑遗产客观存在之间的联系被表现为建筑遗产的价值。这种关系凸显了人们对遗产价值的理解和体验在不同背景和环境下可能发生变化的特点。

建筑遗产价值特征与要素的认定是基于遗产的客观留存、以价值的主观性为出发点的。价值特征与建筑遗产价值认知语境建立紧密相扣，以地域环境为基础分析建筑遗产价值的层积性和关联性，进而凝炼得出，使其与当代及未来需求发展相适应，使遗产的认知更为深刻而精准。在过去、现在与未来之间寻找平衡，这是价值与价值之间关系、主次的调整。错误地提取某种特征来认知遗产，其结果可能会无益于遗产的整体性，甚至导致遗产保护在后期执行阶段与社会发展需求陷入冲突。在价值特征与要素认定的过程中，我们既要关注价值的主观性和与现代社会的联系，以推动价值认知维度的发展和创新；同时，也要关注遗产的客观发展规律，利用遗产中的历史智慧为现代和未来提供

---

① 丛桂芹. 价值建构与阐释［D］. 北京：清华大学，2013.

启示。从遗产可持续发展的角度来看，遗产价值特征的辨识应该以文化遗产保护、环境可持续性和经济可持续性为出发点，确定传达什么是遗产的重要特征、解释特征值得保护的缘由以及证明为什么某些特征在保护工作中应该优先于其他价值特征。

对于潮汕祠庙建筑遗产来说，应从多个角度对其遗产价值特征进行辨识，以确保全面而深入地理解其价值所在。这样的分析方式有助于进一步挖掘遗产潜在价值并为其保护与传承提供更为有力的支持。首先，从社区参与和文化多样性为起点，潮汕祠庙根植于潮汕广大城乡环境中，与地方社区紧密相联，与当地居民的过去、当下的日常生活交织，对社区生活与居民福祉具有重要意义。潮汕祠庙遗产是有效联结地方物质与非物质文化遗产的重要文化空间，尊重潮汕祠庙建筑遗产，对当地社区的历史和特征，确保历史城市及其环境和社区一起在日常文化遗产的传承与保护管理中发挥重要作用。其次，从环境可持续性的角度出发，考察潮汕祠庙建筑遗产与城乡建成环境的关系，综合考虑社会、环境、生态等多方面因素，清晰潮汕祠庙建筑遗产与建成环境之间交错关联。最后，从经济可持续性考虑，潮汕建筑遗产及其相依相存的非物质文化遗产共同构成了潮汕地区极具特色的文化资源，对其隐含价值的积极转化与利用，有利于在保护文化遗产的同时，助推当地社区的经济旅游教育等多方面的发展（图1–6）。

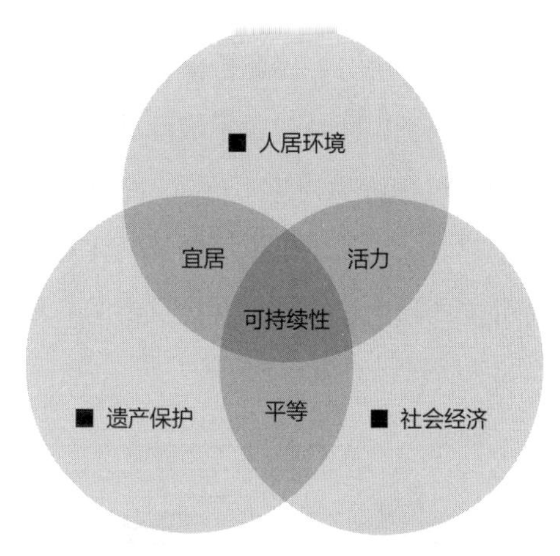


图1–6　潮汕祠庙建筑价值特征辨识出发点示意（图片来源：自绘）

### 1.4.2　价值–特征–要素的逻辑关系

以价值为中心的遗产保护研究对于遗产价值保护的认知，从仅关注物质形态的价值载体转向同时关注承载遗产价值的关键要素。遗产本体与遗产价值之间的联系，成为遗产价值保护的关键所在。因而“价值特征”作为重要概念，建立起了价值和承载要素之间基于特征的紧密联系，成为应用于遗产与价值之间认定的关键术语，在扩展对遗产价值范畴、呈现形式的认知起到了重要作用。

价值特征的本质在于主体与客体共同构建的价值联系，它是由相互作用产生的。这种联系既不仅仅指客体一端的要素构成，也不是仅由主体一端认定的无依据的特征状态。这种双向关系强调了价值特征的多维性和动态性，以及遗产保护过程中主体与客体之间的相互影响和协同作用①。价值是基于客观存在的主体判断。价值的主体性是在强调价值的客观性基础上，肯定了价值与主体之间的特殊本质联系。因此文化遗产的价值不仅取决于遗产自身，也取决于价值认知主体。遗产价值是人这个主体对具有遗产属性之物的一种意义的判断。真实与虚假，是决定遗产价值的首要判断标准。价值是行为体的主观判断结果，价值的特殊本性在于主体性。价值的形成、性质及其变化，与价值关系中的主体有根本的联系，价值是以主体尺度为尺度、依主体不同而不同，价值的具体内容取决于主体的特性。不同的行为体基于自身的需求与评判标准，对同一事物的价值判断往往会出现不同结果，从而造成了对事物认知的差异性和表述的多样性。②2005年价值特征概念在《实施世界遗产公约操作指南》中被正式引用。《操作指南》对价值特征的表述，将价值特征概念和遗产真实性、完整性评估联系起来，基本表明了价值特征区分于遗产中的一般性物质和非物质载体，重点指向遗产各载体要素或是要素之间呈现价值的特征部分，因此价值特征的认定不等同于遗产构成的分析，也不等同于遗产价值载体的识别，而是包含了梳理承载着遗产价值特征的要素以及识别它们所传达的价值的特征，可理解为构建“价值-特征-要素”的基本逻辑关系（图1-7）。通过这一逻辑关系的建立，为遗产价值保护的具体对象目标奠定了具体化操作基础，因而是以遗产价值为导向的遗产保护中关键且重要的一环。





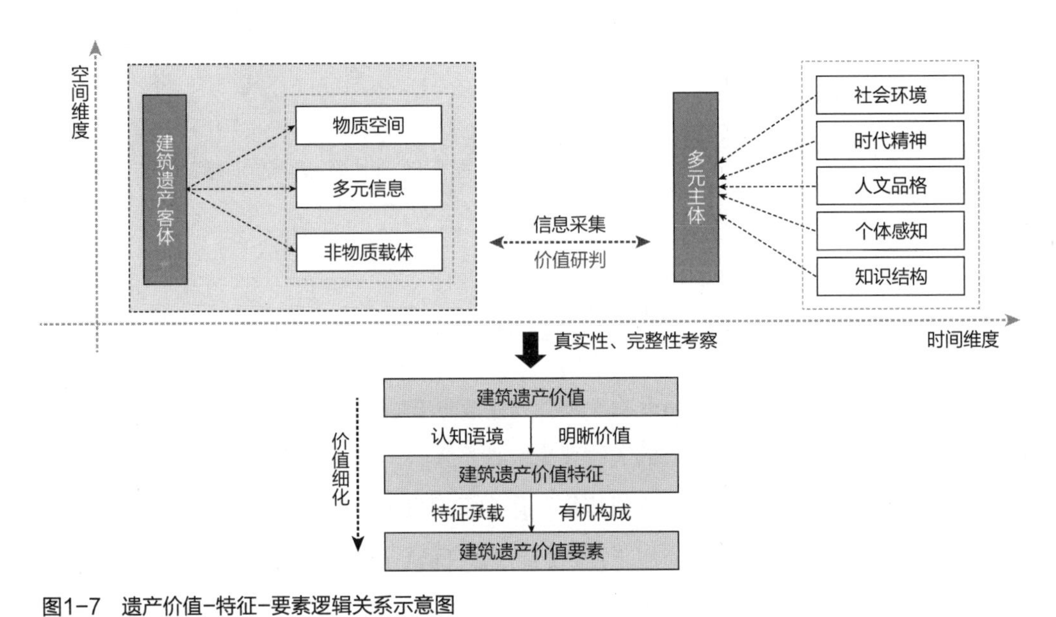


图1-7 遗产价值-特征-要素逻辑关系示意图
（图片来源：自绘）

① 王敏，傅晶，梁中荟. 遗产价值特征思维与可持续发展——以“泉州：宋元中国的世界海洋商贸中心”为例［J］. 南方文物，2022（3）：77-85.

② 李德顺. 价值论 一种主体性的研究［M］. 北京：中国人民大学出版社，1987.

### 1.4.3 价值特征的认定过程

价值特征的辨识及认定以精准建立遗产保护策略为目标，在对遗产的地域环境分析、时空层积演进过程梳理和多尺度系统关联剖析的基础上，进而提炼遗产价值特征以达成价值共识。因而价值特征的认定过程主要分为四部分具体内容：

（1）对祠庙遗产环境从地理、自然、社会、文化等进行分析，包括地貌、气候、生态、人口、历史等，了解祠庙建筑遗产空间属性和地域语境。通过问卷调查、深度访谈等方式了解当地居民对于潮汕祠庙的认知、感受，以及他们对其所持有的价值观念，把握祠庙遗产对于地方居民的意义，为后续的价值特征辨识提供参考。

（2）通过对空间和价值层积的分阶段、分类剖析，结合对不同阶段社会、经济、文化特征的分析，以及它们与空间和价值层积内在关联的探究，可以更好地理解空间和价值层积的形成机制。同时，通过对政府、当地社区、村民、专家等不同价值主体的调查问卷和深度访谈的定量和定性分析，深入地了解不同主体对空间和价值层积的认知、需求和利益关系。

（3）在前述工作的基础上，从区域-社区-建成环境等不同尺度层面探索祠庙遗产与社会、经济、文化等方面的综合关联，关注空间、社会、经济的动态变化，考虑祠庙遗产与当地居民的联系以及对于社区的文化认同和凝聚力的贡献，明晰祠庙遗产对于文化传承的贡献及其文化多样性中的地位，在以地方居民福祉为核心，社区参与乃至城乡的可持续发展的目标下，提炼遗产价值特征以达成价值共识。

（4）对祠庙建筑遗产价值特征进行细化，建立总体价值特征、次级价值特征及价值承载要素系统，完成最终的价值-特征-要素为逻辑的价值特征认定过程。

价值特征与承载要素认定的过程不仅是对遗产构成要素的简单分类和分组，而是在明确的价值导向下进行特征与承载要素之间的双向适配。这一过程需要深入理解遗产价值的内涵，以便在主客体的交互中揭示遗产的核心价值。价值特征与要素之间的认定需要准确界定遗产价值内涵由具体构成要素的什么特征表达呈现出来。因此，厘清要素的类型对价值特征与要素的逻辑关联建立具有重要作用。

建筑遗产的真实性是通过复杂的知觉过程与建筑遗产物质环境相互作用而形成的。价值特征承载要素的多元性，随着遗产保护理论对“真实性”的思考发展不断拓展。遗产的“真实性”在不同的社会立场和权益主导中呈现出不同的价值权重，在多元利益相关者的参与下，当下的保护决策更需要社会的价值认同，这也正是遗产保护实践的意义。《奈良真实性文件》在不断修订的过程中，拓展了真实性与各种信息资源相连，从而允许对文化遗产的美学、历史、社会和科学各个维度进行综合判断。该文件主张：“真实性评判的依据可能与许多信息来源的价值有关，这取决于文化遗产的特性、文化背景以及时间的演变。这些信息来源包括诸如形式与设计、材料与物质、用途与功能、传统与技术、地点与环境、精神与感情等多个方面，以及其他内在或外在因素。利用这些信息来源，可以对文化遗产的各种艺术、历史、社会和科学维度进行深入研究。"①在奈良文件要求的材料、设计、工艺和环境四个方面之外，真实性概念的进一步发展，要求考虑其独特性和构成等因素，将遗产真实性价值引向更深的层次，即文化意义被解释为遗产真实的价值、真实的特质②，这为价值特征承载要素的多样性提供了更明确的指导（表1-6）。

基于真实性维度的构成要素分类示意　表1-6

| 要素类型 | 具体内容 | | | | | | |
|---|---|---|---|---|---|---|---|
| 地点和环境 | 产生 | 环境 | 环境生态 | 地貌和眺望景观 | 郊野 | 对场所的依赖 | 动态元素 |
| 形式与设计 | 空间关系 | 设计 | 比例 | 色彩 | 与自然的关系 | 工程技术 | 视觉完整性 |
| 用途与功能 | 使用 | 使用者 | 关系 | 时间进程中的变化 | 使用的分布及影响 | 对环境的应答 | 对历史文脉的应答 |
| 材料与物质 | 材料 | 性能 | 质地 | 组成 | / | / | / |
| 传统与技术 | 传统工艺 | 建造指导 | 建造技术 | 工程技术 | 传统习俗 | 技术变化脉络 | / |
| 语言和其他形式的非物质遗产 | 语言 | 音乐 | 舞蹈 | 技艺 | 食物制作 | 仪式 | / |
| 精神与感情 | 艺术表达 | 记忆 | 精神 | 情感影响 | 宗教语境 | 声音、气味、味道 | 创造的过程 |

（表格来源：自绘）

## 1.5 本章小结

本章从遗产价值认知整体性、认知视野动态性及认知目标等层面切入，进行理论辨析并以此为基础，构建了由认知语境、认知维度、价值特征辨识组成的潮汕祠庙建筑遗产价值认知框架，并以此作为后续遗产价值认知研究的范式。

价值认知语境：以地域建筑理论与城市历史景观理论视角（HUL）相结合，构建了

① ICOMOS. 关于原真性的奈良文件［Z］. 1994. 此外，《实施世界遗产公约操作指南》（2021版）第82条也指出：这些信息来源可包括很多方面，譬如："外形与设计，材料和实体，用途和功能，传统、技术和管理体系，位置和环境，语言和其他形式的非物质遗产，精神和感觉，以及其他内外因素。"

② UNESCO. 会安草案［Z］. 2003. 节选："并非所有的信息来源都指向有形的、可衡量的现象。其中很多是暂时性的，并反映着我们概念中真实性、文化多样性和可持续性之无形层面的重要性。"

由地域环境、时空层积、系统关联组成的潮汕祠庙遗产价值认知语境，以地域环境为基础研究建筑遗产的形成，梳理剖析建筑遗产价值的时空层积和系统关联，认知语境是潮汕祠庙建筑遗产价值认知框架的重要而不可或缺的基础。

价值认知维度：基于潮汕祠庙具有建筑遗产、文化景观、文化空间的复合遗产属性，从价值的二重性即内在价值与外在价值出发，建立了本体价值、衍生价值、工具价值3个维度的价值体系。本体价值是遗产的核心价值，以历史、科学、艺术等价值为主要内容；以本体价值为基础，在时间层累、空间关联、多元主体的交互影响下，延伸到文化与社会领域产生出基于本体价值的衍生价值与工具价值；衍生价值是基于遗产的本体价值，在具体时空中不同主体通过不断感受、认知及活动，形成特定文化、价值情感、记忆、精神等价值。工具价值是遗产作为社会资源，承担一定的社会功能以满足社会需求的过程中产生的价值。

价值特征辨识路径：价值特征是遗产价值的深化认知过程，价值特征的辨识应基于认知语境的深刻剖析，以文化遗产保护、环境可持续性和经济可持续性为起点，凝炼出遗产价值特征，并对此进行细化，建立总体价值特征、次级价值特征及价值承载要素系统，完成最终的价值–特征–要素为逻辑的价值特征认定过程。

价值认知语境、价值认知维度、和价值特征辨识三者相互关联，形成了对遗产价值深入理解的逻辑关系。该框架致力于超越具体价值类型的限制，从整体和动态的视角联系过去、现在和未来，以推动遗产保护和城市的可持续发展。本章的结论构成了对潮汕地区祠庙建筑遗产价值研究的核心理论基础，第二、三、四、五章研究将以此框架为理论方法，对潮汕地区祠庙建筑遗产的价值展开深入研究。

# 第二章

# 潮汕祠庙建筑遗产价值形成及特征

潮汕祠庙建筑遗产价值的建构是一个文化过程，要全面理解其遗产价值须对这一文化过程的历史演变展开研究，并在本土语境中对潮汕祠庙深入剖析。潮汕祠庙在历史变迁中深刻地嵌入潮汕地区当地的时间、空间与人交织形成的细致脉络之中，由客观存在的物质空间转变为凝聚了潮汕人民情感和文化意义的公共活动场所，其承载的丰富多元价值是历史上不同“层次”随时间“层积”叠加的结果。因此，为理解遗产价值的形成，需将潮汕祠庙置于地域环境、时空层积和系统关联所构成的地方历史情境中，在本体价值、衍生价值、工具价值三个维度对其价值特征进行辨析，以达成价值的共识。

## 2.1 潮汕祠庙建筑遗产的地域环境应答



以人类社会发展史的视野，考察潮汕祠庙建筑对地域环境的回应，是探寻潮汕建筑遗产价值研究方向的核心议题，同时也是确定潮汕祠庙建筑遗产价值主题的基础。位于中国南部边陲的广东地区，地理位置独特，北依五岭，南濒大海，形成了相对独立的地理单元。在这种既封闭又开放的文化地理环境中，潮汕地区独树一帜，结合自身地域特性，孕育出迥异于其他地区的富有地方特色的祠庙建筑体系。潮汕祠庙建筑的形成是建立在自然历史人文背景与营建要素的牢固结合之上的，本着尊重自然、顺应地域特征的原则，力求实现天、地、人三者的和谐统一，为适应地域环境特性做出了务实而灵活的选择，充分展现了其对自然地理、社会历史和人文信仰的积极回应。

### 2.1.1 对自然地理的因地制宜

潮汕祠庙建筑的形成过程充分体现了对自然地理环境的因地制宜。基于当地的气候、地形、材料等地域环境要素，潮汕祠庙对自然地理做出积极回应。潮汕地区位于广东省东北边陲，具有重要的战略地位，有“省尾国角”之称。介于东经115°05′至117°19′，北纬22°53′至24°14′，北回归线穿越其中部。潮汕区域内地形复杂多样，横亘于潮汕西北方的莲花山系从东北绵延至西南，它是七大连绵山脉的总称，包括凤凰山、莲花山、大北山、小北山、大南山、南阳山、桑浦山。东北与福建博平岭相接，西南向惠来和陆丰沿海延伸，从而在广东东部切割成潮汕地区背山面海、西北高东南低的相对独立的地理区域（图2–1）。清代的蓝鼎元曾如此描述潮州府的地理环境：“潮为郡，当闽广之冲，上控潭汀，下临百粤，右连循赣，左瞰汪洋，广袤四五百里，固岭东第一雄藩也。”[①]顾祖禹也将此地描述为：“介闽、粤之间，为门户之地；负山带海，川原饶沃，

① （清）蓝鼎元．郑焕隆，校注．蓝鼎元论潮文集［M］．深圳：海天出版社，1993.

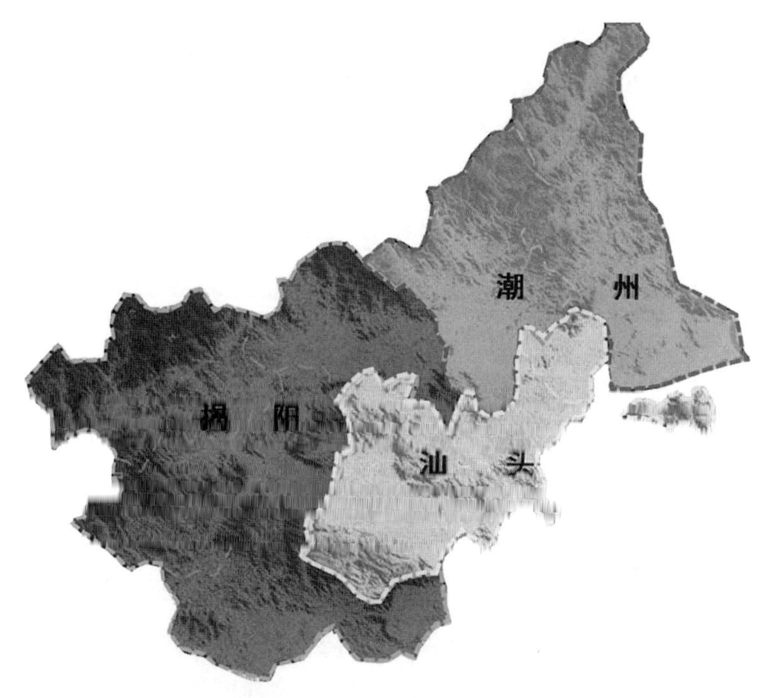


图2-1　潮汕地区地形示意图
（图片来源：作者改绘，底图源于广东省住房和城乡建设厅）



亦东南之雄郡也。”[①]潮汕地区地形特征突出，三面环山一面临海，内陆地区相对封闭，沿海地区海岸线漫长。潮汕地区位于热带与亚热带交界的，北回归线贯穿其中，全年气温较高，年平均气温大约在21℃至22℃之间，四季如夏，雨量丰富。春季常有阴雨绵延，夏季则暴雨和台风频繁，湿度在雨天可达95%以上，这些特点构成了典型的亚热带海洋性气候。

受到这种特殊的地形地貌特征的影响，加之气候潮湿、雨水充沛、台风肆虐、地震灾害等诸多因素，对当地传统建筑的形成产生了显著的影响。为适应这种独特的地理气候环境，潮汕祠庙建筑从营建技艺、材料选择等方面展现了与环境相适应的“因地制宜”的特点。

潮汕地区海岸线绵长（大约325.6公里），海域广袤（约占总面积70%），为建筑材料提供了多样化的来源。易于风化的岩石，在湿热的气候下久经侵蚀，裸露出花岗岩石，成为便于开采的建筑原料。当地居民充分利用丰富的贝壳资源，通过高温焙烧和水分发酵，将贝壳转化为类似于水泥的贝灰。作为一种建筑材料，贝灰不仅来源丰富，成本较低，且在强度、耐久性方面性能优异。这种独特的建筑材料为当地的建筑项目提供了经济实惠且高效的选择。乾隆《潮州府志》就有记载：“居民辄用蜃灰和沙土筑墙，

① （清）顾祖禹. 读史方舆纪要［M］. 上海：上海书店出版社，1998.

地亦如之。坚如金石，即遇飓风仆，烈火焚余，而墙垣卓立无崩塌者。”

为了实现防潮、防雨的目标，石材在潮汕地区的传统建筑如民居、祠庙、寺院等中得到了广泛应用。它们主要被用在台基、柱子、梁架等关键的结构部位，也用于门厅的装饰和修缮。在潮汕的传统建筑中，墙裙部分通常采用块石叠砌的方式，以便达到防水、防潮和防盗的效果。还创造出了石木柱式，柱子的下部使用石材，而上部则继续使用木材，这种石柱础的设计方式使得木质的柱身与地面保持一定距离，有效降低了木柱受潮和腐烂的风险。

此外，暖湿气候滋养了潮汕丰富的林木资源，常绿季风阔叶林遍布，如杉树和樟树等优质木建筑材料。杉木质地坚实，具备抗潮湿腐烂和变形的优势，因此特别适用于梁枋等建筑构件。樟木质地厚重且硬，散发出浓郁的樟脑香气，具有天然防虫蛀特性，加上其木质柔软，纹理细腻，使其成为了建筑的理想材料。潮汕工匠还将木构件雕琢后涂以金漆、贴上金箔，以增强木构件的抗变形和防虫蛀特性。考虑到潮汕地区风雨频繁，传统建筑设计了较短的檐口，并在外侧增设封檐板，以抵挡风雨。这些檐板位于显眼位置，一般会进行雕刻装饰，既保护了建筑，又增添了外观美感。由于潮汕地区东南临海，建筑的外围结构多采用石材，以抵抗海风和雨水的侵蚀。而室内则广泛使用木材，并采用木雕工艺来展示精细的审美。此外，为应对海风的侵蚀，建筑外部采用了嵌瓷工艺，如在屋脊和山墙等处嵌入瓷片。这种独特的嵌瓷装饰技艺，有效地防止了酸性降雨和湿润海风的侵蚀，充分体现了潮汕人民的智慧和技艺。

潮汕祠庙建筑的形式与特征，充分体现了其与自然地理的适应性。在潮汕复杂的地形和独特的亚热带海洋气候的影响下，祠庙建筑的发展逐渐适应了这些客观环境。在特定的地理和气候条件下，祠庙建筑不仅充分发挥其功能，还展现出独特的美学价值，同时也体现了潮汕人民在建筑方面的智慧与创造力。

### 2.1.2 对社会历史的顺应变通

潮汕祠庙建筑的发展演变是一个多元驱动的过程，涉及政治、经济、文化等多种因素。在这些因素共同作用下，潮汕祠庙建筑在历史过程中不断演进成熟，形成了独特的风格和地域特色。具体来说，这些因素表现为复杂多变的社会政治背景、重商兼农的经济结构以及多元并存的文化特征。

根据考古发现的贝丘遗址和出土文物，潮汕地区的悠久历史可以追溯到史前时代。大约在8000年前，潮汕的先民们就已经在这里繁衍生息。在先秦时期，这片土地上生活着古越人的一部分。公元前355年，楚国灭亡了越国。在此之后，一些越国人沿着海岸线向南迁移，他们与当地原住民越人相融合，完成了历史上的第一次民族整合。南越人长期以来是潮汕地区的主要居民，这使得潮汕文化在很长时间里具有浓厚的土著特色。直至秦末汉初，南越国设立揭阳县，这时潮汕地区才开始受到中原文化的影响。由于中央集权制度的实施，汉文化开始传播。在秦始皇“遣戍揭岭”和两晋南北朝的战乱与灾荒的背景下，中原汉族的军民逐渐涌向粤东地区，从而进一步推动了中原文化的传播范围的扩大。时至唐代，潮汕地区见证了一波前所未有的移民潮和社会文化融合，这场文化融合使得这片土地成为了一个多元、包容和充满活力的文化交流中心。在唐初，许多汉人随陈政、陈元光父子从河南来到漳州、潮州等地“征蛮”，其中许多人在潮汕定居。唐代中央政府开始加强对潮汕地区的政治控制，平定蛮族叛乱以及官员被贬至潮汕（如韩愈等事件），都加快了确立了潮汕地区中原文化的主导地位。随后，大量汉人从福建沿海迁入潮汕地区，他们带来了先进的生产技术，推动了潮州地区的发展。“闽之西山境与广东潮州府相唇齿，水陆二途皆为捷。”①得益于潮汕与闽南便利的交通，故有“虽境上有闽广之异，而风俗无潮漳之分”的记载。因此闽南与潮汕之间的社会、经济和文化联系频繁，受此影响，闽南与潮汕的传统建筑技术自然存在相通融合的传承。在宋元时期，闽南文化逐渐向西传播，进一步推动了潮汕文化经济的快速融合发展。随着商业贸易的大规模发展以及对海外的开拓，潮汕经济在明清时期也得到了迅猛的推进（图2-2）。



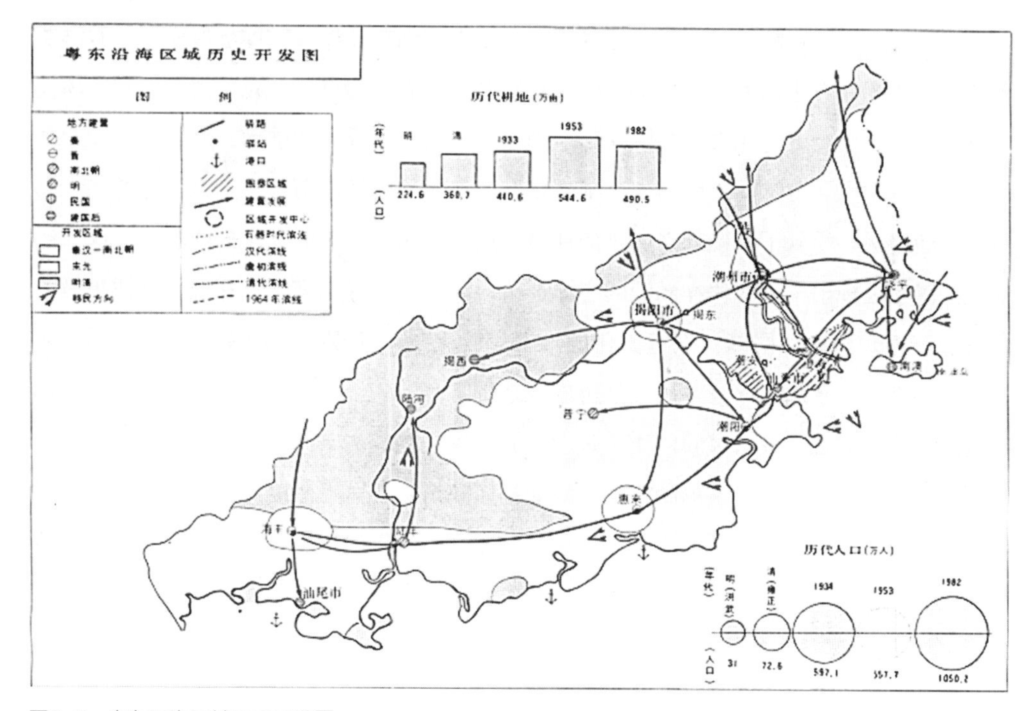


图2-2　粤东沿海区域历史开发图
（图片来源：《广东历史地图集》编辑委员会. 广东历史地图集［M］. 广州：广东省地图出版社，1995.）

① （清）顾祖禹. 读史方舆纪要［M］. 上海：上海书店出版社，1998.

潮汕地区的地理位置与环境特征历来是影响其历史演变的核心因素。在秦代以前，潮汕地区与中原地区相对孤立，而与南海周边地区有更为紧密的联系。唐代以前，潮汕主要是由本土居民组成。潮汕的海上贸易在历史上得到了快速发展，特别是在宋元时期以及明清时期后期，越来越多的潮汕人民离开故乡，远赴海外开创新生活。尽管在行政区划上，潮汕地区在大部分历史阶段归属于粤，但其文化却与闽南紧密相连①。相较于岭南地区，潮汕由于其偏远且相对封闭的地理位置，与中原的交流更为困难，这使得潮汕文化独树一帜。潮汕地区的地理特性为其文化的形成奠定了基础，而政治和经济的发展则为潮汕文化的演变提供了推动力。

历史上，潮汕一直被视为政治流放地，大量被贬谪的官员、避战移民及其带来的各种文化元素，这使得潮汕文化具有多元融合的特性。《潮州府志》云："潮郡所属诸邑，或濒于海，或依于山地，卑多湿而少燥，南极则多暑而少寒。唐宋以前，山川瘴疠视为迁谪之区，今则度氛渐豁，不称荒裔而称乐郊矣。"②虽然在秦汉时期，潮汕地区已经受到中原汉文化的影响，但直到唐代，其地区开发和汉化程度仍然相对滞后。然而，随着经济和人口的增长，朝廷对潮汕地区的管理逐步强化，"王化"影响逐渐深入。因此，潮汕地区的传统建筑在不同的历史阶段都受到了不同地区先进建筑技术的影响，既体现了阶段性的发展规律，也保留了古老的传统特性。





深受闽文化影响的潮汕地区，通过历代潮汕人的创造和探索，逐步形成了具有鲜明地域特色的潮汕文化体系。这个文化体系具有两个显著的特点。首先，由于地理一体性和行政统一，历史上的几次大规模移民活动以及中央政治权力的推动，如官员在潮州任职等，使得中原北方不同时期的"正统文化"通过多种途径逐渐传入、沉淀并叠加。同时，潮汕地区还受到了近代外来文化的冲击，进一步拓宽了潮汕文化的内涵。其次，潮汕文化体系表现出中原文化在潮汕的主体地位。潮汕人恪守儒家文化礼制、尊儒重教的传统、宗族观念的认同以及祭祀文化的推崇等，无一不体现了中原文化在潮汕的影响力。潮汕文化体系的形成与发展，是历史、地理、政治、经济和文化等多方面因素综合效应的结果，表现出丰富多彩的文化魅力，并对潮汕祠庙的空间形态和构造产生了深远影响。建筑形制上，在建筑形制方面，潮汕祠庙建筑借鉴宫殿制度，平面布局严谨，保持中轴对称的传统特色，强调空间等级秩序，体现了"以中为尊"的方位观念。在建筑构造方面，如梭柱和叠斗的使用等体现了对中原古制的尊重。同时，潮汕祠庙在南方穿斗式木构架体系的基础上，融入抬梁-层叠的木构架体系，形成多种木构架体系以满足社会文化需求。在细部构件方面，潮汕祠庙并不拘泥于传统法度，而是结合本地特色，发展出具有地域性特征的桐柱、木瓜、驼峰和雀替等构造细部表现形态，这反映了具有

① 黄挺. 中国与重洋 潮汕简史［M］. 北京：生活·读书·新知三联书店，2017.

② （清）周硕勋. 乾隆 潮州府志［M］. 上海：上海书店出版社，2003.

地域特色的创新，同时也展现了潮汕传统建筑对社会文化历史变迁的灵活适应特性。

### 2.1.3 对人文信仰的集中体现

潮汕文化的本质在于世俗性，这是由该地区的生产模式和生活方式所决定的。潮汕地域人口稠密，城镇众多，许多村寨聚集了数千乃至上万人口，呈现出浓厚的市井消费观念和生活氛围。潮汕地区因河网、丘陵密布、地少人多以及自然灾害频繁等因素，迫使潮汕人民不得不向外谋求生计。因地处南海沿岸，便捷的水陆交通为潮汕人外出谋生提供了便利的条件，潮汕地区商业活动一直充满生机与活力。

商业贸易在潮汕社会进步中起着关键角色，逐渐发展为社会的核心领域。由于拥有庞大的人口基数，农业和手工业生产以其精湛技艺而受到赞誉。潮汕人在商业、农业和手工艺方面的高超技能广受认同。在生产活动中，他们专注于精细耕作；在日常生活中，他们崇尚精打细算的理念；在艺术领域，他们展示了精雕细琢的技艺。潮汕文化的特性既独特鲜明，又蕴含了优劣共存、长短相辅、精华与糟粕交织的复杂性和矛盾性。精细来说，潮汕文化可以归结为三个主要特点：首先，由于商业贸易的繁荣发展以及长期的汉文化熏陶，潮汕文化形成了重视实利与尊重传统并存的双重价值观。其次，受生存环境的影响，潮汕文化培养出了敢于竞争、勇于创新以及不断追求精益求精的生活态度。最后，无论在生产还是生活中，潮汕文化都强调对精细的追求，这种精神深深塑造了潮汕人审美品位中的精细雅致。

在长期与风浪作斗争和应对生存挑战的过程中，潮汕人不断培育出了积极向前和善于变通的精神品质。然而，在生产力有限的历史时期，面临自然灾害带来的压力，潮汕人为了抵抗旱灾、疏通水利及消除灾害，深信神灵的神奇力量。

受到乐神敬生的人文信仰特征的影响，潮汕地区的祠庙得以不断发展壮大。从山地丘陵至滨海平原，潮汕祠庙遍布广袤地理空间，呈现出丰富多样的类型。沿海地带普遍崇拜海神，不同规模的天后宫遍布城乡。源于对水灾、旱灾的担忧，潮汕地区所祭祀的地方神灵以三山国王、安济圣王、风雨圣者等为主。原本以“忠义”为核心的关公信仰，在商业繁荣的潮汕，逐渐演变为“武财神”。由于需要应对炎热潮湿引发的虫蛇灾害以及疾病威胁，医药之神保生大帝也受到了人们的深度崇敬。潮汕人受到儒家文化和商业观念的熏陶，因此对祠庙建筑和装饰的重视程度非常高。虽然祠庙外观通常保持庄重稳定，但其装饰手法却展现了华丽和细致。这不仅体现了潮汕重商文化的喜好炫耀，也体现了农耕文化中的细腻精神，反映出潮汕人在人地关系中产生的“种田如绣花”的精细生存态度。同时，潮汕木雕、石雕、嵌瓷、彩画等装饰艺术的运用也融合了江浙移民带来的吴越文化特色，充分展现了潮汕人精致细腻的审美追求。

## 2.2 潮汕祠庙建筑遗产的时空层积梳理

潮汕祠庙建筑的发展过程往往涵盖了一系列的修建、重建以及修复活动。祠庙的创造和重塑，其价值的形成和叠加，都是这个历史进程的组成部分。在各个历史时期，不同的群体都参与到潮汕祠庙建筑遗产价值的建构中。同一个遗产要素在不同历史时期可能被不同主体认可，价值层积由此产生。在长期的历史演变过程中，潮汕祠庙建筑遗产价值呈现出了层累叠加的特点。

### 2.2.1 潮汕祠庙建筑的历时性演进

潮汕地区祠庙建筑的演变是一个与经济、文化、宗教等多个因素紧密关联的历史进程。从宋金时期，为了满足祭祀活动需求而建立的祠庙已经初露端倪。进入明清时期，随着戏曲艺术的兴盛，祠庙中更增设了戏台，同时祭祀空间也得到了更广泛的利用。祠庙建筑的功能、场地、规模等需求，在游神赛会活动的推动下，不断提升。而祠庙建筑也从原先祭祀建筑的神圣性转向了更为贴近民众审美的世俗化趋势。明朝及以后，潮汕地区的许多现存祠庙往往是由民众集资兴建的，这无疑表明了民间信仰的发展对祠庙建设的推动作用。而在功能布局、结构设计、艺术装饰等方面，祠庙建筑也逐步走向成熟。随着经济、文化、宗教等领域的进步，祠庙建筑展现出了多元化的发展态势。祠庙不再仅仅是神祇的供奉场所，它更发展成为社会活动和文化交流的重要平台，兼具社会服务和文化传承的功能。潮汕祠庙建筑的发展不仅呈现出各个时代建筑形态和技术的演变，更反映了潮汕地区文化和信仰的转变。随着历史的推进，祠庙建筑继续其演变历程，成为了潮汕地区文化、历史和艺术的重要组成。下面将按时间顺序阐述潮汕祠庙的演变过程：

（1）潮汕地区在先秦时期以闽越文化为主导，祭祀活动主要围绕自然崇拜进行。祠庙尚未形成，处于发展萌芽阶段。

先秦时期，潮汕地区的土著主要是闽越族人，因此闽越文化是当时潮汕地区的主导文化。闽越族对鬼神的信仰特点在《史记》中有所记载，如“信鬼神，重淫祀”。这种“好巫尚鬼”的习俗对日后潮汕地区民间信仰发展影响深远。由于潮汕地理位置偏僻，古代生活环境恶劣，医疗条件落后，信仰巫术的现象尤为明显。在这个时期，祠庙尚未形成，祭祀活动主要围绕自然崇拜进行。地方民众将贡品摆放在大树、山洞等地方进行祭拜，这就成为了祭祀点，有时仅为简陋的台子，或墓地、坟茔等（图2–3）。

（2）汉至宋元，随移民潮的推动，造神运动的兴起，国家封神建庙，推动了潮汕祠庙的快速发展。

在汉代，潮汕地区仍然是相对荒芜的沿海地带，直到东晋时期逐步得到中央朝廷的

图2-3 揭西河婆霖田树洞土地庙、蓬洲东门城垒土地庙
（图片来源：自摄）

重视。自秦汉时期以来，大量北方移民涌入福建，其中部分人选择沿海陆路抵达潮汕地区，形成了自秦汉以来的第一波大规模移民潮。历经漫长的历史进程，东晋义熙九年（公元413年），揭阳县设立义安郡，标志着州郡制度在该地区的建立。唐天宝元年（公元742年），潮州郡的设立标志着潮州逐渐走向繁荣。在唐宋时期，闽潮地区经历了前所未有的社会变革，这种变革促成了民族融合的转变。从疏离缓慢的发展向紧密频繁的快速开拓转变，同时地区经济特点也开始显现。汉至宋期间，潮汕地区共有四次具有重要意义的移民潮（表2-1），致使移民人数大幅上升，以唐宋时期的移民潮为最。其中宋代潮汕移民主要源于福建附近地区，潮汕地区受闽南文化影响显著，使潮汕地区社会风貌发生巨变。

潮汕地区主要移民及建筑发展一览表 表2-1

<table>
<tr><th>时间</th><th>历史事件</th><th>路线</th><th>来源/方向</th><th>移民</th><th>祠庙发展</th></tr>
<tr><td>秦汉</td><td>揭阳建制</td><td>韩江</td><td>中原地区</td><td>汉人军队</td><td>/</td></tr>
<tr><td>两晋</td><td>永嘉之乱</td><td>沿海</td><td>中原地区</td><td>汉人流民</td><td rowspan="2">大规模开发，中原建筑技术传入，加之自身发展，潮汕建筑个性逐渐形成</td></tr>
<tr><td>隋唐</td><td>蛮僚啸乱</td><td>沿海</td><td>中原地区</td><td>陈元光部</td></tr>
<tr><td>隋唐</td><td>闽粤古道</td><td>/</td><td>/</td><td>/</td><td rowspan="2">大型村寨形成，闽文化强势输入，民间信仰传入，祠庙建筑得到发展，祠庙类型增多</td></tr>
<tr><td>宋元</td><td>福建人口压力增大</td><td rowspan="3">沿海</td><td>福建漳、汀、泉州</td><td>/</td></tr>
<tr><td>明朝</td><td>海禁政策</td><td>福建漳、汀、泉州</td><td>闽人</td><td>个性鲜明的潮州本土文化已形成体系</td></tr>
<tr><td>明朝</td><td>开海防<br>海寇滋扰</td><td>福建</td><td>闽人、潮人</td><td>卫所、所城建设促进祠庙兴建</td></tr>
<tr><td>清朝</td><td>海禁取消潮人移民</td><td>/</td><td>东南亚</td><td>潮人</td><td>往海外输出祠庙文化</td></tr>
<tr><td>近代</td><td>海外移民增多</td><td>/</td><td>/</td><td>/</td><td>/</td></tr>
</table>

（表格来源：自绘）

随着汉族移民在唐末宋元时期大量涌入潮汕地区，促进了当地民间信仰的逐渐形成。同时，大量来自闽南的移民也带来了当地和全国性的民间信仰，如妈祖信仰、玄天上帝信仰、保生大帝信仰等，成为了潮汕神明信仰的一个重要来源。这一时期大多数移民尚无建造祠庙的能力，多以家祀为主。至两宋，民间信仰十分活跃，许多神祇被官方纳入祀典并赐以封号，这使得唐以前的民间祠神信仰浮出水面，国家政权成为了造神的重要力量，结合当地人逐渐汉化的过程，为后来的“造神运动”及民间信仰的流布创造了条件。唐代以后，由于潮汕地区汉文化的推广，潮汕本地文化开始受到汉族文化的影响，仕潮官师成为了潮汕地区早期的造神推动力量。如韩愈的“被神化”就是这方面的典型例子。此后，受儒学礼教影响，潮汕地区的人们开始自发地造神，注重宣扬礼制和道德。潮阳灵威庙即为典型代表，始建于北宋，是潮汕地区最早的双忠庙，庙中奉祀张巡、许远“双忠二公”，宣扬其忠义英勇，是礼制道德的典范。

潮汕地区的民间信仰包括土生土长的神灵、全国性神灵崇拜、对当地百姓有所贡献，或具有美德及对百姓教化之用的人物、动物等的神化。这些民间信仰扎根潮汕，覆盖生活的各个方面，并促使了潮汕祠庙建筑从单一走向多元发展。这一变化反映了国家与地方的互动，即地方神明被正统化和正神被地方化的两个过程在此交叉循环，形成了多元而统一的格局。

（3）明清时期，潮汕社会经济发达，潮汕文化发展成熟。民间祠庙兴盛，显现出鲜明的地方特色。

民间信仰实践以“灵应”为核心，即祈祷有所应验的现象，这成为神灵被尊奉的重要准则之一。这种信仰不仅体现在祭祀行为中，同时也为建造祠庙提供了正当理由。在明朝嘉靖时期，潮汕地区的经济在农业和商品经济方面都获得了显著的发展，文化也进入了成熟阶段。从嘉靖晚期开始，潮汕人的语言、文化心态、行为方式和民俗习惯都展现出了独特的特色。潮汕平原分布着无数的村落，其中不少人口数量达到万人以上。经济的繁荣对民间信仰的发展起到了积极推动作用，这在祠庙建设和宗教活动的兴盛上表现得尤为明显。在明清时期的潮汕地区，无论在哪个区域，都有大量的庙宇分布。就以雍正《海阳县志》中所列庙宇为例，海阳县共有：坛4座，祠30座，庙18座，寺庵49座，观1座[①]。其中能列入县志的均属较大的庙宇，而实际上乡村中还存在大量的小型庙宇尚未计入在内，祠庙繁盛程度由此可见一斑。从宋金时期起，为满足祭祀献礼的需求，祠庙建筑中开始出现露台和舞亭等设施。到了明清时期，随着戏曲艺术的发展，这些设施逐渐发展为戏台建筑，同时拜亭也日渐成熟，与正殿共同形成了具有地方特色的献享空间，祠庙建筑群的种类也逐渐稳定下来。游神活动虽然起源于宋朝，但在明朝时期达

① 据雍正《海阳县志》卷3“祠祀”、卷8“寺观”统计。

到了巅峰。潮汕地区的赛大猪、赛大鹅、斗戏、斗彩棚等习俗就始于明朝[①]，并延续至今。潮汕地区游神活动日益丰富，潮汕当地民众对神明均尊称“老爷”，通常在农历的正月或二月举行游神赛会，统称“营老爷”。最初的游神活动是为了驱除灾祸和鬼魅，然而随着时间的推移，它逐渐融入了更多的娱乐元素，变为了一个充满欢乐的庆典。随着这些活动的不断兴盛，对祠庙建筑的需求也逐渐增大，包括其场地、规模、装饰风格以及附属功能房间等方面的需求都在不断增加。因此，潮汕祠庙建筑开始由原先祭祀建筑的神圣性转向了更加符合民间审美趣味的发展，进一步走向世俗化。潮汕地区现存的许多祠庙建筑，如陆公祠、东山魁星阁、大禹古庙、揭阳城隍庙等，都是在明朝由民众集资修建的。这说明民间信仰的发展极大地推动了明清时期祠庙建设的繁荣，使得潮汕地区的祠庙建筑在功能布局、结构处理、艺术装饰等方面都达到了成熟的阶段。

### 2.2.2 潮汕祠庙类型及分布

潮汕祠庙建筑不仅广布乡野，也立于城中闹市。基于特定的地理环境、人文历史和文化传统影响，数量众多且类型丰富，建筑艺术精美璀璨，形成了独具地方特色的祠庙类型。潮汕地区祭拜的神灵种类繁多，跨越了佛、道、儒的界限，大都具有浓郁的地域特色。本书基于碑刻、庙志、地方志等文献，结合实地调研情况，按崇祀神明类型的不同深入探讨潮汕地区祠庙建筑的类型及分布。

（1）本土神明信仰的祠庙

地方神明信仰的祠庙在潮汕地区呈现出丰富多样的类型。潮汕地区所祀神祇多达170多种，其中本地神明占20多种，大小神明均有自己的庙宇，其中以三山国王庙、风雨圣者庙等因数量多、分布广且影响大而为成为地方神明祠庙的代表。三山国王庙主要分布于韩江流域、韩江三角洲以西的沿海丘陵地区，是潮汕本地古老而有影响的神明，拥有广泛的香火信仰。随着受到王朝敕封，三山国王庙成为潮汕地区最为普遍的祠庙，遍及潮汕村社。风雨圣者庙则是潮汕地区祭祀风雨神祇的庙宇。乡民们祭拜“雨仙爷”以祈求风调雨顺，缓解旱灾。揭阳、潮州、潮阳等均有雨仙庙。除此之外，还有诸如大湖神庙、九天圣王庙、林圣母庙等地方神祠庙（表2–2）。这些祠庙大多是因为信仰对象行善多或品德高尚，受到人们的敬仰而建立的。这些地方神明祠庙在地方历史中扮演着重要的社会和文化角色。它们不仅体现了潮汕地区特有的地方信仰，同时也显示出地区间的文化传承和交流。随着潮汕人的移民潮，如三山国王庙、雨仙庙等祠庙也传播到了马来西亚、泰国等东南亚地区，这些祠庙在海外成为潮汕文化的标志之一。

① 陈韩星. 潮汕游神赛会［M］. 广州：公元出版有限公司，2007.

地方神明信仰分布示例表　　表2-2

| 庙名 | 祭祀神明 | 位置 |
|---|---|---|
| 三山国王庙 | 三山国王 | 遍及潮汕各地 |
| 雨仙庙 | 风雨圣者（孙道者） | 揭阳、潮州、潮阳等 |
| 潮阳大湖神庙 | 大湖神 | 潮阳海门镇湖边乡 |
| 潮阳天台古庙 | 陈梦龙 | 潮阳田心镇田心乡 |
| 揭东九天圣王庙 | 王九天 | 揭东新亨镇硕榕村 |
| 饶平飞龙庙 | 张琏 | 饶平饶洋镇磐石楼乡 |
| 饶平许娘娘庙 | 许夫人 | 饶平钱东镇百丈埔上浮山村 |
| 潮阳林圣母庙 | 林九姨 | 潮阳棉城仙城镇深溪乡 |
| 普宁寒妈古庙 | 佚名老妪 | 普宁流沙镇 |

（表格来源：自绘）

### （2）海神与水神信仰的祠庙

作为守护海上安全的神袛，天后妈祖在潮汕沿海地区受到广泛敬仰，成为潮汕地区独特的神明。众多规模不同的妈祖庙不仅遍布潮汕沿海地带，还出现在其他普通的市镇和村落，其中南澳深澳天后宫作为湄洲天后祖庙的“分香”，历史最为悠久。南澳岛在宋代曾是泉州至广州海运的中转站，地理位置重要，因此深澳天后宫的设立在潮汕地区的天后庙中具有深远影响。

潮汕地区的海上产业相当繁荣，最初崇拜妈祖的信徒主要是从事海外贸易的商人。自元明时期起，妈祖信仰逐渐扩展，信徒范围从海商、渔民和船工扩大至官员和军队，进而影响整个社会。明万历四十八年（1620年），南澳镇副总兵何斌臣在放鸡山——今汕头港出海口的妈屿岛上新建天妃宫（图2-4）。在何总兵亲自撰写的《放鸡山天妃宫碑记》中，提到最信仰天妃的三类人：渔民、海疆守卫的水兵和海商。这些职业都是在

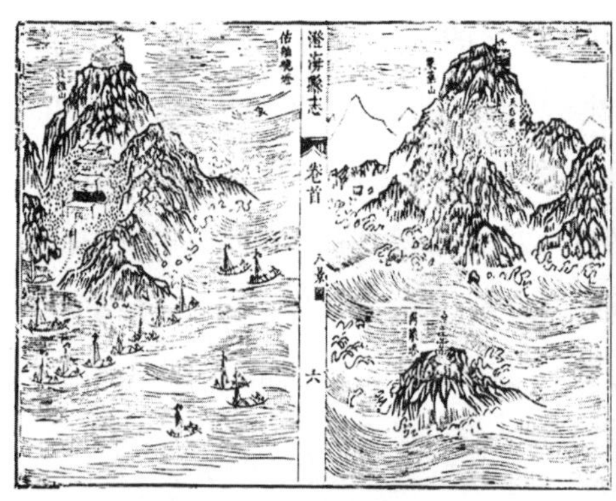

图2-4　澄海八景之一“估船桅灯”中的汕头妈屿岛天后宫
（图片来源：左图来自（乾隆）澄海县志，右图为自摄）

海上谋生，信仰妈祖能保佑他们免受灾难。到了清代，潮汕地区的妈祖庙建设达到了空前规模。例如澄海樟林南社外的新围天后宫和揭阳县南关外天后庙等。现存的妈祖庙在潮汕地区有数百座，其中仅南澳岛就有二十多座。与妈祖庙相比，南海海神、海龙王的庙宇就少得多。南海圣王庙在惠来、揭东、汕头等地仍存有。南海海神又称广利圣王，属自然界之神，宋仁宗诏封为“洪圣广利王”，汕头妈屿岛上有海龙王庙一座。

潮汕本土水神信仰的安济圣王庙、饶平县海山岛的三义女庙、饶洋镇磐石楼、明朝农民起义英雄张琏的飞龙庙、南澳岛的英公庙等，也因镇水患而深受民众尊崇祭拜。安济圣王庙又称青龙古庙，源于潮州地区古老的蛇崇拜习俗，后演变为青龙信仰。宋代韩江在梅州的河段有七十二险滩。韩江在梅州段也称恶溪，立庙以镇水患。宋徽宗崇宁一年（[illegible]年）八月赐庙额“安济”，祀蛇庙宇获得“安济”王之封号，是为水神庙。

（3）功臣和圣贤崇拜的祠庙

在潮汕地区来潮为官者或各路英豪，因有功于民，有德于民，庇佑于民而由人化神，广受潮汕民间敬仰，为此立庙奉祀。晋代的名医吴猛及其门徒许逊，或祀保生大帝吴夲的真君庙、炼丹古庙，慈济庙，开漳圣王陈元光庙、文天祥祠等都属于此类（表2–3、图2–5）。潮汕各地至今还仍然普遍祭祀夏朝大禹时期的功臣伯益，因其助大禹治水有功，民众尊其为感天大帝，潮汕俗语云：“伯公无点头，老虎唔敢食人。”因而感天大帝祠庙也俗称“伯公庙”。奉祀春秋时期晋国不求功名的忠臣介子堆，其庙木坑圣王古庙在潮汕地区也不少，也称“介公庙”。

在功臣圣贤崇拜的祠庙中，韩愈的韩祠具有典型代表性。尽管韩愈在潮州任职时间较短，但由于他的显赫政绩，潮州人民为了纪念他，将双旌山改为韩山，将江名改为韩江。宋代咸平年间在金山麓创建了韩文公祠。潮汕地区的民众奉韩愈为人神，对他充满

真君、圣王庙分布示例表　　表2–3

| 庙名 | 祭祀神明 | 位置 |
| --- | --- | --- |
| 饶平圣王祠 | 开漳圣王（陈元光圣王） | 饶平县黄冈石壁山南麓 |
| 大忠祠 | 文天祥 | 潮阳东山、潮阳棉城 |
| 三保公庙 | 郑和 | 南澳岛深澳古城东门外北侧 |
| 陈元帅庙 | 陈吊眼（陈吊王） | 饶平县新圩镇长彬村 |
| 炼丹古庙（真君祖庙） | 吴猛 | 潮阳谷饶镇新坡乡 |
| 灵济宫 | 吴猛　许逊 | 潮阳棉城东山 |
| 真君庙 | 吴猛　许逊 | 潮阳谷饶镇赤寮乡 |
| 英灵古庙 | 吴夲（保生大帝） | 揭东县锡场镇锡场寨 |
| 棉湖济慈古庙 | 吴夲 | 揭西棉湖道江东安定门内 |

（表格来源：自绘）

潮阳灵济宫

揭东锡场英灵古庙

图2-5　潮汕真君庙示例图
（图片来源：上图为自摄，下图为林婉珠摄）

崇敬之情。苏东坡在《潮州韩文公庙碑》中赞美道："潮人之事公也，饮食必祭，水旱疾疫，反有求必祷焉。"潮州各县普遍建有韩文公祠。此外，双忠庙因双忠圣王的崇拜而具有广泛影响力，主要纪念平息安禄山之乱并为国捐躯的忠臣张巡和许远。双忠庙遍布潮汕各地，以潮阳为主要分布区。仅潮阳就有18座双忠庙，其中位于潮阳棉城区东山灵威庙的双忠祖庙始建于宋熙宁年间（1068年），而位于棉城区的双忠行祠建于明嘉靖四十二年（1563年），已被列为汕头市文物保护单位（表2-4）。

潮阳双忠庙分布表　　表2-4

| 庙名 | 创建时间 | 位置 |
|---|---|---|
| 双忠祖庙 | 宋熙宁年间（1068—1077年） | 棉城东山文物风景区 |
| 双忠行祠 | 明嘉靖四十二年（1563年） | 棉城中山中路与中华路交叉处 |
| 双忠书房 | 明崇祯八年（1635年） | 棉城文光塔馆后 |
| 岭东双忠庙（王府） | 始建于明，1993年重修 | 棉城平和东 |
| 双忠铜锟祠 | 始建于元，1987年重修 | 棉城南桂坊赵家祠西巷 |
| 双忠庙 | 1983年 | 棉城龙井五仙乡 |

续表

| 庙名 | 创建时间 | 位置 |
|---|---|---|
| 双忠行祠 | 始建于元，1988年重修 | 贵屿寨内塔堂 |
| 双忠庙 | 始建于清顺治十一年（1654年），1993年重修 | 和平镇中寨 |
| 双忠古庙 | 始建于南宋咸淳年（1265年），1987年重修 | 贵屿西门外 |

（表格来源：自绘）

（4）道佛俗神信仰的祠庙

在潮汕地区，全国性的佛教、道教及俗神信仰广泛传播，设立众多祠庙为民众所奉祀。潮汕地区的民间信仰与道教关系紧密，从神仙谱系、祭祀仪式等均存在着千丝万缕的复杂联系。民间普遍崇祀道教体系中的各种神祇，如玄天上帝庙在潮汕分布就比较广泛，潮阳厦底玄帝古庙、棉湖永昌古庙、南澳真武宫等皆为典型实例。潮汕地区也尊崇韩湘子，因其为韩愈之侄孙，广济桥上曾奉祀其庙宇，现更名为湘子桥。东岳为泰山主峰玉皇顶封号，诏封为“东岳天齐仁帝庙”，一般称“东岳大帝”。在潮汕敬祀山神的东岳庙不多，潮阳市棉城东山与饶平三饶各有一座。

除了道教的神仙外，潮汕地区还热衷于崇拜与日常生活密切相关的道教俗神，如城隍神和关帝等全国性俗神在潮汕地区备受推崇，其祠庙数量甚多。城隍庙、关帝庙作为行政治所必备的标志性建筑，在明清潮汕的府、县等地均有建庙。潮州府有“九县十城隍”的俗语，九县分别为海阳、潮阳、揭阳、饶平、惠来、大埔、澄海、普宁和丰顺。而后扩展至乡镇，如棉湖城隍庙，因其虽建置仅为镇，但因其居于水陆交通要道，地理位置优越，经济发达，政治文化军事地位显著，设立县丞衙署，建立了城隍庙。潮汕地区海岸线长，防御所城数量较多，促使城隍庙、关帝庙也大量兴建，如今尚存约有10余座（图2-6）。其中以揭阳城隍庙规模最大，保存完整，于2019年成为全国重点文物保护单位。关帝庙的代表性建筑有深澳关帝庙和揭阳榕城古庙等。

道教俗神祠庙如龙尾爷虱母仙也颇为常见。潮汕地区的著名仙道人物神“虱母仙何野云仙师”被视为“风水”大师。据传他在选墓、立寨门等方面颇具灵验。供奉他的祠庙通常被称为龙尾爷庙，主要分布在揭阳、潮阳和普宁一带。揭西县金和镇仙陂乡的三山永峙庙是目前所知虱母仙最早的祠庙，始建于明初，其中正位所祀即为主神龙尾爷虱母仙，其余潮阳、普宁、汕头等地有19座庙宇（图2-7）。值得一提的是，潮汕地区慈悲娘信仰，慈悲娘本为佛教的观音菩萨，宋代以后，在儒释道三教融合的文化背景下，被道教积极吸纳为慈航真人，进而在民间形成了慈悲娘信仰。慈悲娘的崇祀在潮汕乡间非常广泛，设庙专祀之。如普宁泥沟的后岭庵新裕堂、社山的浴龙岩、普宁洪阳镇宝镜院村等（图2-8），也有宗族将以慈悲娘奉为族神，将其金身香火奉祀于祖祠之中。

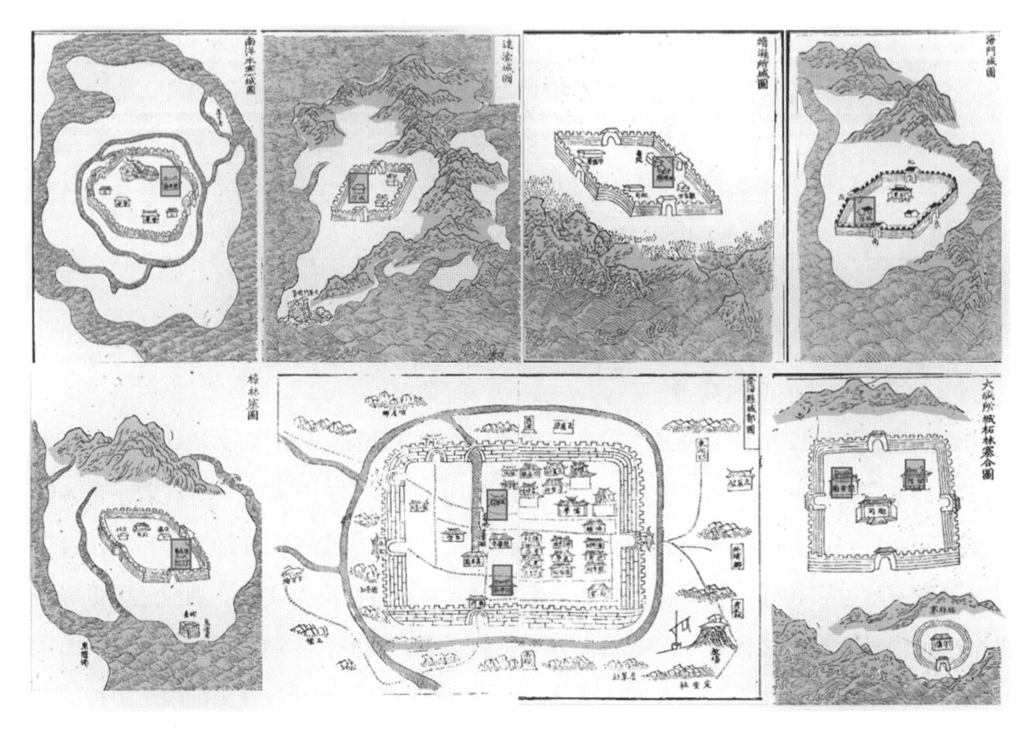

图2-6　清代潮汕地区各城池城隍庙、关帝庙位置示意图
（图片来源：根据乾隆《潮州府志》改绘）

图2-7　汕头升平路龙尾爷庙
（图片来源：自摄）

图2-8　普宁市洪阳镇宝镜院村慈悲娘庙
（图片来源：张声金摄）

（5）源于行业祖师信仰的祠庙

由于潮汕地处沿海地区封疆迫狭，田亩不足耕耘，虽勤稼也难济一年之食用，许多人转治百工，航海和海上贸易相当发达。因此，各行业祖师崇拜也相当庞杂。如农业神的祠庙神农庙，贸易行业的财神庙、求取功名的文昌祠，造字祖圣仓颉的字祖圣庙，建筑木工行业敬拜鲁班祖师，戏曲娱乐行业奉祀戏神田元帅等。潮汕地区炎热潮湿，医疗条件有限，潮汕民众更是将祈求生存和平安的希望寄托于形形色色的民间诸神，这也是潮汕历史上盛行“信巫不信医”的重要原因。如拜孙思邈、华佗仙师等，出天花、麻疹、水痘时为保平安分别拜主治病症珍珠娘娘、宝珠娘娘，求生孩子敬拜注生娘娘，出入平安拜门神。因而行业神的祠庙，形形色色，广布潮汕大地。

### 2.2.3 潮汕祠庙建筑层积特征

潮汕祠庙建筑的历史演进与当时区域社会经济文化的发展相互关联，相互印证。潮汕祠庙在不同历史阶段风格的变化，揭示了各个时期社会历史、经济发展、营建技艺、审美文化等方面的发展状况，是其层积性的表征。潮汕祠庙建筑经历了由简到繁、由粗糙到精细的世俗化发展过程。这一演进历程构成了一个有机整体，展现了时间上的连续性和鲜明的时段特征（图2-9）。这种层积性特征不仅反映了潮汕祠庙建筑在历史发展中所经历的变革，还凸显了潮汕地区在各个历史时期的文化特点和工艺技术水平。

（1）**唐时期**：汉文化进入潮汕地区，带来汉文化建筑技术，推动了潮汕地区传统建筑构架的发展。

潮汕地区从史前到隋代并未留下地面建筑，与建筑相关的文献记载也无可考。至唐代以后，随着汉人南下，汉文化在潮汕地区逐渐发展，潮州地区进入大规模开发阶段。汉文化建筑技术对潮汕地区产生深远影响，建筑水平得到了较大的提高。潮汕传统建筑在该时期深受中原汉文化影响，采用了“构屋之制，以材为祖”的原则，建筑构架开始采用枋材叠垒的构建方式，斗栱做法采用北方官式铺作形式，这些特点体现了中原地区汉唐之间的建筑风格在潮汕地区的传承和影响。

（2）**宋时期**：潮汕祠庙建筑风格质朴健雅，汉文化主导，闽南文化色彩浓厚，具独特地域特色。

宋代是潮汕地区大规模开发的时期，人口和经济的急速增长，推动了整体建筑水平的极大提高。潮汕传统建筑受到闽文化的影响，并结合潮汕地区的发展和文化交融，逐渐形成自身特色。随移民潮的兴起，闽文化强势进入潮汕地区，在当地开始扎根发展。对潮汕传统建筑在平面布局、建筑技艺等方面产生了产生显著影响。随着中国经济文化重心南移，潮汕地区自身的发展和文化交融也赋予了潮汕传统建筑独特的特色。这一时

| 演变内容 | 演变脉络 | 案例示意 |
| --- | --- | --- |
| 形制布局 | 从单开间逐渐发展为“一路两进三开间”范型，并于此基础上灵活增加 | 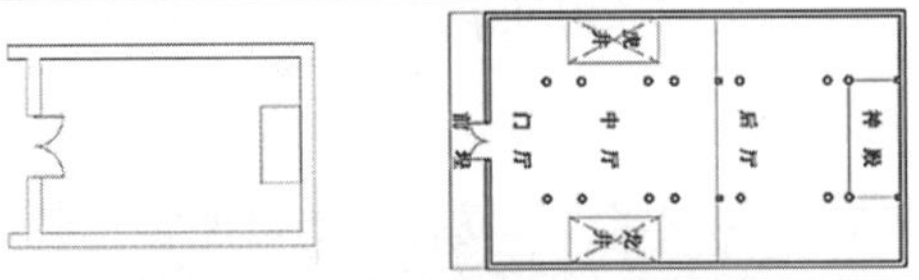 |
| 构成要素 | 空间构成要素增多，空间序列延长 | 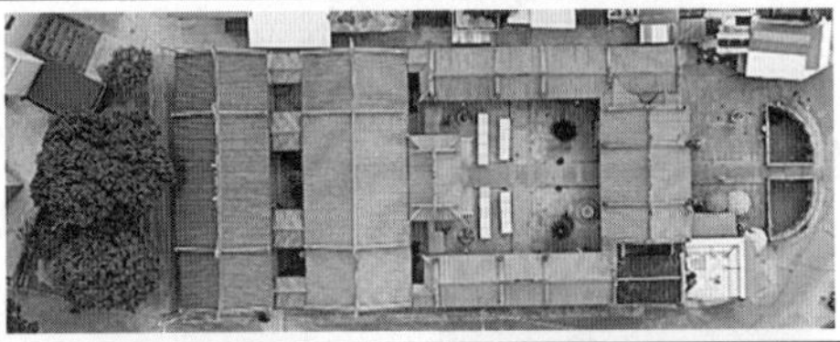 |
| 装饰风格 | 由宋到清再到民国的发展过程，经历了由简到繁，由粗糙到精细的过程 |   |
| 梁架结构 | **梁架形态**<br>构架风格发展从质朴、健雅风格逐渐倾向注重形态的变化，叠斗隔架普遍 |   |
| | **细部构件**<br>由明晰率真的风格转向具象化，装饰化，梁架中构件与节点增多，精细度增强 |  |

图2-9　潮汕祠庙建筑演进历程示意
（图片来源：自绘）

期的建筑形象受到上层贵族和士人的审美取向的决定性影响，他们追求精致高雅的品质，不追求繁复，在建筑审美上表现出强调结构逻辑和表现力。因此，潮汕祠庙建筑在这一时期以简约的装饰与雄伟的结构相对照，呈现出健康而雅致的效果。结构严谨、古朴素净，几乎无附加装饰。此时期的潮汕祠庙历经时代更迭，遗存甚少，大多都已是重建，如潮阳灵威祖庙就是始建于宋熙宁年间，“熙宁间，军校钟英与神偕来，邑中士民即岭东建庙祀之。”[①]可从潮州开元寺天王殿实例遗存对此时期潮汕传统建筑风格进一步得以印证，感受宋时之风。

（3）**明清时期：**祠庙建筑比例协调，繁简得宜，世俗化特征明显。

在明清时期，受福建移民涌入、民间信仰繁荣和国家制度等多重因素的影响，潮汕传统建筑发展出形成了一套具有鲜明本土特色和个性化的潮汕建筑营建体系。福建的移

① （清）周硕勋. 乾隆 潮州府志［M］. 上海：上海书店出版社，2003.

民潮推动了大型村寨的形成，从而促进了民间信仰的繁荣。随之而来的是民间民俗活动传统的逐渐塑造和形成。此外，海防卫所的建立也促进了城乡的整体发展，为大规模的祠庙建设提供了助力。在这些综合因素的推动下，潮汕祠庙在功能设计、形式创新和技术熟练等方面都达到了繁盛的阶段。祠庙建筑比例协调，功能齐备。尤其在装饰艺术上，明清时期的潮汕祠庙展现出了鲜明的风格特色：其构件艺术处理风格素雅、雕刻彩画技艺结合巧妙，展现出匠人的独特创新和精细处理。揭阳城隍庙就是此阶段风格的典型代表。总的来说，到了明清时期，潮汕的建筑营建体系已经相当成熟，其建筑风格既繁复又得体，展现出了其独特的魅力。

（4）清中期至民国时期，祠庙建筑呈现工不厌精，精致繁褥的特点。

在清中期至民国时期，潮汕祠庙建筑特征发生了显著变化，其表现主要在梁架形式、细部构件和装饰程度的快速发展上。这一时期，由于精美世俗审美的主导，建筑风格和装饰趋于华丽。首先，木构架的形式更为丰富，常见的如“三载五木瓜，五脏十八块花坯”梁架成为典型代表。同时，梁架的构件和节点数量也有所增加，大大提升了装饰效果。叠斗隔架在厅堂建筑中的使用从极少见到逐渐普及，变成了常见的做法。其次，世俗审美的需求和雕刻技艺的快速发展推动了装饰构件的创新，例如标志性的木瓜构件以及叠斗间的花坯从八块发展至十二块，甚至十八块。这些变化使得祠庙建筑逐渐呈现出富丽堂皇的风貌。在清中期以后，潮汕祠庙建筑不仅注重财富和技艺的展示，其雕刻和彩画技艺也越发精湛，同时，建筑结构方式也发展出了新的形式。尽管标准用材的概念逐渐弱化，但具有悠久历史的材架规律构成方式并未消失，仍然保留下来。在这一时期，潮汕祠庙建筑不仅体现了建筑技艺与装饰技术的发展，同时也表现出对传统文化的尊重与谨守。

## 2.3 潮汕祠庙建筑遗产的多尺度系统关联解析

潮汕祠庙作为城乡公共空间的重要类型，反映了地方社会内部原有社会联系的解体和新生社会联系重构的过程。在潮汕祠庙的具体空间场域中，形成了各种形式的系统关联，从而影响了城乡或传统聚落的空间秩序及其承载空间。因此，从多尺度层次视角分析潮汕祠庙建筑遗产与不同要素之间的相互作用、共生融合和有机联系，有助于理解潮汕祠庙建筑遗产价值形成的内在机制。主要从区域、社区聚落和祠庙建筑场地等三个尺度层级对其系统结构、空间身份、景观联系三个方面进行解析。

### 2.3.1　神镇之境中的祠庙系统结构

潮汕地区祠庙是社区地缘关系的重要标志和象征。它的盛衰隆替，在另一种层面上是潮汕乡土社会发展变迁的缩影。在社会关系与文化积淀过程中，潮汕祠庙形成了完整的内部系统结构，反映出潮汕地区乡土社会结构和地域支配关系。这套体系的核心部分是多层次复合、大小祭祀圈相套的祭祀系统，同时也包容了超脱于核心系统之外的特殊祭祀群体[①]。这种多层级的祭祀圈的形成，缘于潮汕地方民众的多元化与多样性的日常需求，同时也与社区的规模息息相关。

（1）潮汕祠庙系统的构成

在潮汕地区众多的祠庙中，各神祇的管辖范围与等级有明确的划分，这是历史演变和民众习惯形成的结果。[②]根据民间信仰体系，潮汕地区的祠庙可分为三个层次：境主神祠庙、社神祠庙和土地神祠庙。这三个层次的祠庙共同构成了潮汕地区复杂而丰富的祠庙系统。它们不仅在地理位置上各有所属，更在社区的信仰和崇拜体系中各自占据重要的位置。“境”原意为“疆界”，指的是以共同信仰和祭祀为特点的传统信仰区域范围。境的划分代表着某一神明影响的地域范围，是聚落人文空间的核心概念。其辖域根据村际联盟的规模确定，可能包括几个自然村或几个较大的区域组合。在此区域内，供奉某一神明作为保护神，称为“境主神”或“大老爷”。通常选取历史悠久、影响广泛的社神担任此职。祭祀境主神的庙宇被称为“境庙”“大老爷宫”或“大庙”等。境主神成为祭祀圈居民共同信仰的核心，其辖域覆盖整个祭祀区域。每年特定节日，全体居民都会参拜境主神。作为整个地区的主神，它负责守护本境域的安宁，包括有形的地域和与鬼神相关的精神境域。社神祠庙位于境主神祠庙之下，社神以村社为单位，每个村社都有自己的“社神”。通常情况下，社神的信仰范围仅限于某一特定社区内，但也有外村居民因敬仰而来朝拜。与境主神和社神不同，土地神是每个自然村最普遍的神。自然村的居民从生到死都需要到土地神处报到，具有明显的地域界限。除了这个层次体系，还有一些神格高的神灵作为补充，如天后庙、关帝庙、城隍庙等，它们在信仰体系中具有较高的地位，使得潮汕地区的祠庙体系更为丰富和均衡，与境主庙、社庙、土地庙一起，共同形成一个完整而理想的祭祀系统，满足了不同层次和领域的信仰需求。

如潮州市潮安县龙湖古寨，中央直街形成“三街六巷”的工整格局，祠庙结构体系呈现出“四宫地头”的格局。“四宫”指四个社区的村庙，一社祀龙首庙，二社祀双忠庙，三社祀五通庙，四社祀天后圣母庙，称之为四宫，上社祀的灵护公庙则作为全乡主庙共同奉祀，辐射统领全部村庙和土地庙。“地头”指的就是每个里巷小型社区的土地

---

① 罗一星. 明清佛山经济发展与社会变迁［M］. 广州：广东人民出版社，1994：77-78，393.

② 劳格文，科大卫. 中国乡村与墟镇神圣空间的建构［M］. 北京：社会科学文献出版社，2014：228.

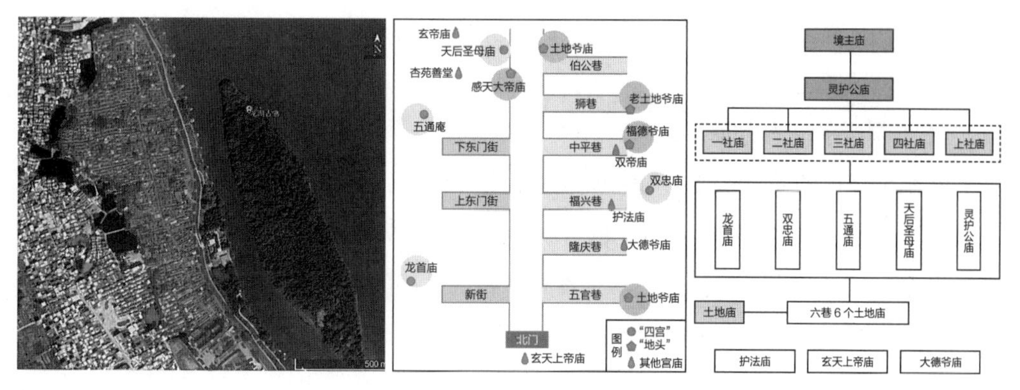


图2-10　潮州市潮安县龙湖古寨“四宫地头”布局的神灵系统示意
（图片来源：自绘）

庙，龙湖古寨“六巷”的街头巷尾都各自设有一座土地爷庙（图2-10）。

这种独具地域特色的祠庙系统在区域空间结构上也有所体现。境主庙通常集中分布于区域的核心地区，构建信仰的中心区域；社庙位于各村落的边缘和要冲地带，或与宗祠共同组成祭祀核心；而土地庙则分散在村落入口处大树下等隐蔽地方。这在村落内形成了一个多层次、相互关联的祠庙系统。整个祠庙系统联系起了各类建筑与公共场所，构建出一套由祭祀地点和道路联结的网状结构，层次分明、职责明确，延伸至社区空间的各个角落。神祇通过这些逐层递进的祭祀领域，庇佑着不同层次的片区与民众，并深深融入到人们的日常生活之中。

不同民间信仰类型决定了祠庙仪式空间的功能与辖区，因此潮汕祠庙系统的空间结构形态对区域和聚落的空间形态产生影响，同时反映出这个地区独特的信仰文化和社区生活方式。费孝通先生在《乡土中国》[①]中提出的“差序格局”观念，在潮汕地区祠庙系统中同样得到体现，这与“人神共居”的理念紧密相连。信仰的差序格局与祠庙的等级相互映照，距离差序中心越近，建筑规模、道路宽度愈大，装饰亦愈显奢华，与社区民众心理上亲近度高，而处于差序外围边缘的城隍、关帝、天后、风伯等庙宇一般为官方建造，按照官方规制建设，规模等级均较之于境庙高，在民众心中则相较要远一些（图2-11）。信仰等级的分划不仅体现在不同神祇殿宇上，亦体现于同一祠庙内供奉的神明中。鉴于民间信仰的包容性，除了主祀神

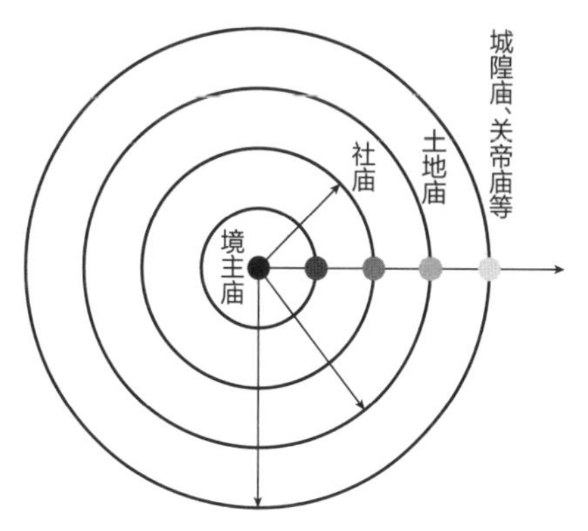


图2-11　潮汕祠庙系统的差序格局
（图片来源：自绘）

① 费孝通. 乡土中国［M］. 上海：上海人民出版社，2007.

明，还存在从祀配享神灵，从而满足人们众多的实际需求。这些因素综合作用于祠庙系统，从而使区域空间赓续有变[①]。

（2）祠庙系统的功能

在潮汕地区的乡村社会中通常包含两个主要祭祀系统：一是以宗族血缘为联系的宗法系统，二是以众多民间信仰为主的神明崇拜体系。某种意义上讲，祠庙只是这种对神的崇拜系统的外化形式。社庙在增强本地各姓氏宗族的凝聚力方面起重要作用。因此，社庙实际上履行了很多在宗族社区由祠堂履行的社会责任，包括进行社会控制、组织慈善活动、宣传和维持群体认同观念、推行乡绅的社会伦理教化等。

潮汕当地人在观念上常把地缘认同置于血缘关系之上。当地缘的利益与血缘的原则发生冲突时，一般会将祠庙放之于祠堂之上。潮汕的民间众神除了少数是在较高层级的庙宇中外，绝大部分是在各社区的境主庙中。社区主神作为社区的统领，负责管理辖区内日常生活中的大小事宜。在一座境主庙里，供奉有一个或数个神明，他们与居民的实际需求息息相关。相较于其他神祇，境主神与民众的联系更为紧密。民众在家庭生活中遇到困境或烦恼时，不宜向较高神格的神明寻求帮助，一般倾向于选择向本社区主神祈祷。作为当地的守护神，社区境主神得以享受人们频繁的祭拜。通常在朔望日——农历每月初一和十五，当地居民会前往境主庙烧香祈福。除此以外，每年正月元宵前后以及神祇诞辰，都会举行盛大的祭祀活动。神不分宗派，共居一庙的情况也时有所见。神镇之境中不同层级的祠庙系统，为世俗民众提供了精神支柱，在维护社会秩序、延续文化传统、丰富地方生活等方面发挥着关键作用。




如果从宗教学的角度看，潮汕祠庙众神杂陈，了无秩序，信众的观念和体验也杂乱而缺乏系统性。而在社会历史的视野里，以祠庙为中心的民间宗教信仰活动，其实是十分重要的社会组织形式。通过游神赛会活动的仪式场景，祠庙组织起地域性群体，予以地方社会一个由地域性崇拜系连起来的结构。在潮汕地区，游神赛会是与地缘组织关联的地域性仪式活动，于17世纪的文献记载中出现。如1686年《澄海县志》[②]就记述了以庙宇为基地的迎神和张灯、嬉游、演戏的赛会活动。到18世纪，由于经济的发展，地方商业资源的竞争催生了超出乡社范围的更大规模的地域联盟出现了。祠庙之间组织起大小各不相同的网络系统，规模不同的游神赛会活动在不同的地域范围里举行。祠庙内举行的游神赛会活动，乡社坊巷的居民都会参与，成为了一个地域联盟的表征[③]。据记载，其时游神赛会活动普遍，各县乡社之外，海阳、潮阳和揭阳县城里，游神赛会活动规模宏大而奢靡。[④]

① 吴智鑫．福州义序宗族聚落仪式空间研究［D］．福州：福州大学，2019.
② （清）王岱．澄海县志．清康熙二十五年刻本.
③ 陈泽泓．潮汕文化概说［M］．广州：广东人民出版社，2001.
④ （清）周硕勋．潮州府志［M］．上海：上海书店出版社，2003.

## 2.3.2 潮汕祠庙的多重空间身份

祠庙建筑是潮汕地区地方社会所不可或缺的公共建筑类型，是社区重要的共聚之地。既作为祭神的场所，又是公共集会的场所，联结着诸多社会生活。祠庙中老人在闲谈家常；孩子欢快地嬉戏；人们络绎不绝地进出，伴随着弥漫的香火轻声祈祷。潮汕地区几乎各村都有的社庙是一村中最重要的村庙，也是村落层级的最高祭祀空间。因而一般社庙建筑形制典型严整，以三开间两进或三进为主，根据发展需求加建其他附属庙宇。社庙位于村落中央或交通要冲，一般随村落开基时始建。它凭借良好的环境、交通、景观等条件，构筑了社区居民日常活动的重要公共空间。人们共同参与在祠庙中定期开展的礼神、敬神、游神、娱神等节庆活动，表达对神明的尊崇。围绕这些活动的展开，祠庙从而具有了祭祀、娱乐、商业等多重空间身份（图2–12）。

社交、商业空间

祭祀空间

娱乐空间

图2–12 潮汕祠庙多重空间身份示例
（图片来源：自摄）

祠庙作为神明寓所，是重要的祭祀空间，祠庙正殿前设置“拜亭”是潮汕祠庙的特色形制。祭品的陈设以及祭拜仪式在此进行。拜亭内香炉的规模和数目暗示祠庙香火的兴盛程度，而各色供品则传递出不同的仪式内涵。祠庙在用地局促时祭祀空间会向外延伸，与街巷相连，与城市或乡镇环境相融合。如神明巡境时在村社范围内巡游。以祠庙为中心，途经神镇之境中每个具有意义的地点，进而划定社区边界和神明所管理的空间范围。游神队伍从祠庙出发，沿着线性的街巷，途经神前迎神点暂作停留，而作为游神活动核心的祠庙，在此场景中成为了整个仪式活动的核心联结空间。酬神演戏通常发生于祠庙前的空地，充分利用祠庙周边空地搭建戏台，人们与神共享戏剧，在“游神”“娱神”的活动中，整个村都沉浸在狂欢中。此时的祠庙空间转化为了“娱乐空间”。伴随着庙内经常举办的祭祀活动及相关世俗社交活动，为经济活动创造了机会。重要的节庆时段里，与仪式庆典相关的商业活动也随之频繁。祠庙的聚集效应延伸至街巷，带动片区形成了活跃的集市商业空间。潮汕祠庙公共空间既是村落的地理空间和地理范围，同时也是村民日常生活和交往的实体空间。它承载了村落社区内的政治、经济、文化等功能，是村民自由出入并进行思想交流、经济活动、文化娱乐活动的场所。




### 2.3.3 潮汕祠庙的景观锚固

潮汕祠庙作为城乡公共空间，是“锚固”于时空的存在，这也是其作为文化遗产的最本源属性和特质的来源[①]。遍及乡野的潮汕祠庙建筑遗产，是不同历史时期的城市公共活动空间的物质遗存，在动态的时间中，始终保持相对稳定的状态，与其他要素共同构成了生动的潮汕城乡文化景观。在动态时间中潮汕祠庙记录了潮汕城乡形态的发展与演变，它如同历史长河中锚住时空的巨石，呈现给人们真实的城市过去。以揭阳城隍庙为例，它从1369年始建至1996年的修复扩建完成，历经多次增建及修建，从最初以官方主导修建的祭祀城市守护神的祠庙，逐渐演进成为具有多重功能的城市公共空间。作为城市的标志性建筑，揭阳城隍庙见证和承载了不同历史时期的揭阳城市格局和历史记忆（图2–13）。

作为城乡公共建筑，潮汕祠庙相较于祠堂更具公共性和开放性。它跨越了姓氏的界限，满足了不同社区间交流的空间需求。潮汕祠庙通常在经历无数次的重建修建增建中，作为聚落中心祭祀点的纪念性不断被强化（图2–14）。以祠庙为核心的神明传说不断被塑造及向外传布，地方的历史感和场所感随之被不断唤起，积淀并活跃着社区各个时代的记忆。

以潮汕祠庙为中心的游神赛会，则是以静态空间为核心的动态发展，是一场有形与

① 刘祎绯. 认知与保护城市历史景观的“锚固–层积”理论初探［D］. 北京：清华大学，2014.

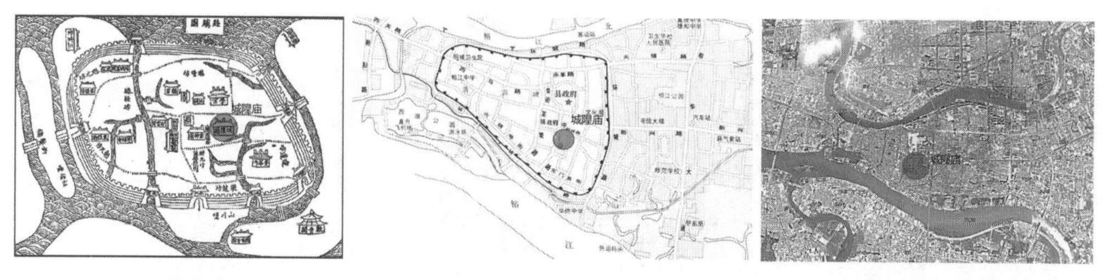


图2-13　揭阳城市格局变迁及城隍庙位置示意图
（图片来源：自绘）

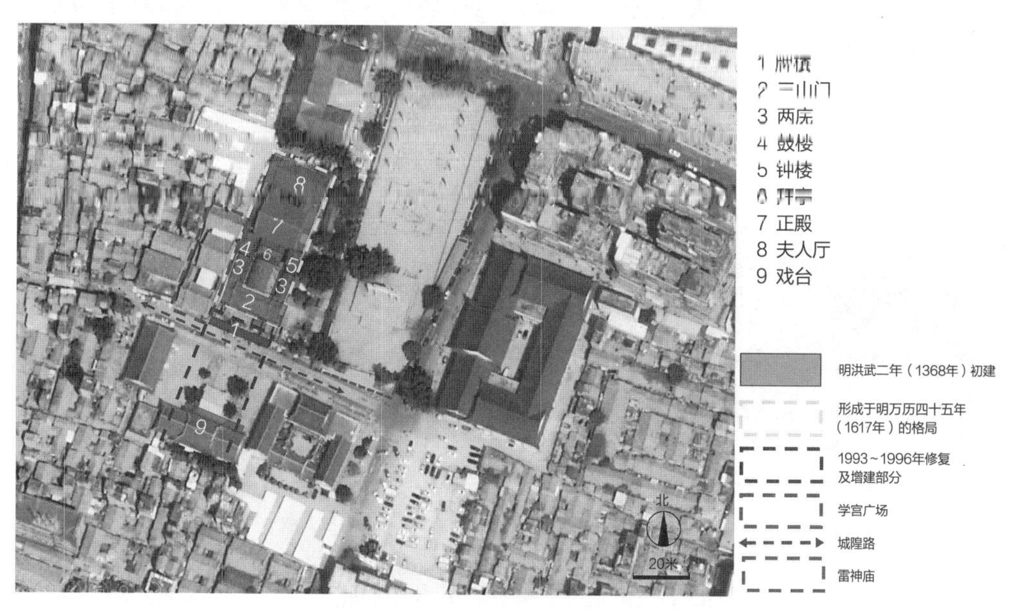


图2-14　揭阳城隍庙空间演进示意图
（图片来源：自绘）

无形文化遗产的综合展演。潮汕地区的游神活动内容丰富，以迎神、酬神、娱神等活动掀起的一场民间文化狂欢盛宴，犹如一个浓缩的潮汕文化舞台，几乎涵盖了潮汕地区所有的民间仪式、技艺及艺术。英歌舞、舞鲤鱼、舞狮、潮剧、标旗锣鼓等非物质文化遗产在活动场景中沸腾，构成了城乡聚落富有活力的文化景观（图2-15）。

潮汕祠庙作为城市历史景观锚点，是地方非物质文化遗产的依存文化空间。潮剧的产生及发展得益于年复一年的游神活动，庙会的演出为潮剧戏班提供了民俗活动的舞台；神明巡游时需要锣鼓、唢呐跟随演奏，最终演化出潮州大锣鼓。而潮州木雕、潮绣等不仅在潮汕祠庙空间装饰上大放异彩，也在游神赛会上受众人注目。如老爷神轿后的五彩标旗，神前的彩标等都是典型的潮绣作品。活动中使用的各种神器如神亭、神轿、神牌、宣炉罩等都是木雕精品。以潮汕祠庙为核心的民俗文化展演，为非物质文化遗产提供了传承发展的可能，使之完成活态的传承。

揭东锡场村营老爷

揭东锡场村庙会表演潮剧

揭西尖田村炸老爷

揭西长滩新年安龙祈福




图2-15　潮汕祠庙为核心的文化景观
（图片来源：自摄）

## 2.4 潮汕祠庙建筑遗产价值特征的深化阐释

通过上文对潮汕祠庙在由地域环境、历史层积、系统关联三个维度构成的历史语境中的深刻解析可知，潮汕祠庙的演进发展是独特的历史地理因素与一系列错综复杂的社会、历史、经济关系交织作用的结果。在这一过程中，潮汕祠庙建筑遗产价值在时空中不断层累叠加，储存了城乡演进过程中各阶段的重要历史信息，是潮汕城镇变迁发展的历史见证。潮汕祠庙建筑分布广泛，与潮汕地区人们的日常生活融合，逐渐形成了特定的民俗文化，构成了极具地域特色的地方文化景观。与不同历史时期的社会、经济、文化紧密交织，潮汕祠庙逐渐演变为社会生活的交往平台，至今在城乡日常生活中仍然充满了活力。

### 2.4.1 潮汕祠庙建筑遗产价值特征辨析

基于潮汕祠庙建筑的时空层积与多尺度系统关联的综合分析，潮汕祠庙建筑遗产的概念不应简单地认定为单体的祠庙建筑或是祠庙环境空间的集合。潮汕祠庙建筑不仅作为城镇乡村聚落中的公共祭祀空间存在，更为重要的是其间蕴含着祠庙空间与不同群体以及群体间的不同关系，展现出深刻的地缘、神缘和血缘内涵。潮汕祠庙记录了城乡社区人类活动的历史，体现了潮汕地域的独特精神。潮汕祠庙与地方民众产生紧密关系，在地方生活世界及精神世界中占有重要地位。在历史的长河中，潮汕祠庙的动态发展不断孕育新的价值和意义，从而具有了建筑遗产、文化景观、文化空间的复合遗产属性，承载多层次价值。因而，对其价值特征的辨识是进一步详细阐释潮汕祠庙遗产价值和制定保护策略的关键。鉴于潮汕祠庙遗产与地方社区的紧密关联性，研究从社区参与和文化多样性为起点，以社区生活与居民福祉为核心，考虑人居环境的可持续发展与潮汕祠庙建筑之间的关系，从本体价值、衍生价值与工具价值三个不同维度对其进行价值特征辨析（表2-5）。

潮汕祠庙建筑遗产价值特征解析　　表2-5

| 价值维度 | 价值类型 | 价值特征 | | 价值特征具体要素承载 |
| --- | --- | --- | --- | --- |
| | | 总体价值特征 | 细化特征 | |
| 本体价值 | 历史<br>科学<br>审美 | 潮汕地方历史的空间见证 | 1．见证了潮汕城乡格局变迁及传统建筑的起承脉络<br>2．凝缩了潮汕传统建筑建造智慧，体现不同时代的技艺特点<br>3．反映了潮汕民间乐于世俗、精细实用的审美追求 | —空间形态<br>—空间构造<br>—空间装饰 |
| 衍生价值 | 精神<br>记忆<br>情感 | 潮汕地方文化的空间叙事 | 1．是地方多元信仰文化融合的空间载体<br>2．传承了极具地方特色的多层次非物质文化遗产<br>3．是地方生活丰富情态的真实延续 | —多元信仰文化<br>—庙会、神诞等民俗活动<br>—地区居民集体记忆 |
| 工具价值 | 社会<br>教育 | 潮汕地方社会的空间协同 | 1．融于地方日常生活，关乎当地居民的福祉<br>2．参与了地方社会的管理<br>3．承担了地方的文化、伦理、美育的功能 | —地方社区的整合<br>—地方秩序的维护<br>—地方伦理的教化 |

（表格来源：自绘）

（1）潮汕祠庙建筑在漫长发展演进中展现了鲜明的文化地域性格，是城乡历史发展变迁的空间见证。这一特性为其本体价值特色定位提供了判断依据。

潮汕祠庙分布在从背山平原到漫长海岸线的广大空间范围内，潮汕祠庙的整体特色通过特色环境、建筑风格、建造技艺等方面得以全面呈现。在历史时空中，随着祠庙建筑的形态、构造、装饰的发展成熟，潮汕祠庙建筑在不同历史时期对自然、社会、人文的适应做出了智慧的回应；它孕育出了独特的文化地域性格，折射出历史层积的文化特色，是体现潮汕区域景观和地方文化识别度不可或缺的部分。潮汕祠庙随历史的层积愈加富有浓郁的地方色彩。在漫长的发展过程中，潮汕祠庙由功能单一的祭祀空间演变为社会功能多元的城乡开放公共空间，与地方日常生活紧密交融。潮汕祠庙建筑的演变过程见证了潮汕地区历史发展的历程，为进一步理解潮汕地区的历史与文化提供了一种独特的视角。

（2）以潮汕祠庙物质空间为依托形成的地方特色文化景观成为了对其衍生价值认知的研究线索。

潮汕祠庙建筑遗产价值不仅体现在其形态、构造、装饰等物理空间中，还在于其容纳了地方群体生活、承载了地方厚重文化。依托多元民间信仰文化及丰富的民俗活动，潮汕祠庙与城乡历史景观要素间存在着相互渗透彼此和谐的关联。动态发展的传统活动也赋予了潮汕祠庙多元的文化内涵。以祠庙空间为核心的节庆、庙会等非物质文化遗产在对神灵的祭拜、祈愿等活动中逐渐形成、发展及传承。这些活动的筹办促进了城乡商业的繁荣，推动了宗教、文化生活的进一步发展。这种相互支撑的关系使得发生于其中的传统祭祀、祈福、游神等民间文化与祠庙特定空间相互依存，潮汕祠庙作为城市历史景观的锚固点，使非物质文化遗产与之紧密相连，得以活态传承。潮汕祠庙在潮汕地区城乡形态、建筑文化、民俗传承等方面都发生着细密交织的关联影响，反映出潮汕地区特定历史时代特征和价值取向。

（3）潮汕祠庙的神圣性随着社会现实的变迁不断发生着转移，其社会文化意义在动态中不断被建构，构成了潮汕祠庙遗产工具价值的拓展性认知视角。

在多尺度系统关联中逐渐厘清潮汕祠庙遗产价值与社会文化的互动关系。潮汕祠庙中的祭祀活动、空间依存、世俗功能在不同条件下发生着转换。时至今日，它仍具有重要的社会意义。潮汕祠庙作为城乡社区的重要活动场所，承担着维护社区整合、乡村秩序维护以及伦理教化的职能。祠庙中的祭祀活动和各类庆典有助于强化身份认同，加强邻里关系，增进团结，从而为社区的和谐发展提供有力保障。传统的祭祀活动不仅仅体现了民间信仰的传承，更在一定程度上加强了地域社群的归属感。在现代社会背景下，祠庙中的祭祀活动逐渐成为了传统文化和地方族群情感的载体，在文化传承、人居环境建设中发挥重要的作用。

### 2.4.2 本体价值特征——地方历史的空间见证

潮汕祠庙建筑数量、规模、形态、种类均具有鲜明的地域特色。在历史时空中，潮汕祠庙以稳定的姿态，成为了地方历史的空间存续，记载与见证着潮汕城乡的历史变迁。这是潮汕祠庙建筑的最核心的本体价值。祠庙建筑本体各组成部分所携带的历史信息全方位地体现了潮汕祠庙建筑自身的历史发展（图2–16）。从微观视角到到宏观尺度呈现要素所突显出的历时性特征为潮汕祠庙建筑遗产的发展脉络树立了清晰的标尺。潮

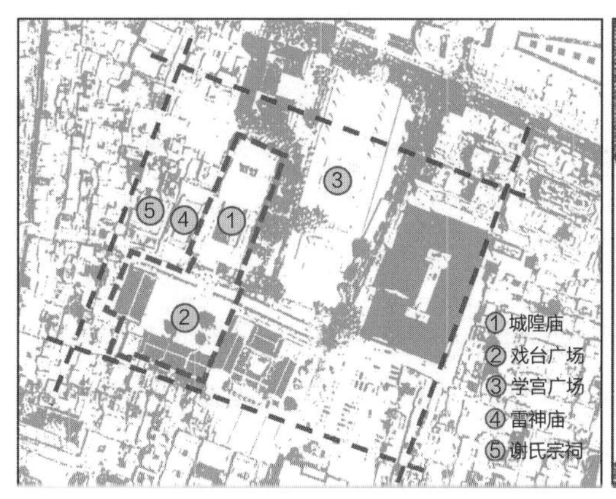


揭阳城隍庙周边环境图

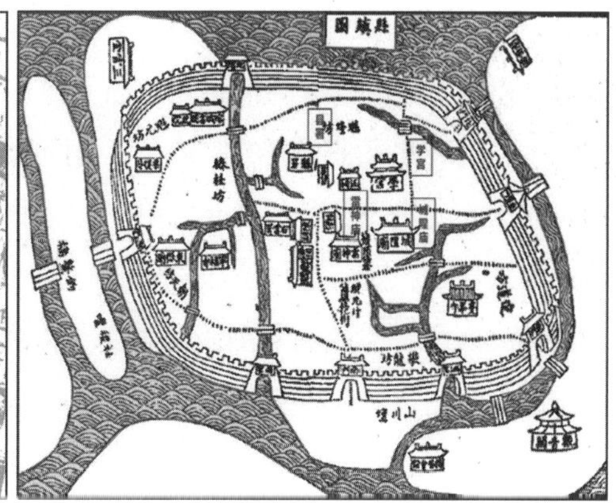

清揭阳县城主要构成要素

三山门

拜亭

偏殿

内庭院

图2-16　揭阳城隍庙及周边环境示意
（图片来源：根据谷歌地图及《揭阳县志》改绘）



汕祠庙从选址布局，建筑形制、建筑装饰等方面体现出对自然地理人文的融合和适应。这种融合不仅体现在建筑技术的创新中，也体现在对日常生活的理解和尊重上。潮汕祠庙的这些特性形成了自身独特的建筑风格，彰显出潮汕建筑艺术的智慧和人文关怀。此外，潮汕祠庙的建筑风格也反映了潮汕文化对中原传统文化的坚守和创新。潮汕祠庙建筑的实体空间是遗产保护的主要关注点，重新审视和研究其中的建造经验与智慧，对于缓解我们今天所面临的诸多人居环境问题具有重要现实意义。

### 2.4.3　衍生价值特征——地方文化的空间叙事

潮汕祠庙建筑是具有记忆性的场所，承载了社区情感、集体记忆和文化精神等衍生价值。它展示了地域空间演变和文化传承的特点。作为承载信仰、祭祀、节庆等一系列仪式活动的公共空间，祠庙在特定的时间和背景下呈现出丰富多样的场景。这些场景中的仪式信息，如空间形态、传统秩序和精神信仰等，都是不同时期传统文化发展演变的历史记录，反映了社会发展过程中潮汕地区的重要文化特征。

潮汕祠庙建筑遗产拥有建筑遗产、文化景观和文化空间的多重属性，呈现出与文化交织的空间维度。这不仅反映了文化遗产所表征“文化身份”，而且以潮汕祠庙为中心构成的文化景观系统，本质上是一种富有叙事性并充满了丰富历史文化信息的“空间文本”。这既是特定历史时期人与地的独特关系的表达，也呈现出人们在不同时代的价值理念，反映出地方社区的情感和记忆。处于潮汕地方语境中的潮汕祠庙建筑遗产是一种与过去、现在和未来相连的实体。联合国教科文组织在“世界记忆项目”中强调了历史记忆在人类生活中的核心作用，并指出记忆对于个人和民族发展的创造具有重要意义，通过深入探索各民族的自然和文化遗产，包括有形和无形遗产，可以找到民族身份认同和灵感的源泉。因此，对潮汕祠庙这一传统记忆场所的时空要素进行理性分析和审视，将有助于我们理解并传承其文化精神。这样做不仅能将潮汕祠庙的传统文化与现代城市生活相互融合，实现和谐共生，同时也对城乡遗产保护的实践具有重要意义。

### 2.4.4 工具价值特征——地方社会的空间协同



潮汕祠庙是传统城乡社区中古老的社庙文化的遗存，它不仅在地方日常生活中占有重要地位，反映出区域差序和社会空间制度，而且作为资源在社会生活中发挥了关键作用。潮汕祠庙承担着社区整合、秩序维护、民众教化等多种功能，这是潮汕祠庙本体价值延伸至社会领域而产生的工具价值。首先，潮汕祠庙与地方社区的形成和发展紧密相关，通过祭拜、巡游、庆典等活动，展现了高度的整合能力，加强了具有认同感的社会空间边界；其次，潮汕祠庙是社区民众社交和人际交往的重要场所，对维持地方秩序起到了重要作用。它承担了社区的一部分管理职能，参与了社区的协调、仲裁等公共事务；最后，潮汕祠庙为相关教化活动提供了空间场所，从空间布局、装饰主题等通过诗词楹联匾额等，重复强调、组合叠加将国家意志、伦理道德、信仰约束、社会良俗融入地方社会日常文化生活。祠庙承载了地方历史文化底蕴和民间信仰文化伦理价值，为树立民间社会良好风俗提供了道德基础与支持。在现代社会条件下，潮汕祠庙的这种工具价值仍在延续，为建设良好人居环境起到促进作用。

## 2.5 本章小结

本章选取70余处潮汕地区祠庙建筑遗产案例作为分析样本，从地域环境、时空层积、系统关联构成的语境中全面认知潮汕祠庙建筑遗产价值的形成。从自然地理、社会历史、人文信仰切入，解析了地域环境对潮汕祠庙建筑发展形成的制约与影响；从时间脉络上梳理了潮汕祠庙建筑的演变历程，从空间视角上展现了其类型与分布，从而归纳总结潮汕祠庙建筑的层积特征，实现了动态发展过程中对潮汕祠庙建筑遗产的时空层积梳理；通过对祠庙在区域、聚落、场地不同规模尺度环境中的系统关联的解析，揭示了潮汕祠庙在城乡社区中存在均衡严密的祭祀结构，在聚落中承担多重空间身份，在城镇文化景观中起到对景观要素的锚固作用；以宏观的区域视野展开历史性与共时性的探析，进而达成潮汕祠庙建筑的价值共识。潮汕祠庙建筑在漫长发展演进中展现了鲜明的文化地域性格，是城乡历史发展变迁的空间见证。这一特性为其本体价值特色定位提供了判断依据；以潮汕祠庙物质空间为依托形成的地方特色文化景观成为了对其衍生价值认知的研究线索；潮汕祠庙的神圣性随着社会现实的变迁不断发生着转移，其社会文化意义在动态中不断被建构，构成了潮汕祠庙遗产工具价值的拓展性认知视角。从本体价值、衍生价值、工具价值三个认知维度凝炼出潮汕祠庙建筑具有地方历史的空间见证、地方文化的空间叙事、地方社会的空间协同三大遗产价值特征，为后续第四章、第五章、第六章的研究提供了指导性方向和重要价值线索，进而展开对潮汕祠庙建筑遗产本体价值、衍生价值、工具价值及具体呈现的深层认知。

# 第二章 潮汕祠庙建筑遗产的本体价值

潮汕祠庙建筑的连续一致性使其成为了潮汕地区地方历史的空间见证，是潮汕祠庙建筑之所以成为遗产的本体价值。潮汕祠庙在发展过程中，不断融入和吸收不同历史阶段的价值观、文化、技术等，以完整的建筑形态展现出城市空间的历史变迁，具有真实性与完整性。祠庙的建造方法、材料选择、结构体系以及装饰风格都与特定文化紧密相连，为所在地区带来了延续性强且独特的历史氛围。潮汕祠庙建筑体现了当地居民对自然条件的深刻认知，为顺应环境特性而做出务实而灵活的选择，通过对潮汕祠庙建筑遗产的空间形态、空间构造、空间装饰阐释，明确认定本体价值特征的物质呈现要素，为后续保护中做出精确有效的决策提供理论支持（图3-1）。

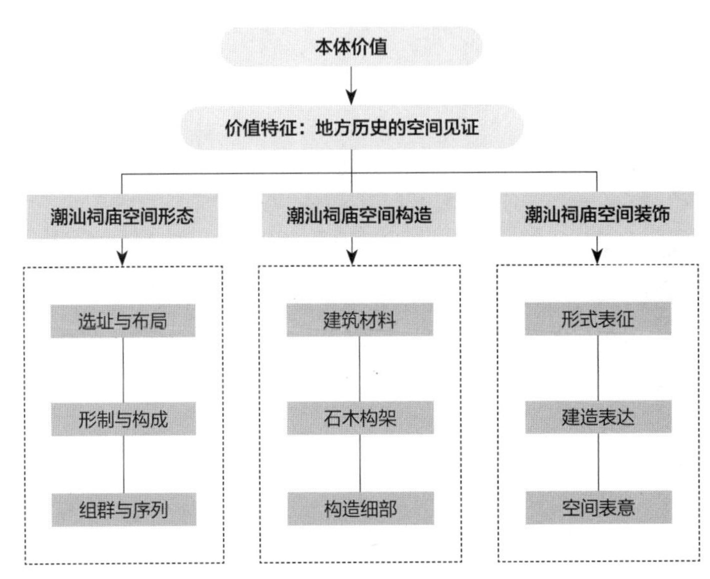


图3-1　潮汕祠庙建筑遗产本体价值要素呈现示意
（图片来源：自绘）

## 3.1 潮汕祠庙空间形态

潮汕祠庙建筑的空间形态在满足实际生活需求的同时，深入地体现了地域环境、信仰伦理、风俗文化以及乡邻情感等地方传统精神。在历史演进过程中，潮汕祠庙建筑不断丰富和扩展对信仰文化和社会关系的理解与呈现，塑造了稳定的建筑空间布局和组织结构。潮汕祠庙建筑的空间形态对环境的精妙适应，展现了当地居民对环境的深度理解和实际而灵活的应对策略。所有这些元素共同构成了潮汕祠庙丰富而多变的空间形态，体现了潮汕祠庙建筑的独特价值。

### 3.1.1 巧于意象的选址与布局

潮汕祠庙的多元价值存在于其与周边环境的抽象关系中。祠庙的选址与布局是山水、交通、信仰文化等环境要素相互作用的结果，共同构成祠庙建筑遗产的价值承载。祠庙作为神圣空间，神灵的存在被认为寓于祠庙空间中。祠庙建筑选址与布局体现了对环境的把握和适宜位置的选择，是祠庙建筑的遗产价值的体现。通过对环境的巧妙适应，以及对地形、地貌、水文等方面的变通利用，潮汕祠庙融入到聚落社区环境中，最终构成了人与神共享的空间，为村落带来神圣的庇护。

#### 3.1.1.1 选址及相关影响因素

潮汕祠庙作为城乡社区中重要的祭祀空间，居于其中的神明是社区的护佑之神，祠庙的营建自然成为了潮汕地方上的大事。无论规模大小，在选址上都极为讲究。祠庙的选址在某种意义上预示着聚落的兴盛与否，与当地民生息息相关。因此，在建造祠庙之初，都需要邀请本地精通风水的人士来察看风水，确定方位，并根据主祀神的神格确定庙宇的规模。关帝庙、城隍庙等大型祠庙作为古代城市的标志性建筑，居于城市中心或邻近衙署为多，与城市规划一同由官方为主导，而广布乡野的村落祠庙则在选址和朝向因地形特点和风水讲究而有多种的选择，一般以山形水系作为主要选址依据，通过对潮汕地区城乡大量祠庙的实地调研分析，潮汕祠庙选址大多位于居住社区外延，与社区关系通常既紧密又保持一定距离，同时受到地理、交通、经济和“风水”等因素影响（图3-2）。

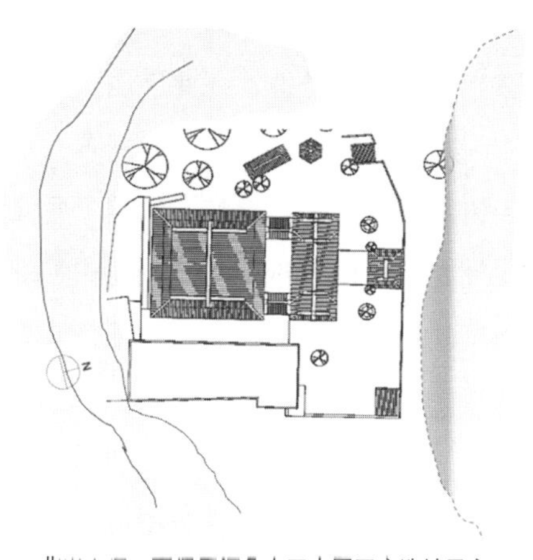

背山面海：南澳后江象山三山国王庙选址示意

南澳后江象山三山国王庙环境实景

图3-2 潮汕祠庙选址及因素影响示例图
（图片来源：自绘）

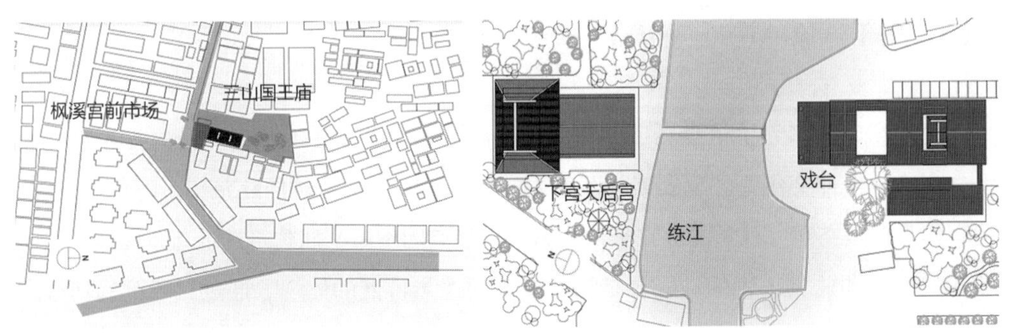


于闹市立庙：潮州枫溪区三山国王庙选址示意　　扼守古水道：汕头潮阳下宫天后宫选址示意

图3-2　潮汕祠庙选址及因素影响示例图（续）
（图片来源：自绘）





（1）地理环境

潮汕祠庙是社区中的公共开放空间，在选址上追求靠山、环水、面屏，取山环水抱之意向，乡村聚落中的潮汕祠庙大多依山傍水，广植树木，周边环境优美，或据山冈而建，或临水而立，山水人文相得益彰，满足人们日常拜祭、休憩、交往等公共活动需求，如南澳岛的关帝庙和城隍庙等，建筑群依地势层层向上抬高，俯瞰山下聚落，成为村落中优美的景观节点。

（2）水陆交通

潮汕地区的交通方式受到负山带海的自然地理环境影响，祠庙与航运交通息息相关，在滨海地区，立庙于港口码头是常见的祠庙选址方式之一，如汕头澄海樟林天后圣母宫、山海雄镇庙等皆为此类（图3-3）。如南澳岛后江象山三山国王庙的选址，就是充分考虑多方面因素的结果。庙宇位于后江渔港，始建于南宋德佑年代。南澳渔民从揭阳霖田祖庙请香火至南澳。至今已有七百余年历史，见证了南澳后江的历史发展。早在新石器时代象山就有先民栖居，周围被海水包围被当地人视为圣地，在此立庙，“显灵”的传说屡屡不绝，因而象山三山国王又被称为“屿心公”。后江象山国王庙背靠八千多年历史的新石器文化遗址，三面临海，与四百多年树龄的古榕相互辉映，雄踞于后江湾要冲，尽揽山海之胜，护佑官船民渡商旅舟楫。此外，祠庙位于村落陆路交通的关键节点，如村落的出入口，与门楼共同构成村口景观，反映了祠庙与陆地交通的结合方式。

（3）经济

潮汕地区自古重视商贸活动，经济的繁盛加强了祠庙与市场的联系。早期祠庙周围的经济活动逐渐演化成了“庙旁立市”的建筑布局，祠庙成为市场的重要组成部分，参与市场内部事务处理，与市场的关系也更为紧密，转变为以庙为中心的模式。例如枫溪三山国王庙、南澳前江天后宫都建于市场中。此外，经济发展促使村落城镇化，在市镇中，祠庙作为一定层级的区域中心，其选址既具有节点的功能，也具有分界的意义。

**图3-3　汕头澄海樟林天后圣母宫、山海雄镇庙与樟林古港关系示意**
**（图片来源：根据谷歌地图改绘）**



（4）“风水”

祠庙选址往往需风水师的参与，审“势”观“气”，这是选址的必要步骤。祠庙的兴建通常是为了满足风水需求，实现“趋利避害”的目的。一般采用厌胜、补缺、象形等手法，综合考虑山脉、地势和水流的位置和走向，规划祠庙的选址、朝向、神祇供奉，以祈求文运昌盛、财气聚集、驱邪遏恶等愿望。例如，汕头澄海樟林火帝庙的选址就是风水的需求。在清代，繁忙且密集的樟林八街常受火灾之扰，一旦火情发生，局面难以控制。因此，他主张在此地建立一座供奉火帝爷的庙宇。于是，在次年，樟林居民在长发街北端的河沟区域建成了火帝庙[1]。

---

① 出自黄光舜. 闲堂杂录. 1996年铅印本卷。

（5）神灵的品格

神灵品格是指神灵的属性和智能，它对祠庙选址、方位等有与之相匹配的要求。对于具有显著特点的神祇，这种影响表现得更为明显。神格高的神明祠庙等级相应更高且正南座向，殿宇配置齐全，空间更为高敞。譬如关帝、城隍等神祇的祠庙秩序严整，规模较大，布置于城市东北方位，海神天后的祠庙则多被布置在村落的水口处或者面向河道海洋的埠头处。

此外，神明显圣也对祠庙的选址起重要的作用。双忠行祠的选址则是与神明显圣相关的。宋熙宁年间（1068年～1077年）潮州府派军校钟英带贡物入朝，道经睢阳双忠庙，因景仰张许之烈，入庙斋拜，乞赐灵佑。当夜梦得神告，庙殿后匮中有十二神像及一把铜锟，赐予带回，并称潮阳东山东岳庙左佛寺之后有大石屹立之地可以建祠祀之。钟英归途至双忠庙时，即到梦里神所指之处的寝殿中，果然寻得十二尊铜像和二支铜银。他虔诚装运至潮阳，置放于东山的东岳庙左。不久，钟英“立化”去世[①]。自此，见祠上空有玄旗双出，东岳庙左旁寺僧，惊怪不安，就移避之，以寺立庙奉祀。事闻于朝，遂敕封为二公王爵，乃令移寺建庙，祀张巡许远，并赐庙额为“威灵庙”，封张许为双忠圣王：张巡为忠靖福济昭圣灵佑王，许远为善利威济卫圣孚应王，钟英也被追封为“嘉佑侯”，建专祠于庙内东侧并祀[②]。




### 3.1.1.2 祠庙布局模式

潮汕祠庙作为地方社区的公共信仰空间，其独特之处在于它与社区自然环境、交通及社会经济等紧密相连。这种紧密关系使祠庙成为社区空间向外拓展的一部分，成为社区与外部互动联系的枢纽。潮汕城乡聚落中祠庙空间布局模式可从片区位置的不同来进行分析，通常呈现出祠庙在社区居住片区外和祠庙在居住片区内两类布局模式。

祠庙位于社区居住片区之外，象征着社区的边界，成为社区外部或社区之间的边界节点。祠庙的布局与社区的交通联系密不可分，常常位于社区边缘挨近出入口处，形成交通节点，如汕头澄海冠山古庙（图3-4）。该古庙位于汕头市澄海区冠山脚下。冠山是澄海古八景之一的冠山环翠。澄海县志中称赞其峰壑幽邃、草树荣敷[③]。冠山融合了佛道儒信仰，建有冠山古庙、关帝庙、天后宫等多个祭拜场所，形成祭祀建筑群，共同守护社区边界。或位于航运码头，与码头、市场形成中心节点。在以祠堂为核心的城乡社区布局中，祠堂建筑占据了主导社区结构的核心位置，而祠庙建筑则位于门楼以外的社区边缘区域，远离居住区，并肩负守护村落的职能。这种空间模式常见于宗族文化高

① 出自（明）林大春. 潮阳县志. 明隆庆六年刻本。
② 饶宗颐. 潮州志汇编［M］. 台北：龙门书店，1965.
③（清）李书吉. 澄海县志［M］. 上海：上海书店出版社，2003.

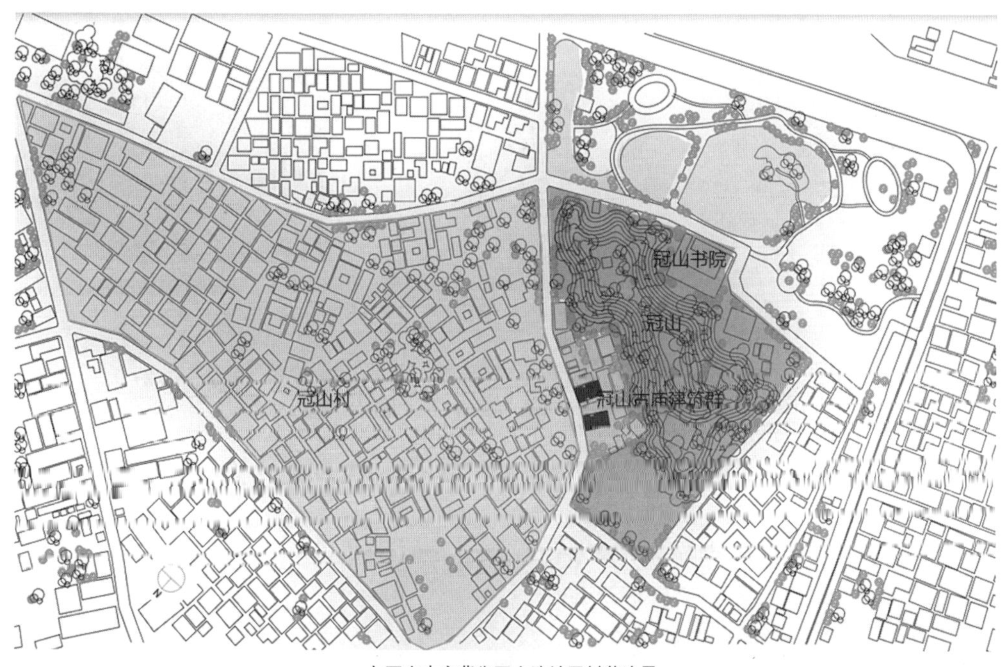


a）冠山古庙背靠冠山选址于村落边界

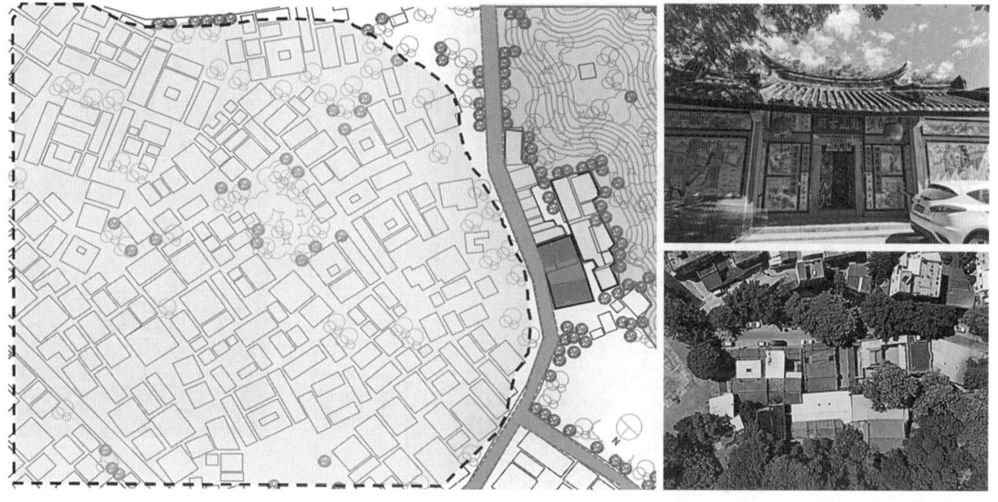

b）冠山古庙、关帝庙、天后宫等形成祭祀群，守护村落边界

图3-4　选址于社区之外：汕头澄海冠山古庙布局示意
（图片来源：自绘）

度发展、密集式布局的同姓聚集社区，是村中宗权—神权关系的反映。数量多、规模大的祠堂空间涵盖了各种地方生活综合功能，如祭祀、集会、文化、景观、经济和社会组织等，这些多功能性强调了祠堂在当地社区中的重要地位，而祠庙的功能主要强调对于聚落的防卫或边界的界定。如揭阳惠来堡内古寨的关帝庙、感天大帝庙，选址于古寨北面且挨近寨堡北门，对古寨形成防卫之势，堡内的祠堂则处于中心位置（图3-5）。

但也有特别的案例，祠堂与祠庙共处同一个建筑群组中。如惠来赤山古院。赤山

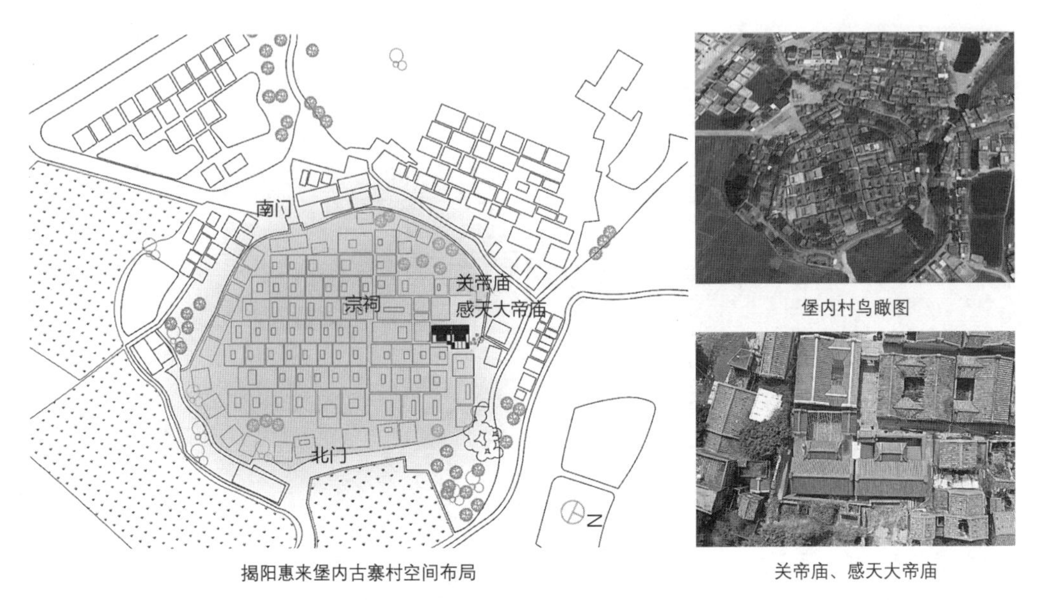


图3-5　选址于社区之内：堡内关帝庙布局示意图
（图片来源：自绘）

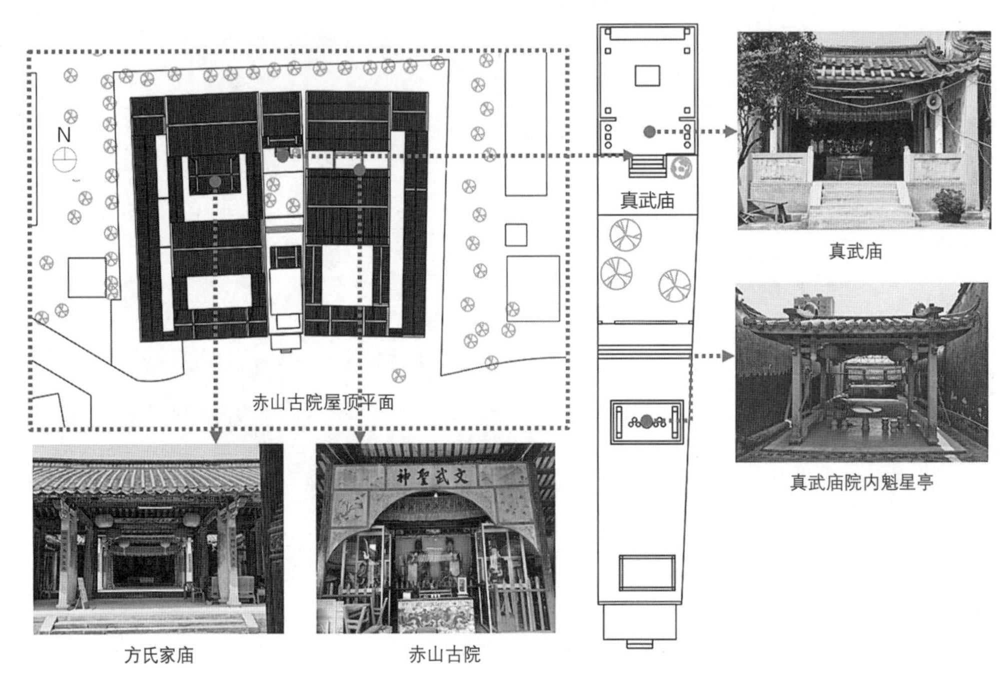


图3-6　家庙与祠庙共构的祭祀空间——赤山古院平面布局示意
（图片来源：自绘）

古院位于广东惠来县华湖镇东福村，立于繁忙的南环一路边，始建于1342年，1553年重建。由赤山古院、真武庙、方氏家庙及厝包组成，2012年成为县级文物保护单位，2015年被批准为广东省文物保护单位（图3-6）。整个建筑群坐北朝南，赤山古院部分三开间三进，供奉有文武圣神，真武庙则为三开间二进，供奉毛仙师公，院内建有魁星亭。

方氏家庙作为祠堂，三开间四进规模，气势恢宏。自元代以来，已有600多年历史，仍保留有元、明、清时期的香炉、碑记和石构件等珍贵文物。

祠庙位于社区的居住区内，一般有两种不同的空间布局模式。一种情况祠庙与祠堂共同存在，并没有明确的主次关系，共同组成了社区的祭祀核心和公共中心空间。这种布局模式通常出现在规模较小、较晚发展的同姓家族村落中。这一特点反映了这些村落对于祭祀和公共活动空间的需求，以及对于家族和社区凝聚力的重视。通过将祠庙和祠堂紧密结合，这些村落成功地平衡了宗族文化、信仰和社区生活的多重功能。祭祀区位于居住区旁边，居住区与祭祀区相互独立。另一种空间模式是以祠庙为中心形成的重要公共空间，多出现在拥有成熟祠庙系统的多姓聚居村落中，或是整合了多个村落拥有共同祭祀圈的区域中。在这种模式中，祠庙建筑往往历史悠久，在社区公共空间与公共生活中占据主导地位，是村落或区域内核心公共空间。

### 3.1.1.3　祠庙布局特点

潮汕三面环山、一面临海，山地-丘陵-滨海的地理环境格局，在潮汕、客家文化的综合影响下，随自然与社会环境变迁，形成了相对稳定、多样化特征的城乡空间形态。从社区的空间形态和祠庙关系呈现的布局模式，进一步探讨潮汕祠庙的布局特点。

（1）聚落边界外布局，与村入口、水口形成节点

在规整的梳式布局村落中，祠庙一般位于村落的边缘地带或主入口处，控制着村落的交通要道，昭示着村落的边界，与门楼、桥头等一起构成村落入口空间。在村口处或水口处，通常结合溪流、道路设置祠庙，与村口大榕树共同构成村口景观空间。如汕头澄海莲下镇渡亭村的渡亭古庙、关帝祠、福德祠位于村入口处，组成该村祭祀系统，共同成为村落公共活动中心（图3-7）。

图3-7　汕头澄海莲下镇渡亭村入口处祭祀节点分析图
（图片来源：自绘）

（2）临河海扼守水上交通节点

由于潮汕地区海岸线绵长，岛屿多，有些村落靠近大型水道或海洋而建立。尽管水上交通为这些村落带来便利，但也伴随着洪涝风险。因此，这些聚落通常与水道保持适

当的距离，布局相对较为松散。祠庙建筑往往面向水道或海洋边的码头，与航道和码头形成紧密联系，从而在很大程度上控制着村落的水上交通要道。这样的布局策略不仅保证了村落居民的安全，还充分利用了水上交通带来的便利，进一步促进了村落的经济和文化交流。

例如潮阳下宫天后古庙，位于潮阳区和平镇下寨大东门社的练江边下宫古渡口。始建于南宋，是明朝隆庆《潮阳县志》[①]有记载的两座妈祖庙之一，现为潮阳区镇级文物保护单位。福建进士高南平将湄洲祖庙妈祖香火带至此地，乡人遂建庙祀。在清朝乾隆时期，庙宇规模扩大，拥有三厅两天井。庙宇保留着清代特色，大门的屋脊上瓷雕双龙生动地守护着宝物。庙前的匾额可以追溯到1754年。大门两侧的龙虎门匾上分别刻有“辉练”和“映林”，象征妈祖的祥光照亮了练江和柑莲树。一棵乾隆时期的古榕树为庙宇增添了韵味。庙前的练江水流湍急，船只络绎不绝。早晨，太阳从江面升起，金光闪闪，这美景让人陶醉。遇到台风和暴雨，江水猛涨，船只纷纷进入内港躲避风暴。夜晚，古庙灯火通明，使人联想到妈祖的庇佑，给船夫们增添了安全感。过去，庙前有一个渡口，古榕树的绿荫延伸至江边，为乡民提供了遮阳避雨的好地方。尽管庙宇靠近江边，但当地地理条件独特，地下存在特殊的蚝斗壳，因此遇到洪水也不会受灾，1969年的一场强台风洪水淹到庙门，随后便退去，展现了选址的智慧（图3-8）。





潮州古城东门天后宫也属于此类，始建于元，最初兴建时位于潮州城堤外，东临韩江，是潮州城的门户之一，据清乾隆年间所修《潮州府志.祭典》载：“天妃庙在东门内

图3-8　潮阳下宫天后古庙与练江古渡口关系示意图
（图片来源：自绘）

① 出自（明）林大春．潮阳县志．明隆庆六年刻本。

凡乡人有祷辄应，航海者奉之尤虔。”[①]明清时，潮州城东墙向外扩展，天后宫也随之位于城墙内部。天后宫所在的生融坊依靠韩江水运，以航运为生，居民对妈祖有着极强的崇拜心理。随着潮州城墙修筑及街道拓展，天后宫周边城市空间持续变迁。如今韩江航运不再是主要交通方式，东门天后宫仍然被视为潮州古城发展的见证，成为当地居民共同珍视的城市记忆（图3-9）。

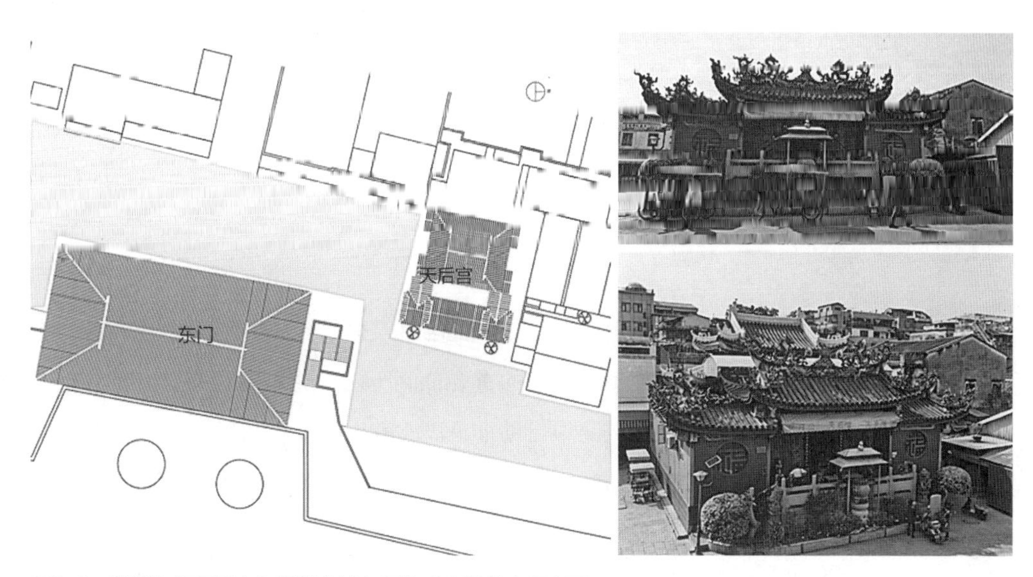


图3-9　潮州东门天后宫与潮州古城东门构成交通节点示意图
（图片来源：自绘）

（3）位于街道交通节点处，与市场关系紧密。

在城镇化的村落中，街道与祠庙的空间布局紧密关联。祠庙通常位于街道的交通节点，例如街道的入口、拐角处和交叉点，也可以视为组团之间的边界节点。如南澳宫前天后宫。位于主要街道上的祠庙一般是村落层级的祭祀空间，规模较大。如潮州枫溪三山国王庙，建于明崇祯十一年（1638年），立庙于潮州市枫溪区洲园宫前市场，潮州市文物保护单位。清前期及1997年二次重修，建筑坐东向西偏北，三进格局。装饰以木雕、嵌瓷、彩画为主。该庙始建时门匾“山国枫芢”及柱联“枫老山门古，溪源国泽长”，为明万历枫溪进士、书法家吴殿邦书。清代重修时将门匾及残留“国泽长”三字的残柱一段保存，嵌于门墙后侧，具有较高历史艺术价值（图3-10）。

① （清）周硕勋. 乾隆 潮州府志［M］. 上海：上海书店出版社，2003.

澳前天后宫位于街道拐角处形成市场　　枫溪三山国王庙位于街道旁

图3-10　祠庙与街道交通节点示意
（图片来源：自摄）



### 3.1.2　凸显威严的形制与构成

潮汕祠庙形制是融合了宫室制度与潮汕传统民居特点而呈现出的独特平面形制，蕴含了多元信仰文化与地域文化，是潮汕祠庙的重要价值所在。潮汕祠庙神圣空间是神灵的居所，地方民众渴求在潮汕祠庙空间中借助神灵以改变人生及生活境遇，因而潮汕祠庙之于潮汕地方民众而言，成为了借助神灵的力量赋予人类以完善现世生活的一种方式。作为祭祀神明的神圣空间，潮汕祠庙积极回应地方各种祭祀仪式活动之需，从而产生了相应的空间形式和特定空间氛围的营造，最终形成了潮汕祠庙建筑特定的形制。

#### 3.1.2.1　潮汕祠庙形制

潮汕祠庙建筑形制源于北方官式建筑形制，一般采用前朝后寝的宫室制度。以门-堂-寝为中心，辅以廊、庑、厢房等，通过门、墙、庭院等实现空间的联通分隔。潮汕祠庙的主神大多皆受王朝敕封，故而采用此形制合乎情理。在潮汕地区，如城隍庙、关帝庙和天后宫等官祀祠庙基本遵循官式建筑的形制和特征（图3-11）。这些建筑通常按照礼制制度布局，包括门-堂-寝组织、仪门制度以及构架特点等。这些官祀祠庙的设计采用中轴线贯穿，左右对称，前低后高的布局，主要建筑都位于中轴线上，在清代，寝殿常被替换成“夫人殿”。例如揭阳城隍庙的寝殿就是“夫人厅”，霖田三山国王庙于寝殿为三位夫人设置了夫人殿，这一变化反映了当时的社会风俗和信仰观念的变化。尽管如此，这些官祀祠庙仍然保持了官式建筑的基本特征，成为了潮汕地区具有代表性的祠庙建筑具有极高的历史和艺术价值，同时也是研究潮汕地区人文信仰和社会历史的重要场所。在普通民间祠庙中，它们在模仿官祀祠庙的过程中，受到社会生活、村落形态和传统民居形制等多方面因素的影响。为适应不同的功能需求，这些祠庙逐渐形成了自身独特的空间格局。这些民间祠庙在保留官式建筑特征的基础上，更加强调地域特色和

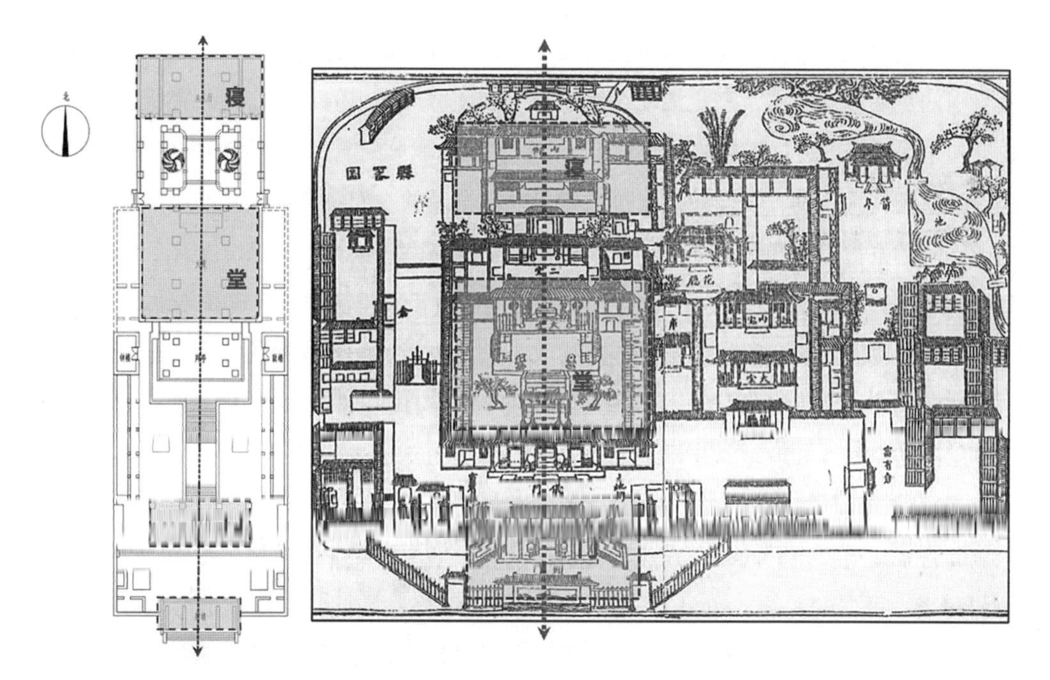


**图3-11　揭阳城隍庙形制与衙署形制对比示意图**
**（图片来源：自绘）**



民间信仰元素的融合。普通民间祠庙不仅成为了当地村落的信仰文化中心，同时也体现了潮汕地区祠庙建筑的多样性与独特性。

潮汕祠庙建筑作为对特定神灵表达尊崇和纪念的物质空间，同时也是进行祭祀仪式活动的具体场所。因此，祭祀的相关制度决定和影响了祠庙建筑形制的最终形成，融入了信仰者世代生活的切身体验。潮汕祠庙前朝后寝的建筑形制，是与专享配祀的祭祀制度相统一的。所谓专享，指祠庙专门为主祀神设立，主神位居的正殿是整个建筑组群的重点和中心，处于中轴线上，规格等级位置都高于其他建筑。以此体现出对主神的专享，其他建筑则均需低于正殿等级，服务于正殿。空间序列均需根据主神神格进行配套设置，以凸显对主神的尊崇；所谓配祀，即指陪祀系统包括配位与从祀，祠庙建筑内其他神灵都作为主神的配位与从祀神存在。配位在主神旁配享与主神共一室，祭配享之位，不单独祭祀。从祀则另于两庑祭祀，需单独分献的附属祭祀系统，从祀神的殿堂均不位于组群中轴线上，通常位于正殿左右的两廊中，或单独设殿供奉。从所处的空间位置而言，配享在地位上要尊于从祀①，有时配位与从祀在称呼上亦通用。这种专享配祀的

① 从祀神又可分为配偶、配祀、挟祀、分身、隶祀等。配偶神为主神之配偶，如城隍夫人、王爷夫人、土地婆等；配祀是与主神有特定关系之属神，如城隍的文武判官，妈祖的千里眼、顺风耳等；挟祀只供于主神两侧的侍神，如观音大士的善才、龙女，王爷神的剑童、印童等；分身则是同一主神的数尊神像，如台湾的妈祖有大妈、二妈、镇殿妈、进香妈等分身；隶祀则是指不同主神所共有的属神，如寺庙的门神、护法等。父母神为主神之父母，如有些妈祖庙后祀有妈祖之父母。同祀神的神祇与主神并无宗教上从属或其他关系，其神格地位可以与主神相当或是更高者，如主神为妈祖的庙宇一般同祀观音佛祖、玉皇大帝；主神为观音佛祖则同祀释迦佛祖、妈祖等。参见：谢宗荣．寺庙的类型与祀神［J］．台湾工艺．2001（4）：64-76.

祭祀礼法制度成为决定祠庙建筑组群布局形制的关键因素。这一制度强调了祠庙在地方社会中的重要地位，以及祭祀活动在维系家族和族群关系中的核心作用。在祠庙建筑的设计和布局过程中，这一礼法制度对于空间组织和功能分配起到了重要的指导作用。①遵循这一祭祀礼法制度，祠庙建筑组群通常呈现出严谨的空间布局和丰富的层次结构，以满足不同的祭祀需求和活动场景。这一特点使得祠庙建筑成为当地宗族文化、传统礼仪和社会关系的重要承载者，同时也体现了潮汕地区对于祭祀活动的尊重和传承。

此外，祠庙建筑空间组织形式与规模大小关系密切。随着规模的扩大，祠庙的殿堂数量和空间布局变得更为繁复。一些大型祠庙不仅设有前殿后宅，而且正殿前往往设有较多层次的空间，相应地，正殿后的寝宫也变得更为复杂。城隍庙、关帝庙和天后宫等祠庙因其祭祀神明屡受官方加封，其建筑形制等级相对较高，在建筑空间组织上体现出明显的官式建筑特点，同时，在建造过程中又因大多由民间工匠建造，受到资金、建造技艺和当地民居的影响，也具有浓郁的地域特色风格。因此，在潮汕地区同一个祠庙内，官方建筑风格和民间建筑特点常常共存，尽管其建筑形制受到了中国传统礼制建筑的影响，但并未受其限制，反而两相结合，体现出了正统性与地域性的有机统一。

### 3.1.2.2 潮汕祠庙形制构成要素

潮汕祠庙通常由包含单体建筑及构筑物的建筑要素以及周围环境要素共同组成，建筑单体及构筑物一般有牌楼、头门、钟楼、鼓楼、拜亭、正殿、寝殿、侧殿、戏台等，丰富了潮汕祠庙的空间格局（图3-12）。其中主要建筑为正殿、寝殿、侧殿等，环境要素包括庭院、放生池、龙虎井、旗杆石、化宝炉、石狮子等。

（1）**牌楼**：牌楼的主要功能在于祠庙内外边界的划定，通常出现在中大型规模祠庙中。作为具有标志性的入口建筑，牌楼明确了祠庙内外空间的界限，并具有装饰及彰显威严之意。牌楼是界定空间的起始点，具有丰富场景、强化层次、烘托气氛等作用。通过牌楼匾额的题名题词颂扬功德等，强化了牌楼的精神功能和文化内涵。如揭阳城隍

| 牌楼 | 钟楼 | 鼓楼 | 拜亭 | 正殿 | 寝殿 | 侧殿 | 戏台 |
|---|---|---|---|---|---|---|---|
|  |  |  |  |  |  |  |  |
| 揭阳城隍庙 | 揭阳城隍庙 | 揭阳城隍庙 | 潮州青龙古庙 | 深澳城隍庙 | 揭阳城隍庙 | 霖田祖庙<br>木坑公殿 | 榕城武庙 |

图3-12　潮汕祠庙建筑要素构成示意图
（图片来源：自绘）

① 郭华瞻. 民俗学视野下的祠庙建筑研究［D］. 天津：天津大学，2011.

庙、霖田祖庙的牌楼为三开间四柱牌楼。

（2）头门：潮汕地区的祠庙常有三开间的前殿建筑，是祠庙的第一道门面，也称为山门，用于界定祠庙范围，是整个建筑群的规模和等级的重要标志。根据等级从高到低可分为敞楹式、凹门斗式、挑檐式，装饰华丽，仅次于正殿等级的形式[①]。敞楹式头门由前檐立柱承重形成，是主要常见形式，一般的祠庙多用此类。凹门斗式则为心间向内凹进、两侧为次间墙体，主要适用于中小型祠庙。

头门的外观造型代表着祠庙建筑的整体形象，作为祠庙建筑外观中的脸面，头门通常是祠庙建筑造型的重点。头门建筑立面整体呈三段式形态，大多采用门堂式，以檐柱承重，上承屋顶下接塾台。因此最外层立面从上至下由屋顶、檐柱、塾台三段组成，祠庙头门的立面檐柱一般为雕刻精美的石龙柱，是潮汕祠庙的象征要素，塾台一般为须弥座形式，较为低矮，多为石材贴面，很少有雕刻纹饰，显得十分沉稳（图3-13）。

（3）拜亭：拜亭是为了方便祭祀而设置的，通常位于正殿前面做为信众上香或行礼拜之所，由于潮汕地区夏季炎热多风雨，传统建筑单元纵向空间无法满足祭祀连续性

青龙古庙头门

前江天后宫敞楹门

前江武帝庙凹斗门

图3-13 潮汕祠庙头门类型示意
（图片来源：自绘）

① 王永志，唐孝祥. 论闽、粤、台庙宇布局及屋顶形式［J］. 中国名城，2012（11）：66-72.

的需要。拜亭紧邻大殿建造，保证了祭祀空间的长度和祭拜时的舒适度，极具地域特色。拜亭空间开敞，有的四–六柱与屋顶独立位于正殿前面，有的则仅立两柱而屋顶与正殿相连。也有单开间的祠庙前加设拜亭，以方便祭拜。拜亭与正殿二者体量结合，使得居中的祭祀空间建筑显得更为壮观，符合居中为尊的需要（图3–14）。

拜亭作为连结厅堂与天井空间的重要元素，对建筑的热环境和舒适度产生显著影响。它通过调节形状和规模，有效地控制了祠庙建筑受到的太阳辐射程度和通风效果，从而改善了微气候。因此，拜亭可以被看作是关键的气候调控因素。在小型祠庙中，拜亭覆盖天井，可减少室内太阳热辐射，同时在纵向上能增强拔风效果，可改善周围环境的热舒适度[①]（图3–15）。这体现了潮汕祠庙在气候适应上的自我调节智慧，具有科学价值。

（4）正殿：正殿是建筑群中最重要的核心空间，是神明的居所。神明接见信众的地方，概念上就等同官衙的公堂。享堂是整个祠堂建筑中最为通透开敞的空间，通常采用岭南传统民居建筑中“敞厅”的形式，三开间的正殿前檐通常开敞与拜亭相接，或面向天井

| 拜亭类型 | T字型 | 一字型 | 工字型 | 口字型 |
| --- | --- | --- | --- | --- |
| 图示 |  | |  | |
| 拜亭覆盖率 | 小于等于30% | 30%～45% | 45%～70% | 70%以上 |

图3–14　拜亭类型示意
（图片来源：相关资料[①]改绘）

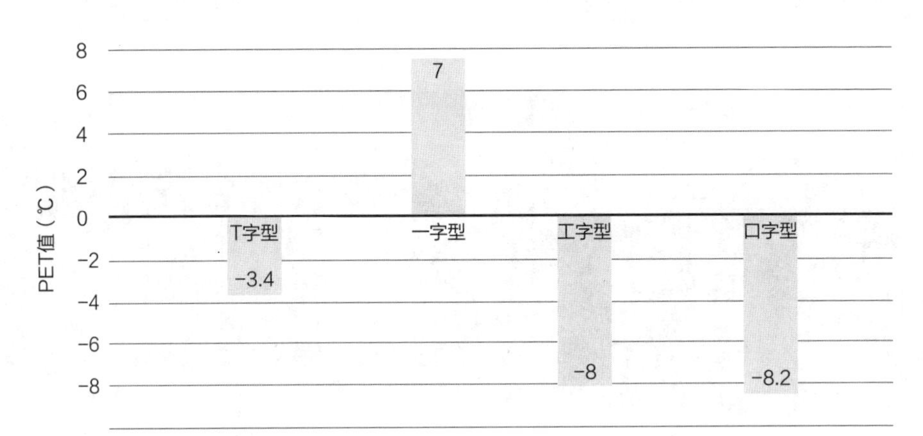


图3–15　各类拜亭对庭院舒适度改善对比示意
（图片来源：相关资料[①]改绘）

① 郑志校. 基于气候适应性的岭南传统建筑中拜亭与院落空间的尺度研究［D］. 广州：华南理工大学，2019.

与之直接相通，以檐柱限定前檐空间，一般不设侧室，在明间后金柱处设置挡中以悬挂牌匾、阻隔视线，后檐处有取消檐柱以护角石代替者，并在两侧的次间后檐砌筑墙壁。

（5）**寝殿：**后殿通常位于祠庙的正殿后方，代表着神明的寝室，供奉着从祀神、同祀神或父母神等。它常被主殿遮挡而不易察觉，与厢房相连，或被用作其他神祇的供奉或办公场所。后殿的形式通常为单檐歇山或硬山，寝堂则以开敞的形式为主，前檐不设门窗，向后天井开放，通过天井和敞厅的通风降温。在城隍庙中，后殿常被用作夫人殿，空间装饰上相较于正殿氛围而言，较为平易近人。

（6）**侧殿：**侧殿通常不位于主殿的中轴线上，而是与两侧护廊垂直或平行排列。侧殿一般供奉次要的神祇，也称配殿，或用作接待香客、办公或储藏之用，规模和形制低于正殿，主要采用单檐建筑形式。

（7）**钟、鼓楼：**钟鼓是祠庙中必备之物，一般设于正殿前，左钟右鼓，或修建独立的钟鼓楼。钟鼓楼常置于正殿前轴线两侧，与护廊或侧殿形成的连接，起到强化中轴，拱卫正殿的效果。

（8）**戏台：**祠庙营建的戏台专门用于演戏酬神，一般戏台位于中轴线上，位于祠庙的开阔处。由于潮汕地区用地紧张，现存祠庙中鲜有内设戏台，通常设于三山门内外。如三饶城隍庙的戏台在三山门后，正对拜亭，而揭阳关帝庙戏台则设于三山门外与之相对。戏台的设置要保证主神的视线能看到戏台上的表演。南澳岛武帝庙前的戏台建于明万历七年，是古老戏台的遗迹。原本左右两侧和后方设有三面墙壁，后方墙壁上开有大圆窗，通过垂下幕布，可将其分为前台和后台。一般的普通祠庙仅在特定的时节，临时搭台演戏酬神，完毕随即拆除。

除上述建筑外，潮汕祠庙设有庙埕、庭院及化宝炉、放生池、旗杆石、石狮子、龙虎井等其他构筑物，化宝炉有的建造成塔状，多数建造成葫芦状，顶端开口做为烟囱，兼具排烟透气之功能。这些环境要素和祠庙建筑群共同构成整个祠庙的环境格局，是祠庙建筑信仰场所氛围营造不可忽视的一部分（图3-16）。

| 庙埕 | 放生池 | 旗杆石 | 石狮子 | 化宝炉 |
|---|---|---|---|---|
|  |  |  |  |  |
| 深澳天后宫 | 霖田祖庙 | 霖田祖庙 | 深澳天后宫 | 枫溪三山国王庙 |

图3-16　潮汕祠庙环境构成要素示意图
（图片来源：自绘）

### 3.1.3 谨守秩序的组群与序列

潮汕祠庙具有秩序逻辑的内因是其秩序理念的内化，是构成神圣空间的一种存在方式，首先将空间秩序化，进而投射到整个现实世界。潮汕祠庙将官方礼制与地方对神灵的尊崇两套不同的价值观融为一体，通过具象的组群空间排列映射为人类的生活秩序。不论祠庙的大小和规格，潮汕祠庙都贯穿谨守着这一秩序逻辑。

#### 3.1.3.1 潮汕祠庙的范型

潮汕地区的祠庙广泛存在着各种差异。从现存的文献、碑铭等文献资料，结合对潮汕地区不同规模祠庙的实地踏勘，可发现潮汕祠庙存在着两种以殿为核心的基本范型：单开间单进与三开间两进，并根据实际情况需求呈横向或纵深方向谋求空间发展（图3-17）。

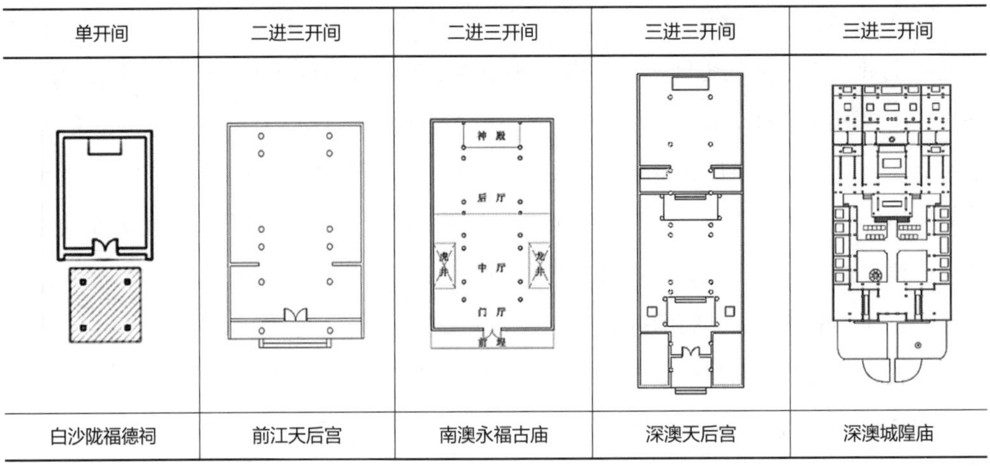

| 单开间 | 二进三开间 | 二进三开间 | 三进三开间 | 三进三开间 |
|---|---|---|---|---|
| | | | | |
| 白沙陇福德祠 | 前江天后宫 | 南澳永福古庙 | 深澳天后宫 | 深澳城隍庙 |

图3-17 潮汕祠庙范型示例
（图片来源：自绘）

单开间的祠庙，也称单殿[①]，仅设一间殿堂，供奉神明神位，是祠庙的基本原型，在潮汕地区的乡村、郊区与城镇中分布普遍。它的规模较小、室内空间较为逼仄，基本满足祠庙中对于神灵祭祀的空间需求。单殿祠庙以砖墙承重，造价经济，是潮汕地区城乡常见的祠庙类型之一，如福德祠、伯公庙、土地庙等大多属于此类，这种小型庙宇空间不大，有的甚至仅够安置神像，故常于殿外设拜亭以增加祭拜空间。

三开间两进祠庙空间比单间祠庙大得多，广泛分布于潮汕地区。三开间两进祠庙单

① 李乾朗．台湾的庙宇建筑屋顶型态之类型发展及结构［J］．房屋市场，1981（98）：78-83.

体建筑内部以两榀木构架承托厅堂的屋顶，前进浅，后进深，前进一步设廊下空间，后进左右护殿设前墙上安通花窗，成为半暗的偏殿，后三殿均设神座神龛。满足地方生活中神灵祭祀、处理公共事务等公共活动的空间需求。通过三开间两进范型单体或纵向增加进深，或横向拓展等灵活组合，使得潮汕祠庙建筑呈现出异彩纷呈的平面空间格局，灵活适应由信仰文化与世俗生活融合而带来的需求。在潮汕地区，三开间三进的祠庙形式借鉴潮汕传统民居三座落而形成，由于院内无天井，故当地又称为“三座落阴”①（图3–18）。

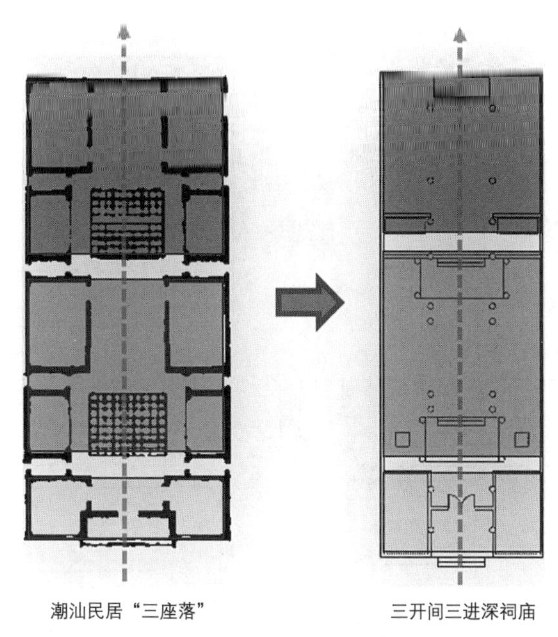


**图3–18　潮汕民居与祠庙形态关系示意图**
**（图片来源：自绘，底图来源于《广东民居》）**

这类祠庙通常是从较小的祠庙发展，当地工匠根据当地的地形和环境条件采用因地制宜的方法进行建造。在原有的神位基础上，沿着中轴线向前扩建，形成连续的三座屋顶建筑。前后二进，深度较大，中厅为拜亭，两边靠墙设“龙虎井”以采光，以左龙、右虎方位命名，一般以嵌瓷或半浮雕形式画龙虎形于墙上，与民居相比较，中厅未设大的天井，光线晦暗，故俗称“阴座”，这既是考虑当地炎热多雨气候下的祭祀活动，同时也是塑造祠庙神圣空间威严庄肃氛围的需求，在长期的发展过程中逐渐成为了潮汕中大规模祠庙的普遍范型。如汕头蓬洲所城城隍庙、揭阳榕城北极古庙等均属于此范型。

① 郑红. 潮州传统建筑木构彩画研究［D］. 广州：华南理工大学，2012.

### 3.1.3.2 潮汕祠庙的组合形式

《说文》:“堂，殿也”。《释名》:“堂，犹堂堂高显貌也，殿殿鄂也”。为不断适应社会历史文化的需求，潮汕祠庙的尺度、规模、功能等围绕核心空间——殿发生变化，以门-堂-寝的形制为基础，通过单开间一进与三开间两进两种基本范型的灵活组合，各个构成元素以及各元素之间的组织方式也随之变化，拓扑形成了形态各异、空间变化丰富的潮汕祠庙。潮汕地区的一般村庙、境庙、官庙充分展现了这种灵活多变的组合形式（图3-19）。

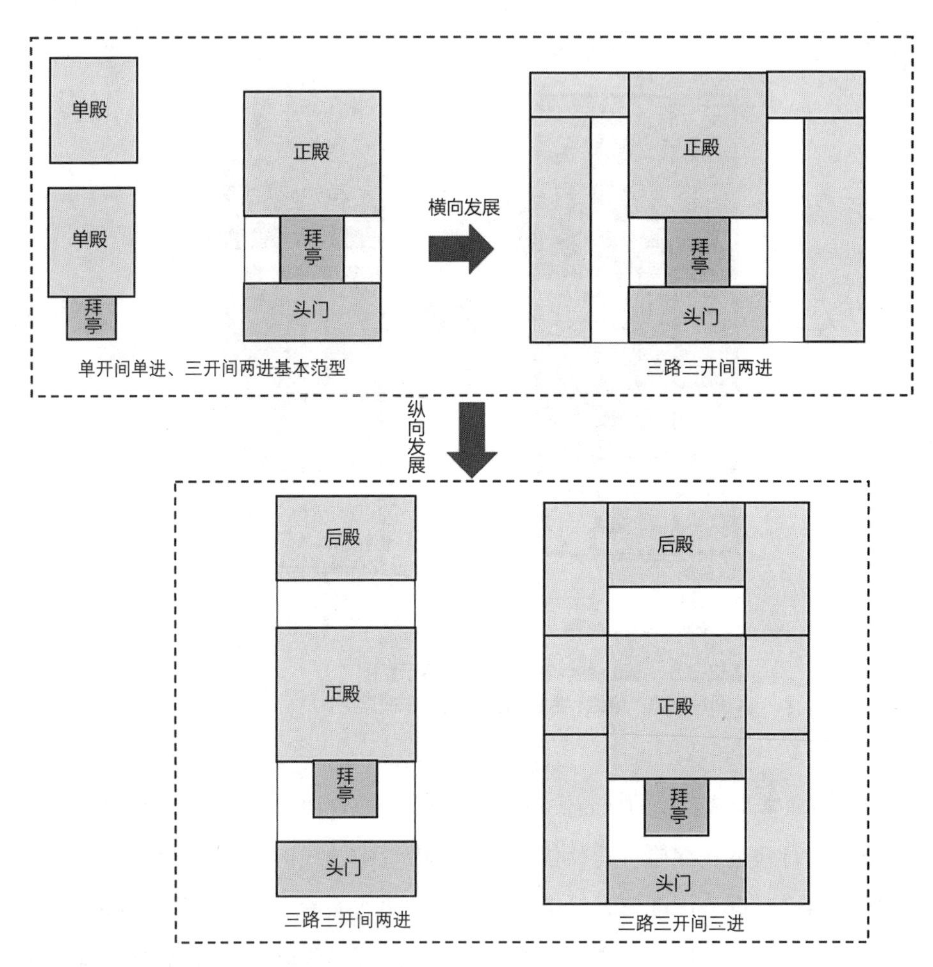


图3-19 潮汕祠庙范型组合演变示意图
（图片来源：自绘）

（1）小型祠庙

单间一进祠庙的核心空间是神殿，潮汕地区村落中由于神祇较多，一些神格较低的神祇的祠庙通常规模较小，以单间一进为基础，通过组合形成单开间两进、单开间带轩或拜亭，单开间并列等多种形态的小规模祠庙，符合村中的祭祀需求。如福德庙、伯公庙等，就属于这一类型祠庙。

在潮汕地区的祠庙中，单开间带拜亭是一种独具特色的组合形式。通常采用单间作为主体，屋顶以勾连搭的方式与拜亭相连接，以两石柱作为支撑，创造出祠庙内外的过渡空间。这种连接了拜亭的组合方式使祠庙外观呈现多样化，与街道空间形成缓冲过渡，满足了不断城镇化的村落生活需求，对祠庙建筑形制的发展产生了深远影响。殿前延伸的拜亭是进入殿内的过渡缓冲，同时在拜亭中设桌案、香炉或长凳，为民众提供了膜拜或休憩的空间。有的祠庙在拜亭前搭建临时铁棚，为香客遮风挡雨，也有直接在殿外建立独立的拜亭。这种带拜亭单进的小型祠庙在潮汕地区非常普遍，如揭阳北门天后宫宫前福德庙、南澳岛广泽尊王庙和揭阳普宁白沙陇福德庙等（图3-20）。

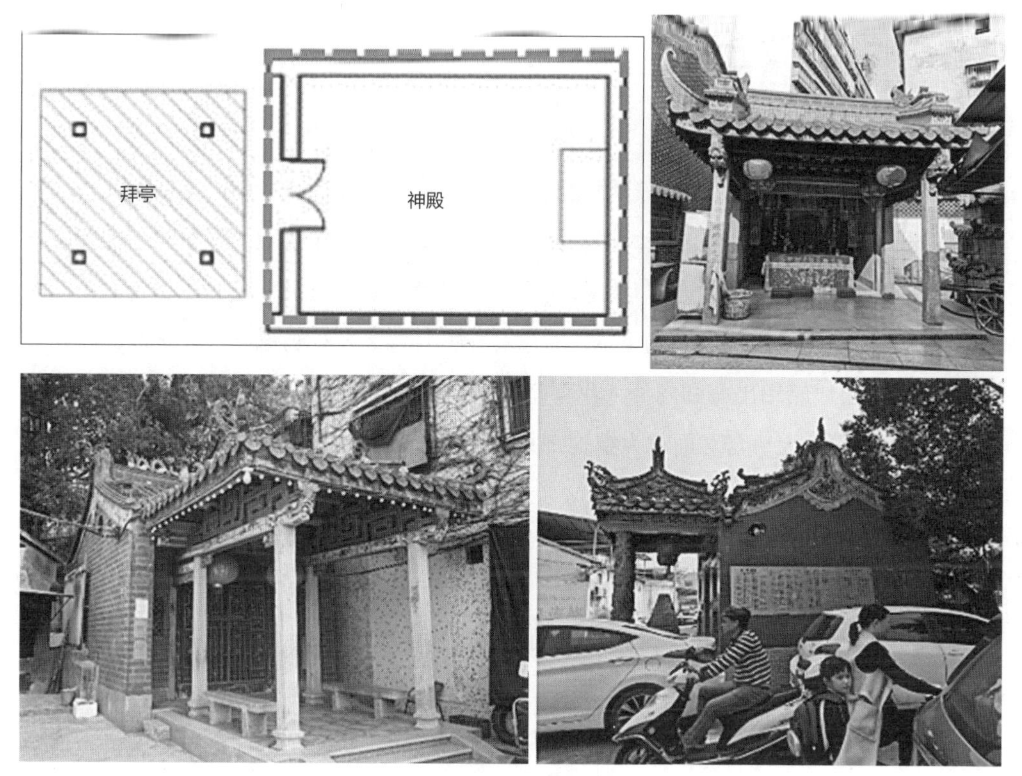


图3-20　单开间范型潮汕祠庙示意图
（图片来源：自绘　自摄）

还有一种常见的组合范式是将两间相同的祠庙并排布置称为“孖庙”。一般为单开间单进或单开间两进的小型祠庙。如汕头金平路的天后宫与关帝庙，惠来堡内关帝庙与感天大帝庙，就属于这种组合形式。在土地有限的地区，这种组合方式既满足了供奉不同神明的需求，又有效地扩大了庙宇规模，极具经济性（图3-21）。

汕头金平路的天后宫与关帝庙位于汕头市金平路小公园，这里曾是20世纪30年代汕

汕头金平妈宫、关帝庙

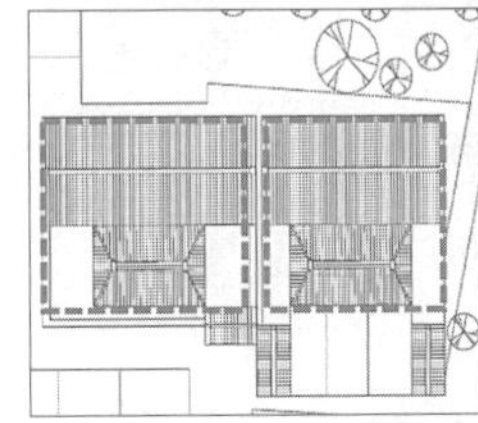

惠来堡内武庙、感天大帝庙

汕头金平老妈宫戏台

图3-21　孖庙组合示例
（图片来源：自绘　自摄）



头最繁华的商业中心。自1861年开埠通商以来，汕头逐渐发展成为中国主要商业活动区之一。这一地区充满了岭南建筑风格、街道特色和浓郁的商业氛围。天后宫与关帝庙相邻而建，坐东朝西，闻名远近，尤以天后宫更为显赫。天后宫又称老妈宫，是汕头开埠通商后的见证，当地流传着一句俗话——“未有妈屿名，先有妈祖灵；未有汕头埠，先有老妈宫”。当地船舶出海和潮汕人出洋都会来此庙祭祀拜别，带一包庙中香灰以表对故乡的怀念之情。天后宫对面原为空地，每逢正月十五和农历三月二十三妈祖诞辰日等重大民俗节庆时搭建戏台举行以纸影戏为主的演出活动，平时则依庙立市，为商贸集市所用，故此地被称为“妈宫前”，2016年，老妈宫戏台被列入汕头保育活化小公园片区的重点内容，修复重建。

天后宫与关帝庙均始建于清嘉庆年间，光绪五年重建。两庙均采用前后二歇山造型，连接一座硬山顶的穿斗抬梁式结构，呈二进一天井一拜享格局。屋顶装饰有花鸟人物瓷嵌及双龙夺宝，正殿设有福建莆田和晋江石匠手工雕刻的盘龙柱，楹梁木雕通体金漆。天后宫供奉海神妈祖，以祈求海运顺利，同时还供奉七圣夫人、注生娘等女性神祇。关帝庙则供奉关圣帝君（关爷），作为忠义神祇，受官方推广，民间亦奉为财神。商贸繁华的汕头自然要建立这样的庙宇来祈求神佑。在天后宫旁边，还有一座龙尾圣庙，为清末触浦巡检司的旧址，后被民众改为供奉龙尾圣王，是当地的地头老爷。天后宫与关帝庙，作为汕头商埠历史背景下的祠庙建筑，不仅体现了汕头市民对神祇的虔诚，同时也见证了汕头百年商埠的发展历程，是汕头重要的地方文化遗产。

（2）中型祠庙

在潮汕城乡聚落中，三开间二进的合院式中型祠庙最为常见，多数随村落建立而兴建，与村落风水紧密相关。通常村庙以三开间祠庙为主，规模得当，功能合理，是聚落社区中重要的祭祀场所（图3-22）。三开间二进祠庙建筑布局较为固定，单体建筑在体量和构造上主从分明，尊卑有序，体现出祠庙建筑在形制及空间上对宗法礼制思想的尊崇。一般由头门、拜亭、正殿三部分组成，分布于中轴线的南北两端，配殿的布置取决于环境条件，尽量保持对称。头门作为入口空间，是“人”的日常活动交流场所，拜亭作为中间的联系过渡空间，向四面敞开，连接头门与正殿，成为祭祀的主要场所，拜亭两边通常设有龙井、虎井，兼具采光、排水功能，屋顶天沟将雨水排入拜亭两侧的龙虎井内，见南澳永福古庙，正殿内部安置神像，当心间向拜亭敞开，这里即为“神”的起居空间，是神圣空间的核心区域。此类祠庙属中型规模，庙内一般香火旺盛，祭祀活动繁多，是地方居民的活动中心，平面布局具有灵活的分区适应性，在不同环境条件下，善于通过空间的调整满足需求的变化，与潮汕地区炎热多雨气候特征与人文需求相适应。如南澳澳前关帝庙与揭阳榕城北极古庙（图3-23）。澳前关帝庙位于汕头市南澳县云澳镇澳前村，建于清康熙年间，后经历了数度修建及重建，南澳总兵许松年在南澳岛长山尾海面，炮毙朱濆，令纵横于闽粤台海盗团伙溃灭，使海洋安宁。告捷之后，许松年、项统两位福建重镇代总兵，合名撰书妙联：“虎踞龙蟠歌圣德，鲸奔鳄伏颂神灵。”感谢神恩，歌颂大捷，此对联悬挂于关帝庙中，是南澳与台湾关系的历史见证。庙内保存有清朝石门匾、龛顶木匾以及乾隆《佃地认捐香灯银碑记》等珍贵文物，2009年6月1日被列为南澳县第四批文物保护单位。关帝庙旁立有文昌祠，二者共同守护着南澳后宅

南澳永福古庙平面图　　南澳宫前天后宫

图3-22　三开间两进范式祠庙示意图
（图片来源：自绘　自摄）

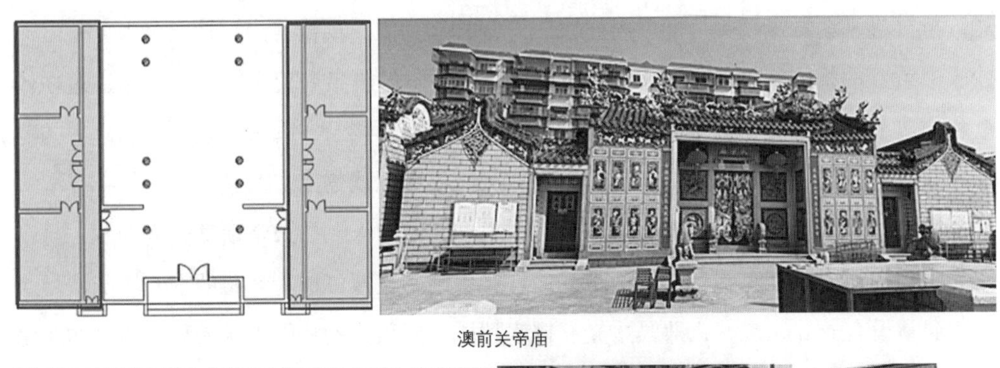
澳前关帝庙

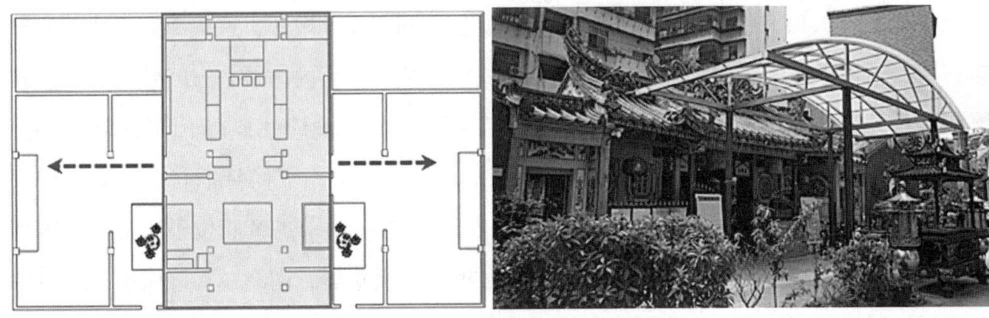
揭阳榕城北极古庙

图3-23 三开间两进两路范型祠庙示意
（图片来源：自绘 自摄）




十三乡。此关帝庙规模适中，面海而建，为后宅十三乡子民共同祭祀，每年十三乡大营神祭祀活动热闹非凡。

（3）大型祠庙：大型祠庙一般为官庙，由官方主导修建。民间神明获得帝王敕封，进入国家祭祀的正统神灵行列，便可享配合其身份的祠庙。如天后宫、城隍庙、关帝庙、三山国王庙等皆属此类，依规模的大小，组合方式较为丰富。在潮汕地区，官式宫庙有明显的仿官衙格局，对"前朝后寝"布局有突出的体现。建筑群以左右廊庑围成院落，建筑群前部为祭祀空间，后部为后寝空间。潮汕地区官庙规模以三开间三进居多，如蓬洲所城城隍庙就是此类。规模较大的城隍庙，则根据地形环境、经济情况等规模有所不同。潮汕地区的大型祠庙通过布局上组合方式丰富，中轴线上构成要素运用灵活，来达到殿庭整肃，栋宇尊崇的理想空间形态。这在城隍庙、关帝庙这类大型祠庙的空间布局上尤为明显，由中轴线作为基本标尺进行组织，建筑单体的布局、等级、形制等由中轴线上的空间关系所决定。如深澳城隍庙、南澳武帝庙等皆为大型祠庙的优秀代表。

汕头南澳县深澳镇位于南澳岛东北部，三面环山，一面濒海。早在宋代，此处已是番舶往来之地，自明万历三年设镇建制于此起，至今已有四百多年，拥有丰富的人文底蕴。深澳城隍庙与南澳武帝庙皆建于地势颇高的山腰上，随山势而建。明万历四年

（1576年），首任闽粤副总兵白翰纪始建。《南澳县志》有载："百端待举。翰纪至，简卒伍，缮船械，而建城固圉尤为要图。冒暑董筑，不遑宁处。旋以劳得疾去，军民惜之。"[①]因白翰纪设镇创城有功，被民众奉为"南澳城隍爷"，又称显佑伯南澳总兵伯府大人。后南澳副总兵晏继芳续建总兵府时，续建城隍庙，以佑护总兵府兴建成功。南澳城隍庙共三进，顺山势依中轴而建，通过每一进庭院大小的调整，整个建筑组群视觉上中轴对称，依台阶而上依次为三山门、仪门、正殿，序列严正。庭院内植松柏，环境整肃。进入三山门，是横向庭院，与两旁厢房形成完整的入口空间，台阶居于庭院中部，与三山门正对，三开间仪门屹立于台阶之上，仪门正中匾额书"到此难欺"，殿内两班衙役侍立，气势威严，其后即转入核心空间正殿，仪门与正殿间庭院较小，二者联系紧密。正殿居中立于台基之上，城隍神居中俯视而坐。正殿两旁另设两个清幽小院，分别是文昌和地母，文昌祠内种有[illegible]古树，环境雅静（图3-24）。

南澳武帝庙，又名汉寿亭侯祠或关帝庙，位于深澳镇东南角，紧邻现存古城墙（古城公园）前方。深澳镇武帝庙始建于明万历七年（1579年），后经多次修缮。民国六年（1918年）潮汕大地震以及20世纪中叶的政策运动导致庙宇受损。自1990年开始重建，至1998年竣工，迄今已有四百多年历史，已列为县级文物保护单位。据民间传说，明嘉靖年间，关帝曾多次显圣于南澳，并在梦中指点戚继光。戚都督为感恩关圣的庇佑和激励忠诚，便建立了这座庙宇。庙前道路旁立有一块石碑，上书"文武官员至此下马"，庙前设有宽敞的庙埕。武帝庙的建筑群共分为三进，沿山势逐级而上，依次为三川门、仪门、正殿，建筑均为抬梁兼穿斗式构架。正殿中悬挂着"万世人极"的匾额，中间设有案几，两旁供奉周仓、关胜塑像。主墙前设立神龛，供奉关圣帝君。两侧偏厅设有案几香烛，奉祀历代忠臣（图3-25）。

无论规模大小或布局异同，潮汕祠庙建筑基本呈现出规整中正的特征。受传统礼制思想和传统建筑形态的影响，潮汕祠庙建筑单体大都呈中轴对称布局，当建筑形制为多路时，也多以中心的中轴线为轴左右对称，布局严谨，局轮廓多为规矩的方形或长方形，规矩中正的形制布局充分体现了宗法礼制影响下的潮汕祠庙建筑的秩序感和庄严感，反映历史上潮汕祠庙建筑的发展特征，对秩序的谨守。

#### 3.1.3.3 潮汕祠庙的空间序列

潮汕祠庙建筑丰富多元的构成元素多沿中轴线排列，形成层次分明、富有秩序感的空间序列组合。以三进院落祠庙为例，从相对封闭的头门进入祠庙的第一进天井，通常此进天井为横向前院，两侧是通透的侧廊，轴线正前方第二进建筑，一般由拜亭与形制

---

① （清）齐翀．乾隆南澳志．清乾隆四十八年刻本。

深澳城隍庙俯瞰图

文庙

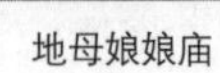

地母娘娘庙

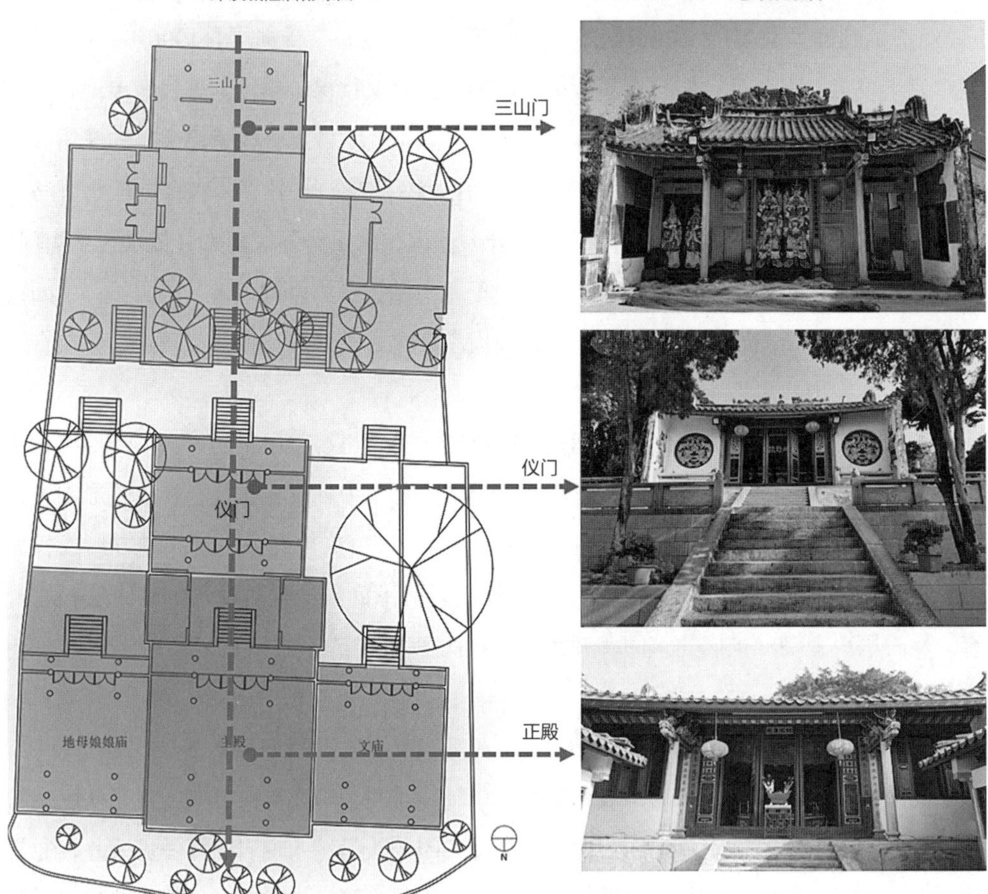


深澳城隍庙平面图

图3-24　深澳城隍庙空间布局示意图
（图片来源：自绘　自摄）

图3-25　南澳武帝庙空间布局示意图
（图片来源：自摄）



最高的正殿组成，这部分空间是容纳祭祀活动的主要空间，装饰隆重华丽，氛围严正肃穆，是祠庙建筑群组的高潮，穿过正殿进入后进天井，空间变小，位于中轴线终端则为寝堂，氛围归于宁静。明暗交替的空间转换丰富了视觉层次，开合有致的序列组合增强了建筑空间的体验感，各种辅助元素更是增加了序列的层次感，祠庙建筑整体空间序列烘托出强烈的纪念性氛围。

潮汕祠庙内的神谱结构在空间布局上体现出主神突出、主从结合的特点，主神位于正殿内，居于建筑群组的中轴线上，大殿后面则为主神的私享空间，或设置寝殿。陪祀神灵均位于中轴线两侧，围绕正殿布置于两廊、偏殿或单设独立院落，如汕头南澳关帝庙中，就独立设置院落，居于关帝正殿两旁。陪祀神所居神殿等级和规模均低于正殿，对正殿呈拱卫之势。根据主神的神格、祠庙的规模大小等进行空间层次的调整，在中轴线上设置门厅、拜亭等开敞空间以增强空间序列，两旁设有廊庑、钟楼鼓楼等，从而起到了强化中轴线的作用，主神的重要性得到了突出，深刻反映了主从尊卑的儒家礼制思想在潮汕祠庙空间布局上的主导作用（表3-1）。相比之下，佛寺道观的神灵则沿着中轴线按主从尊卑渐次递进排列，如佛寺中轴线上每座殿宇均供有神明。而在潮汕祠庙中，主神是唯一居于中轴面向大门的神灵。

揭阳城隍庙主要建筑屋顶等级　　表3-1

| 名称 | 面阔 | 进深 | 屋顶形式 | 示例 |
|---|---|---|---|---|
| 牌楼 | 3 | 1 | 歇山顶，屋面黄绿琉璃黄瓦剪边 |  |
| 将军亭 | 1 | 1 | 单檐歇山顶 |  |
| 山门 | 3 | 2 | 单檐硬山顶，屋面土红瓦绿瓦剪边 |  |
| 拜亭 | 1 | 1 | 单檐歇山顶 |  |
| 大殿 | 3 | 4 | 硬山顶，红瓦绿桷绿瓦剪边 |  |
| 钟、鼓楼 | 1 | 1 | 重檐歇山顶 |   |
| 夫人厅 | 3 | 4 | 硬山顶 |  |

（表格来源：自绘）

潮汕祠庙优秀代表揭阳城隍庙，就是空间处理的典范佳作。揭阳城隍庙始建于1368年，位于潮汕文化核心区揭阳市榕城区，2019年被列为国家重点文物保护单位。揭阳城隍庙作为明清以来潮州府古八邑中揭阳县的县级城隍庙，建构逻辑清晰，序列严整，与揭阳县署在主轴上的空间布局有相似性。揭阳城隍庙坐北朝南，院落布置采用“前堂后室”的形式对称布局，沿轴线南北纵深发展。经过历次修复重建，形成了以大殿为中心，左右两廊、两厢为对称建筑的三进院落布局。依南北中轴线依次有牌楼、三山门、拜亭、钟、鼓楼、大殿、养生池、石拱桥、夫人厅（寝殿）。揭阳城隍庙建筑的空间序列从牌楼起始，至夫人厅而终。牌楼、山门、拜亭、大殿、夫人厅等主要建筑按照主从尊卑序列，在南北中轴线上形成了不同的功能空间。各个空间通过主体建筑的面阔、进深、屋顶形式、装饰及细部构件等的不同，被塑造成性质不一、丰富多样的空间类型，由此形成了前导空间、核心献享空间、后寝空间三个部分。牌楼界定了城隍庙建筑群的起点，通过三山门引导人们进入城隍庙；拜亭、大殿组成揭阳城隍庙的献享核心空间，主要的祭拜、仪式等在这个空间完成；后院及夫人厅环境清幽雅静，则为城隍庙后寝空间，为祭拜的人们提供小憩游赏（图3-26）。三个不同类型的空间构成，充分考虑了在祭祀及相关民俗活动中不同群体对物质、精神和行为上的需求，予人以丰富的空间体验层次。

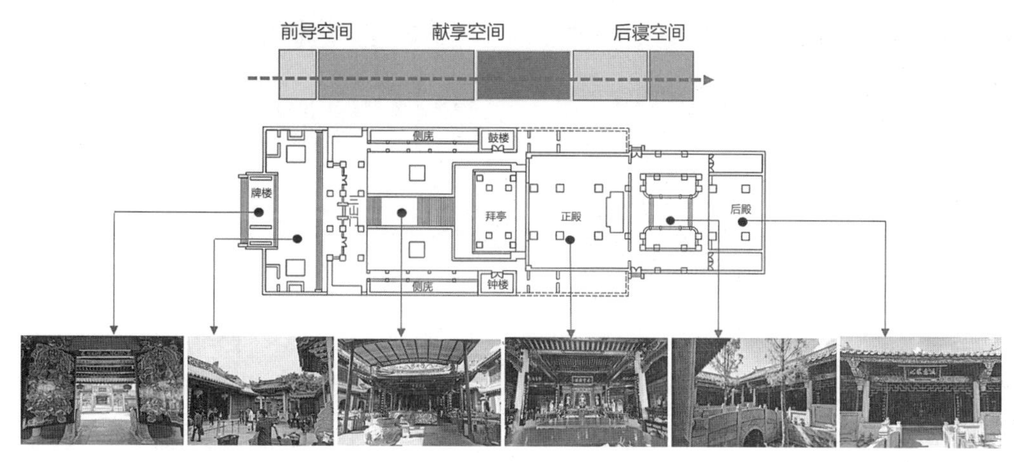


图3-26　揭阳城隍庙空间序列分析图
（图片来源：自绘　自摄）

## 3.2 潮汕祠庙空间构造

潮汕祠庙营造体系具有完整性和独特性，拥有成熟的设计手法和工艺流程。这一体系凝聚了潮汕传统建筑建造的智慧，体现了不同时代的社会、文化、技艺特点。潮汕祠庙空间建造深刻地根植于潮汕地域不同时期的历史文化和建造技术中，在不同社会环境下，祠庙祭祀空间表现出特有的构造模式，为研究潮汕祠庙空间承载的本体价值提供了关键线索。这些空间构造模式既体现了潮汕地区的地域特点，又彰显了潮汕祠庙建筑在传统与创新间的理性平衡。[①]

### 3.2.1 建筑材性差异化应用

潮汕祠庙在建筑材料选择方面，融合了风、光、热、水、湿等的环境诉求，发挥了对环境调节的适宜性智慧策略，在潮汕祠庙建筑的各级建造部位中表征了材料的性能指向。潮汕地区背山近海的地理位置带来了特殊的环境问题，导致空气中含盐度和酸性很高，极易腐蚀祠庙建筑的围护、梁架等结构，对建筑材料和施工技术有较强的限定性，结合当地炎热潮湿的气候特点，在长期的实践过程中潮汕祠庙在材料选择上形成了就地选材、材性差异化应用的原则（图3-27）。

| 贝灰三合土 | 花岗石 | 木材 | 陶瓦 |
| --- | --- | --- | --- |
|  |  |  | 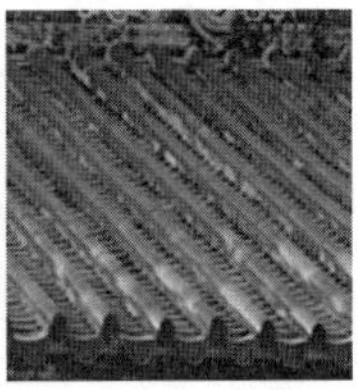 |
| 贝灰三合土砖砌筑墙体 | 用于门框墙裙柱等 | 木构架等 | 屋顶红青色陶瓦 |

图3-27 潮汕祠庙建筑材料示意图
（图片来源：自绘）

潮汕地区山地、丘陵、滨海的地理环境孕育了丰富的木材、石材资源，海洋地貌带来的贝灰层，成为了适宜潮汕传统建筑营造的本土优质建材。潮汕经营陶瓷产业兴起而附带的碎废瓷片，为嵌瓷技艺奠定了材料基础。潮汕地区属海洋性气候，空气潮湿且含有大量腐蚀性强的酸碱、盐等，在祠庙建筑营建中根据不同材料性能的选择应用，极大推进了祠庙建筑的发展。潮汕祠庙建筑的外墙多用贝灰三合土夯筑，大门门肚、室内外门框喜用石材，厅堂地坪多用大阶砖或砖地坪，天井多用麻石砌筑，或三合土铺地。厅堂则采用木构梁架承檩，室内多用木柱，檐柱为防雨则采用石柱或下石上木的两截柱。

① 王子涵．“神圣空间”的理论建构与文化表征［J］．文化遗产，2018（6）：91-98.

顺应材性、因地制宜的营造方式使每种材料在历史发展过程中经历长期适应，形成了适应潮汕地区气候条件、经济水平和审美习惯的建造材质使用习惯。

（1）贝灰三合土

贝壳灰在潮汕传统建筑中起着关键的粘合作用，它具有卓越的粘结力和强度。潮汕沿海地区存在大面积因古海湾沉积形成的贝壳堤坝，贝灰资源丰富。贝壳灰的制备通常使用高温煅烧贻贝、牡蛎壳，从而得到贝壳灰。它可以替代石灰，与沙子、粘土按特定比例混合，然后加入糯米浆和红糖水进行夯实，便可制作成具有高强度的三合贝壳灰粘土。将贝壳灰用作墙体建材，具有耐用、防水、吸湿的优点，能有效抵抗海风造成的腐蚀。尽管经过几个世纪的风化，贝灰夯筑的墙体仍像石头一样坚固。潮汕祠庙墙体大多采用贝灰三合土夯筑、青砖砌筑、贝灰三合土砖砌筑和砖木石混合构筑等方式，墙体的主要材料以贝灰沙为多，用贝灰、细沙、红土等材料混合而成三合土夯筑墙体，红糖糯米水按一定比例加入可提高墙体强度、耐水、耐腐蚀等性能。乾隆《潮州府志》提到“民居辄用蜃灰鹤沙土筑墙，地亦如之。坚如金石，即遇飓风摧仆，烈火焚余，而墙垣卓立无崩塌者”[①]，汕头南澳岛深澳天后宫的外墙就是以贝灰沙土石夯筑而成，屹立不倒。

（2）砖瓦材

祠庙建筑外墙采用夯土墙，内墙则多用砖材。潮汕地区人多地少，用于烧制砖的优质黏土稀缺，很少把砖作为外墙体砌筑材料使用。因而砖材一般仅用于等级高的建筑上，这就是砖材性能虽优却未在潮汕地区得到广泛应用的原因。潮汕祠庙建筑中通常使用红砖和青砖两种：红砖多用于室内铺地，偶见于建筑檐口部位。青砖尺寸较小且薄，多用于室内墙体。潮汕地区的砖材大部分源于福建，福建红砖色泽鲜艳、纯净，又被称作红料，这种砖材具有高强度和良好的防潮性能，成为了潮汕地区常用的建筑材料。瓦材分筒瓦和板瓦两类陶瓦，红青两色。由于环境潮湿，瓦片需具有一定的透气性以保护木桷片不受腐蚀，故潮汕祠庙建筑瓦材极少使用琉璃瓦。

（3）木材

潮汕地区木材资源丰富，包括樟树、榕树、榆树等乔木，以及棕榈和竹子等草本植物。这些木材生长周期短、易加工且具有良好的结构性能，为潮汕传统木构建筑提供了优越条件。早在商代中期至西周早期，潮汕地区的先民便已开始利用木材和竹子作为建筑材料。[②]在潮汕祠庙建造中，小型木材常用于各式小型构件，如雀替、驼墩、木枋等，巧妙雕琢用于装点建筑；而较大的木材则经过精细处理，做成柱子、梁等大型木构件。木材能够充分发挥其价值，得益于其自身优质的材质特件以及当地工匠的精妙技艺。

① （清）周硕勋．乾隆潮州府志［M］．上海：上海书店出版社，2003．

② 张宗仪，等．揭阳文物志・九肚村晋代遗址［M］．揭阳：揭阳县博物馆，1986：28．

（4）石材

在潮汕沿海地区，岩石资源丰富，花岗岩种类繁多，如海石、麻石、青石、红石等，具有防潮、坚固的特性，因此在潮汕地区传统建筑中应用广泛。其中麻石和海石颜色浅呈灰白色，质地坚硬、密度较大，适合作为梁柱等构件使用；青石和金刚石因其色深质坚，常用于石雕。建筑中的地面、墙裙、台阶、室外立柱、柱础、门窗等位置通常采用石材，经过精细的加工工艺，雕刻出各种花草、昆虫、鱼类、飞禽、走兽以及人物传说，实现了结构、技术、材料与艺术的融合。

### 3.2.2 石木构架理性平衡



在潮汕祠庙建筑的传统石木构架里，最为丰富和复杂的部位主要集中于屋顶以下及柱身以上的梁架系统。不同的梁枋檩组构技术展现了建构方式的差异，各类构架做法对应着各具特色的外观风格。祠庙建筑大多采用中小型木构架，因其梁架结构融合了抬梁式和穿斗式两种梁架的特点，被称为“插梁架”[①]，其结构交接明确，形式灵活多样。主要以承重梁传导应力，柱子直接支撑檩条，瓜柱置于下层梁上，使梁发挥拉结作用，具有抬梁式的特点；穿过桐柱的梁头节点则体现出穿斗式梁架的特征。潮汕传统大木构架中使用的构架方式分叠斗承檩、抬梁桐柱承檩、穿梁桐柱承檩、斗立桐承檩和木瓜承檩等类型。据“抬梁式—层叠—北方体系”和“穿斗式—穿插—南方体系”的关系模式推断，叠斗、抬梁桐柱和木瓜受北方抬梁式构架体系影响而产生，而穿梁桐柱和斗立桐则是南方穿斗式构架体系的衍生物[②]。通过大量潮汕祠庙的实地案例考察，梳理归纳出潮汕地区祠庙建筑木构架的类型主要包括叠斗承檩、桐柱承檩、斗立桐承檩、木瓜承檩、混合式承檩五种类型（图3-28）。

（1）叠斗承檩

传统建筑中的叠斗是一种利用斗层叠承托上部结构的建筑结构方式，同时还能组合水平方向构件。在潮汕地区无论建筑规模与等级，叠斗承檩的结构方式在建筑心间梁架中非常常见。在早期阶段，重要殿堂建筑如海阳学宫大成殿这类等级较高的建筑多采用叠斗承檩结构。而明代以后，叠斗承檩逐渐用于中小型建筑，在潮汕祠庙中也普及开来，不再仅限于高等级的重要殿堂专用了。从体量而言，揭阳城隍庙属于“中小型”构架类型，但由于其建筑属性的特殊和等级较高，在其正殿构架中就使用了叠斗承檩。叠斗具有材梁规律，能够逐层组合横向的桁、栱、坯块，构造上富有节奏，具有装饰化的先天优势。随构架技术的发展，叠斗结构的装饰性日益丰富，与之相辅相成的精美花坯

① 孙大章. 民居建筑的插梁架浅论［J］. 小城镇建设，2001（9）：26-29.
② 李哲扬. 潮州传统大木构架建构方式考察（上）［J］. 古建园林技术，2015，No. 126（01）：39-43.

| 构架类型 | 具体形式 | 构架示例 | 祠庙名称 |
| --- | --- | --- | --- |
| 叠斗承檩 |  |  | 深澳城隍庙前檐梁架 |
| 桐柱承檩 | 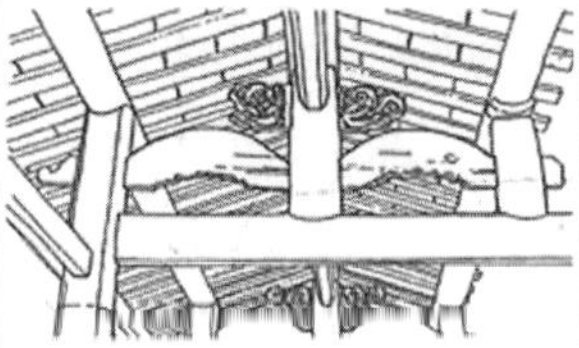 | 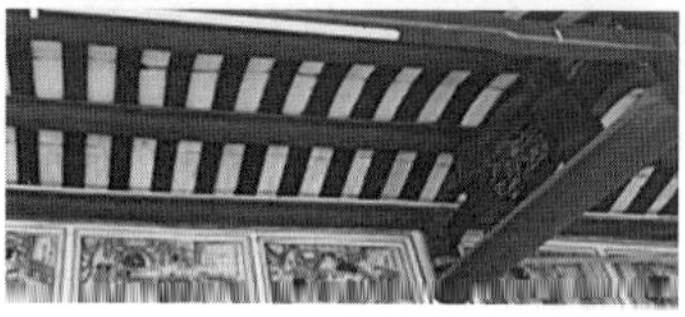 | 揭阳关帝庙两廊梁架 |
| 斗立桐承檩 | 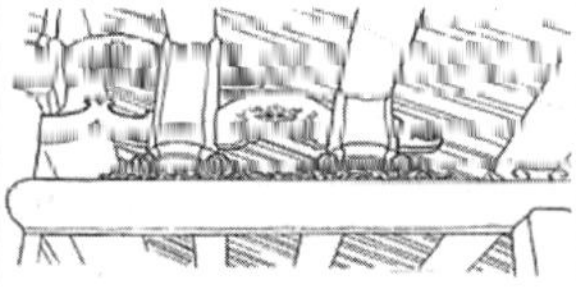 |  | 霖田祖庙正殿次间梁架 |
| 木瓜承檩 |  |  | 深澳城隍庙正殿梁架 |

图3-28 潮汕祠庙建筑木构架类型示例
（图片来源：大样图源自参考文献①，其余为作者自绘 自摄）

雕刻层出不穷，营造出华美绚丽的视觉效果。这种装饰逐渐成为梁架后期装饰的重要关注点，展现出潮汕传统建筑构架的独特韵味。

（2）桐柱承檩

在潮汕传统建筑中，桐柱承檩是一种重要的结构形式。在梁架做法中，根据梁头位置的不同，可分为两大类，分别是抬梁式桐柱和穿斗式桐柱。前者主要用于正殿心间梁架，形体浑圆敦实，起抬梁作用；后者则常见于正殿次间、偏殿或廊庑等附属建筑梁架中，形体细长，柱头直接承檩。目前，穿斗式桐柱应用广泛。抬梁式桐柱则多为早期做法，后期逐渐被木瓜承檩方式所取代。

（3）斗立桐承檩

斗立桐指将桐柱立于斗上的承檩方式，潮汕地区的斗立桐往往和驼峰结合使用，由驼峰承托斗，斗托桐柱。斗立桐与桐柱密切关联，在使用上，前者的等级比后者高，驼峰的使用使得装饰效果更佳。斗立桐中的桐柱柱头均直接承檩，梁头皆入榫插进柱身，

① 李哲扬. 岭南建筑文化遗产研究博士文丛 潮州传统建筑大木构架体系研究［M］. 广州：华南理工大学出版社，2017.

是典型的南方穿斗式构架体系的节点处理方式。

（4）木瓜承檩

木瓜承檩是清代以来潮汕传统构架的广泛做法，是潮汕传统建筑体系的显著标志之一。木瓜承檩在工艺和材料上都颇为讲究。木瓜从桐柱演变而来，桐柱柱身形状在不断加工中日趋丰富，从柱形到南瓜状最终逐渐演变为了木瓜。木瓜一般见于抬梁式梁架中，位于正殿心间，起到类似驼峰的作用，在主跨内的各道梁上以多个成组形式搭配使用，以突显其重要地位。位于木瓜上的斗用于支撑梁头，而梁头上方大多数情况下设有叠斗以承托檩条。这样形成了“木瓜—叠梁—叠斗”的结构模式，体现了抬梁式梁架的构造原则。虽然如斗立桐等承檩方式体现的是穿斗式构架的特点，但斗立桐上的弯板、花坯等横向构件仍遵循抬梁式构架的布局规律，从整体梁架结构而言，这些结构仍是对“木瓜—叠梁—叠斗”模式的模仿和改进，从而可以看出潮汕祠庙的木构架做法蕴含对北方传统建构技术的尊崇之意。

在不同的历史时期和各种类型的建筑单体中，这些技术往往混合运用，这种“混合式”也是潮汕石木构架体系的一个显著特点。如潮州枫溪三山国王庙就是“混合式”石木构架。山门为驼墩承檩构架，正殿、后殿为木瓜承檩构架（图3–29）。

图3–29　潮州枫溪三山国王庙驼墩承檩（左）木瓜承檩（右）混合式石木构架
（图片来源：自摄）

### 3.2.3　构造细部样态多元

潮汕祠庙建筑木构架的连接细部往往以弹性伸张的方式，强调受力的可读性。同时，通过空间构造的细节做法，强化对力的空间感知与氛围。梁架与节点中的多样态细部构件相互穿梭编织，形成了构造细节的丰富多样性，处理巧妙，装饰多样，极具地域文化特征。在构件命名方面也与其他区域有明显的差异性，准确地传达了真实的结构美学与民间文化意境，通过潮汕祠庙地域性特征的柱式、桐柱、木瓜、驼峰、雀替等构造细部，均展现出潮汕祠庙空间鲜明的地方特色（图3-30）。

| 构架细部 | 具体形式 | 构架细部 | 具体形式 |
| --- | --- | --- | --- |
| 扶壁襻间 |   | 梁式 | 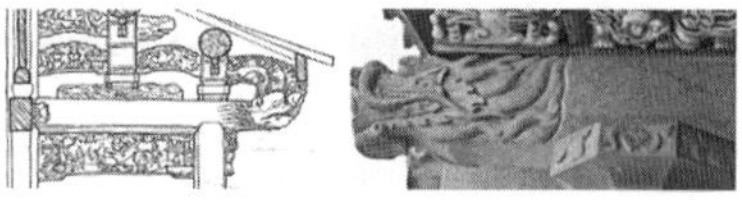  |
| 花坯 | 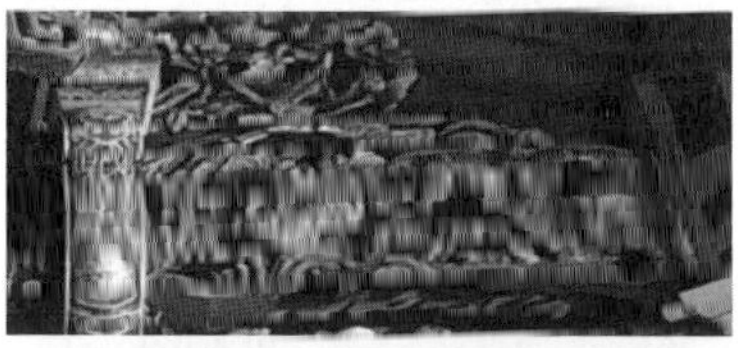  | 木瓜 | 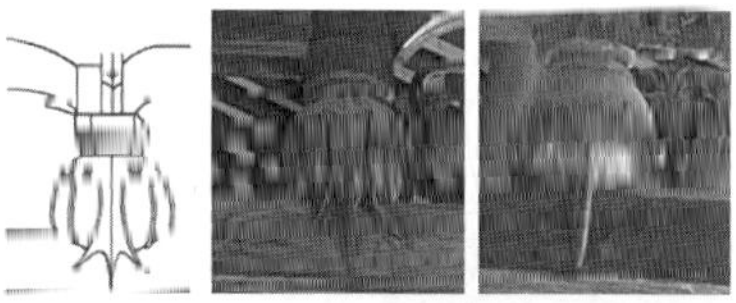  |
| 雀替 |   | 驼墩 | 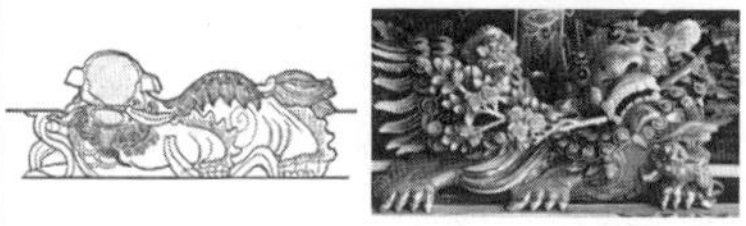  |

图3-30 潮汕祠庙潮汕祠庙构造细部示意图
（图片来源：大样图引自参考文献①，图片自摄）

（1）桐柱与木瓜

在潮汕祠庙的构架体系中，桐柱是一个重要的标志性构件，用于区别其他建筑体系。它连接在梁与梁相接的位置，用以支撑上梁头。桐柱又称瓜柱，有木质和石制两种材料。其截面形式多样，有圆形、讹角方形、四瓣瓜棱圆形、八角形等多种，立面形象包括梭形和直上直下形，统称为“桐”。部分重要的金瓜柱和脊瓜柱后来逐渐被加工成南瓜形状，实至名归地被称为“木瓜”。桐柱常被施以装饰，其下端通常被制作成各种形态，例如南瓜、鸡爪、番人、木瓜状等。这些形状都源自生活中常见的物品，形象鲜明且直观。

（2）柱式

柱在潮汕祠庙中扮演着重要的角色。它既具有支撑和连接地面的功能，同时也是建筑直立和横展的重要关节。柱子可分为落地柱和垂花柱两大类。根据断面类型，落地柱分为圆形、多瓣瓜棱形和多边形等类别。随着时间的推移，柱子的形式从圆形逐渐演变为方形，再从四瓣瓜棱形过渡到八角形等，柱身线条变得愈加复杂。金柱通常采用圆柱和正八角柱制成梭形。就材料而言，落地柱又可分为石柱、木柱和下部为石上部为木的

① 李哲扬. 岭南建筑文化遗产研究博士文丛 潮州传统建筑大木构架体系研究［M］. 广州：华南理工大学出版社，2017.

混合柱。石柱通常由整块石料经过打磨，成为圆形、正八角形或花瓣形断面。这些不同形状的柱子在建筑中发挥着独特的作用，体现出潮汕地区建筑艺术的多样性及精湛的建造技艺，具有美学价值。檐口和门廊墙面转角部位的柱子通常采用石柱，以应对雨水侵蚀问题。混合柱既具备石柱的防潮性能，又拥有木柱的加工便利性，便于与上层木构架紧密结合。

石龙柱在潮汕祠庙中十分引人注目，处于结构与装饰的突出位置，主要用于门厅的檐柱或正殿金柱的位置，是祠庙建筑的主要承重构件，也是结构和装饰完美结合的代表性建筑构件。石龙柱具有神圣的象征，龙是民众普遍崇敬的神兽，因而祠庙中的石龙柱蕴含着神圣的涵义。潮汕地区石龙柱经过历代石雕艺人的实践、揣摩、发展和创新，逐渐形成自己的艺术特色．它以鲜明的地方性，浓厚的宗教性、独特的艺术性，成为潮汕建筑石雕的艺术精品。如深澳天后宫龙柱、南澳长山尾天后宫龙柱采用高浮雕的手法及潮汕特色的镂通雕技艺，层层镂空雕刻，将龙的生动形象突现出来，肌体的强健，爪牙的锐利，在海浪里翻腾，石龙柱上半部雕刻游动的浮云，双龙穿插于游云上，石龙柱的立体感极强，追求超写实主义的手法（图3-31）。

深澳天后宫龙柱

长山尾天后宫龙柱

图3-31　潮汕祠庙中的特色构件石龙柱
（图片来源：自摄）

柱础被称为“柱珠”，是潮汕祠庙装饰的重要构件，造型多样，雕工精细。通常，柱珠和柱子相互衔接，柱子直接入地称为“落地柱”，柱珠与柱子叠放称为“叠珠”。作为建筑底部的支撑部件，柱础有多种形式，如覆盆、覆斗、圆鼓和基座等，其形式与柱子相匹配，如圆形配圆形，方形配方形，八角形配八角形等。莲花覆盆式和莲花仰覆盆式是潮汕地区常见的柱础形式。柱础通常比其他地区稍高，这为其提供了更大的装饰空间，使得雕饰主题和技法更加丰富多样。例如，揭阳雷祠庙的走廊柱础采用三层结构，最底层为接地面的八角莲花覆盆，中间雕刻有圆形念珠图案，上层则为承接方形柱的方形覆盆。相较之下，揭阳城隍庙明代柱础则采用单层古铜镜覆盆，雕刻简洁明了。这些丰富多样的柱础形式和精美的雕刻展示了潮汕地区建筑艺术的独特魅力和精湛技艺，为整个祠庙建筑增色不少。

（3）花坯

花坯，又称坯块，是位于沿缝梁架进深方向上的构件，连接各桁条下的桐柱或叠斗，跨度为单步架。它具有一定的牵拉作用和填充空间的装饰功能。由于花坯不是主要承重构件，因此可以进行较为丰富且自由的雕刻装饰。这使得花坯成为建筑构架中主要的装饰构件，展现了独特的美学价值。坯块的排列有一定的规律，各步架内按各自的位置、距离脊檩的远近高低，安排不同数量的构件。例如厅堂金柱间的“五脏内梁架”，分“一载五木瓜十二块坯”和“三载五木瓜十八块坯”的不同排法，即脊檩到两侧金柱的左右各三个步架内，花坯分别以“一、二、三”或“二、四”的等差数列安排，明清以后，花坯形象由粗犷转变为繁密，细节极其丰富。

（4）驼峰

驼峰是潮汕祠庙建筑中支承作用的垫块，常用于梁架节点，以隔架、填空的方式调节构架局部高度。其位置多在梁、桐柱、叠斗等节点处，形式自由灵活，可有斗亦可无斗，形象丰富多样，包括正三角、矩形、菱形、卷草、水浪、瓜果、狮子、大象、鳌鱼、螃蟹等。根据不同的位置和造型，可以称为“枕”“斗脚草”“驮斗狮”或“狮座”等，极具地域特色，常在建筑前轩廊三步梁上成对相向布置，早期也有单独用于檐口之下，或安置于梁架之间以使上下二梁形成叠合梁，提高梁身的抗压能力。

（5）雀替

在潮汕传统建筑中，雀替被用来加强横向梁枋与竖向柱子交接处的节点刚度，同时还起到美化装饰作用。它常被称为“插角”，形象地说明了其所处位置。该构件能够使形体转折更加流畅，使节点更加稳固。雀替与插栱两者的作用和效果极为相似，尤其是无斗的异形栱。如蓬洲城隍庙就使用了异形栱。与之相似的概念还有闽南的“托木”和潮汕的“梁首托”，如凤栱也被称作“凤托”。在潮汕地方工匠的认识中，这些概念之间的界限往往是模糊的，甚至可以互通。潮汕地区的雀替被雕刻成各种形状，如花草、动物、人物等，以增加其装饰性。一般以木质为多，也有用石材和石质梁柱相匹配。斐鱼是潮汕祠庙建筑中用于重要空间如正殿梁柱交接处的特殊雀替，也是等级最高的一种，俗名有“飞鱼”“鱼龙”“鳌鱼”等多种，一般成对布置，雄鱼和雌鱼有不同的造型，且在发展过程中经历了许多变化，如从无角到有角，从鱼身到须发水浪等元素的装饰。斐鱼的造型随使用位置的不同而有所不同。从正殿—拜亭—三山门，由内而外，斐鱼的形态变化呈现出一种由简到繁的生长过程，隐喻鱼化龙的过程，蕴含辟邪消灾之意，也寄托子孙昌盛的美好愿望。

## 3.3 潮汕祠庙空间装饰

潮汕祠庙建筑装饰繁复炫丽，表达了人们对地方守护神的热切的敬爱与崇拜。作为传统的地域建筑，潮汕祠庙以内外围护结构和构架系统为基础，在空间、结构、功能和环境等多个层次展开装饰表达，展示了连续贯穿的形式表征、建造表达和空间表意，整体呈现出清晰、稳定的系统性。潮汕祠庙装饰工艺技法涵盖了木雕、石雕和嵌瓷等多种形式，以点、线、面、体等方式进行层级营造，展现了潮汕祠庙建筑系统的美学诠释和艺术升华，是包含了工法、工艺、建造体系的建构文化遗产。

### 3.3.1 祠庙装饰的形式表征

潮汕祠庙建筑从材料性能及构筑方式来看，存在着内外两个不同界面层次。外层界面由厚重的贝灰三合土、砖、石等砌筑形成外围护结构，内层界面则是由线状构件和木隔罩等轻质材料组合成的内部分隔体系。以石、砖、木三种材料为主体构成了潮汕祠庙建筑装饰的主干部分。外部界面表现为厚重且封闭，而内部界面则展现出柔美和轻盈的特质。这种差异源于装饰材料的轻重选择及装饰技法的硬软变化，彰显了建筑内外形式与空间部位的多样性。巧妙的设计手法充分发挥了祠庙空间的构形潜力，为空间赋予了丰富的层次感。

（1）外层界面装饰

潮汕祠庙的外层界面装饰以外墙为主体，真实参与到外围护结构的实体建造中。配合潮汕祠庙建筑外界面的材料特性及尺度特征，采用了石雕、灰塑、嵌瓷等装饰工艺在最大程度上丰富着这层厚实墙体的形式表征（图3–32）。

潮汕祠庙外墙体因大多采用贝灰版筑，筑成的灰墙表面抹以灰泥，待干后刷以外墙涂料。外墙体装饰主要有涂色、浮雕灰塑、石雕和嵌瓷等。山墙通常根据庙宇环境、风水及所祀神神格等多方面因素，选择金木水火土五行山墙形式（图3–33）。由于考虑台风、火灾等灾害的影响，潮汕地区大部分建筑大多采用硬山顶，两侧山墙高出屋面封住两边起保护作用，并巧妙利用外墙墙体收分以增强稳定性及抗风能力，高出屋面的墙头即为“厝角头”，山墙因为形式各异的“厝角头”强化了祠庙建筑的轮廓线，凸显了整体建筑恢宏的气势，成为了潮汕祠庙外墙装饰的重点部分。

“厝角头”的立面装饰集中在上半部。顺应金木水火土五行形态，从最初的灰塑起线，演化出各种线条状的纹路，再发展出复杂的“板肚”图案，材料也从灰塑彩绘发展到嵌瓷，组合成一道华丽的“厝角头”装饰带，形成丰富的视觉层次，常采用“三线、三肚、下带浮楚”的做法。线与线之间的“板肚”点缀装饰，配合山尖的装饰图案共同

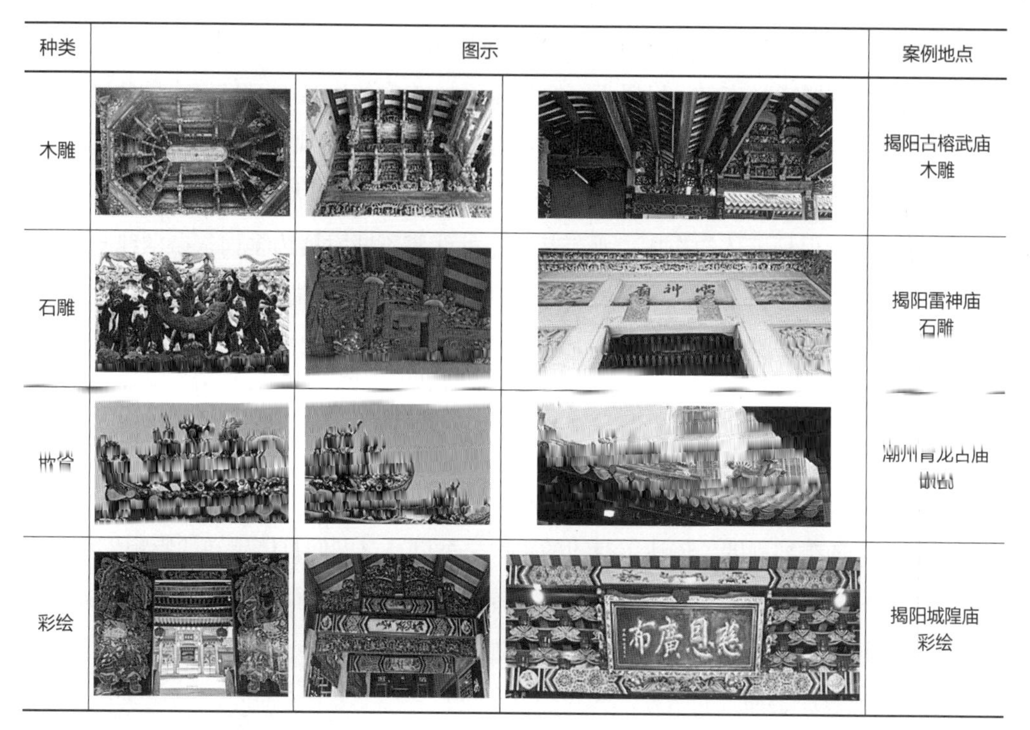

| 种类 | 图示 | 案例地点 |
| --- | --- | --- |
| 木雕 | | 揭阳古榕武庙木雕 |
| 石雕 | | 揭阳雷神庙石雕 |
| 嵌瓷 | | 潮州青龙古庙嵌瓷 |
| 彩绘 | | 揭阳城隍庙彩绘 |

图3-32　潮汕祠庙建筑装饰技法示例
（图片来源：自摄）

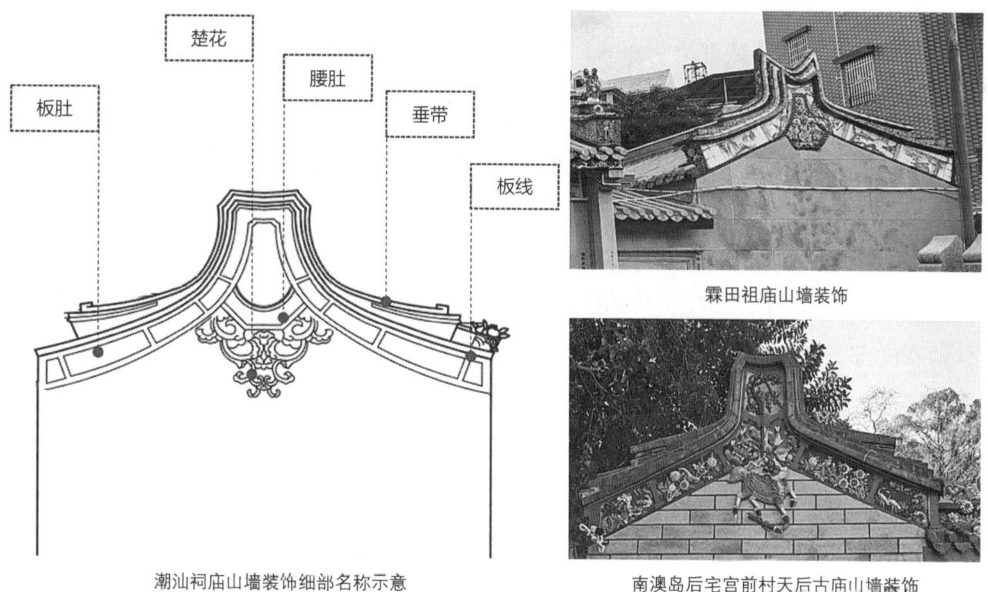


潮汕祠庙山墙装饰细部名称示意

霖田祖庙山墙装饰

南澳岛后宅宫前村天后古庙山墙装饰

图3-33　潮汕祠庙山墙装饰示例图
（图片来源：自绘　自摄）

组成一个构图完整的画面。板肚的宽度不是一成不变的，一般由山尖到墀头由窄变宽，符合厝角头造型的变化。“板肚”内以图案装饰，题材多样，花草树木、人物故事、神灵瑞兽、八宝吉器皆可使用，根据不同的装饰题材，可分为“山水肚”“人物肚”“花鸟肚”等不同类型。垂带是“厝角头”的重要的装饰组成，对山墙顶部垂脊进行强化。通过彩画、灰塑或嵌瓷做成凹凸有致的垂带，强调出山墙的形状，突出了建筑的立体轮廓，同时也起到保护墙体的作用。垂带从单一的线脚不断发展为多而复杂的线脚形式，或在垂带上用嵌瓷局部造型，立于垂带的尽端，有花草纹、动物人物形象等。

潮汕祠庙的围护结构以石材作为基础，形成建筑的“形式基底”。下段墙基、勒脚等部位通常采用浅浮雕技法勾勒线条，同时刻画柱础和通风口等关键构件。从这些部位向上延伸，外墙门窗的工艺渐显精细，绿色琉璃花窗与门洞成为典型的组合。石材在围护结构中遵循着从下到上纹理由浅到深、由重到轻的建造原则。这种设计手法通过材料的品质和工艺的精细程度，传达出空间的主次关系以及对人们身体感知的影响。相比布局受限的石材，砖在围护结构中分布更广，砖的尺寸多样，不仅以多种砌筑、拼接方式形塑围护结构的主体，也装饰于墙檐和门窗罩。

（2）内层界面装饰

与外层敦实的贝灰砖石界面截然相反，潮汕祠庙建筑内部大都均由木材、锦缎等轻盈柔性材料覆盖，以便实现结构跨越和内部空间的分隔围合，同时改善了砖石材料无法达到亲和性的局限。内部装饰以红、蓝、青色为主调装饰以贴合地方神灵的身份。与外界面相比，内部装饰更注重细节，力求精美细腻，常使用纤巧华丽的潮州木雕、潮绣等技艺进行处理，以营造神圣华丽的独特氛围。

内部界面装饰主要集中在梁枋椽架、连接构造和板壁三个部分，采用木雕和彩绘相结合的装饰手法。一般而言木柱主干不雕刻，附有雕花的梁枋位于柱子上，它们不仅用于力的传递，还通过视觉效果来增强建筑物的美感。承重梁，如月梁、穿枋和斜梁，通常在构件的中段或尽端显著位置上采用浮雕或圆雕手法来装饰，以引导人们的视线，减轻空间的刚性感。连接构造中的斜撑、梁托和斗栱通常为整木圆雕，是建筑中形态雕刻最精彩的部分之一。板壁界面由各种不同形式的隔断组成，如窗、木罩、隔断、神龛等，以实现室内不同空间的划分，大多采用木制，因此采用雕刻、贴金的手法进行装饰，各种形态的深浅浮雕、镂空雕等成为线与面交织的极致展示，特别是在屏风、隔扇、门罩等地方，体现出木材的形式张力。神像门楣门柱、帐幔、桌帷、幢幡等则采用精美的潮绣进行装饰，呈现出精致繁复、华美庄严的风格，与外部敦实的贝灰砖石界面形成鲜明对比。当硬质和软质材料有序布置时，彩绘楹联则为空间视觉色彩和文化意义上存在不足时起到弥补作用，成为潮汕祠庙建筑中不可或缺的点睛之笔。

### 3.3.2 祠庙装饰的建造表达

乡土材料如石、砖、木等的差异化分布和层级式运用不仅展现了建筑形式的逻辑，同时也决定了相应的建造方式。潮汕祠庙在纵向空间上分为四个建造层级：屋顶、梁架、台基和铺地。这些层级以一种隐晦而富有艺术感的方式传达空间、结构和氛围等建构特性，形成了一套完整的建筑表达系统（表3–2、图3–32）。

潮汕祠庙建造装饰系统示意　　表3–2

| 应用位置 | 屋顶 | | | | 梁架 | | | | | | | 台基 | | |
|---|---|---|---|---|---|---|---|---|---|---|---|---|---|---|
| 装饰部件 | 正脊 | 垂脊 | 印斗 | 牌头 | 梁头 | 雀替 | 驼峰 | 水束 | 花坯 | 柱子 | 檐枋 | 墊台 | 石阶 | 栏杆 |
| 装饰工艺 | 嵌瓷 | 嵌瓷 | 彩绘 | 陶塑 | 木雕/石雕 | 木雕/石雕 | 木雕/石雕 | 木雕 | 木雕 | 木雕/石雕 | 木雕/彩绘 | 石雕 | 石雕 | 石雕 |

（表格来源：自绘）

（1）屋顶

潮汕祠庙主殿屋顶以硬山、歇山或重檐歇山居多。如潮洲青龙古庙，大型祠庙主殿屋顶形式多为单檐歇山顶，中小型祠庙则屋顶多采简易朴实的硬山顶。潮汕祠庙的屋顶装饰通常使用多层次的嵌瓷和灰塑等方式进行表达。在正脊的两端，一般会设置飞龙，上端则会装饰花鸟、瑞兽和戏曲人物等。不同建筑的正脊可以分为高、中、低三种。正殿通常采用高脊，前厅则采用中脊，而侧殿则采用低脊。潮汕祠庙屋脊的装饰以嵌瓷艺术为主，装饰取材较为广泛。屋顶正脊一般采用龙头脊样式，常以双龙戏珠和双凤朝牡丹等题材为主，构图气势雄伟，色彩晶莹绚丽，旨在展示神灵的威仪，反映人们的敬畏和崇拜之情。不同主题嵌瓷的位置高低与神灵神格的威严程度有着密切的关系。例如，汕头关帝庙的屋顶嵌瓷从上至下分别为“双龙抢宝”“麒麟逐日”以及“八仙相会”，屋脊多以“鲤鱼吐漕”为主，与民居不同的是，祠庙的屋檐处采用的嵌瓷造型通常是战斗类的，如“天兵神将”和“三英战吕布”为主的立体人物题材，袍服顶戴、花翎盔甲都细腻刻划，象征扬镇辟邪之意。例如潮州青龙古庙屋檐处的战斗嵌瓷造型堪称一绝（图3–34）。

脊刹是庙宇正脊之正中央并突出于脊肚之上的构件，是整个屋顶装饰最显眼的部分，具有装饰、祈福避煞的意义，同时以砖、石、陶等为材料，增加屋顶的重量以抵御沿海强风。装饰方面多采用嵌瓷、灰塑等饰以各种动植物人物等题材，以彰显神明威灵，以求达到趋吉避煞的效果。护刹位于正脊之上，介于脊刹和两端脊尾之间，一般以

双龙抢宝——枫溪三山国王庙（上图） 青龙抢宝与五虎上将屋顶嵌瓷——青龙古庙（下图）

图3-34 潮汕祠庙屋脊装饰示意
（图片来源：自摄）





双龙、神将、鳌鱼、白鹤、藻纹等图案进行装饰。护刹以左右守护之姿衬托出脊刹的重要地位符合儒家“主次有别”“和谐有序”的礼教观念（图3-35、图3-36）。

脊肚就像房屋的腰部，是正脊的中心位置，因而称之为“脊肚”，常用嵌瓷和灰塑进行装饰。垂脊从屋顶向前和向后垂下，堆砌出反弯曲的形状。垂脊下方呈三角形状。位于牌头较高的位置，有一个斜出且璀璨夺目的区域，常常放置仙桃、戏曲人物、亭阁

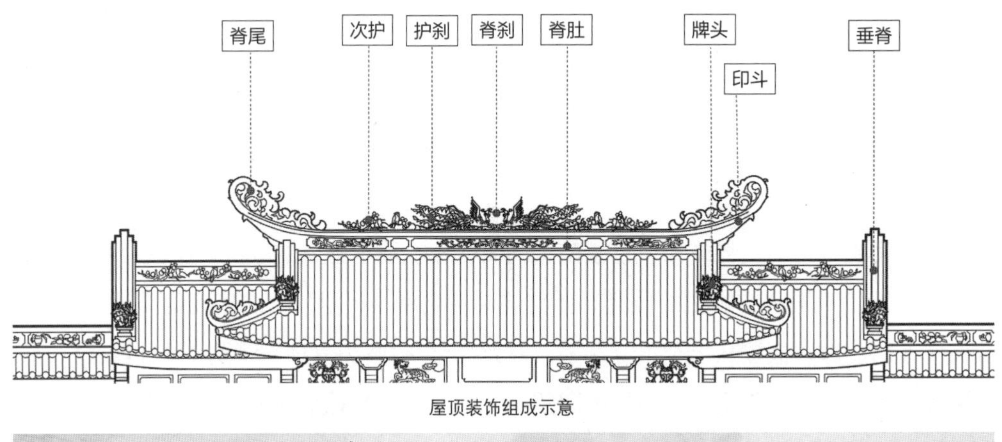


屋顶装饰组成示意

霖田祖庙三山门屋顶装饰

图3-35 潮汕三山国王庙屋顶装饰示意图
（图片来源：自绘 自摄）

山水或历史故事场景等装饰，以丰富屋顶的内涵和形式。少数庙宇在屋顶正脊前或庇面、瓦檐前装饰泥塑或剪黏构件，称为“看牌”，装饰图案多种多样。脊尾位于正脊的左右尾端，也称为“屋脊头”，呈船形反曲，高翘并长于正脊，尾端分叉成燕尾状，有龙、凤、鳌鱼、卷浪等样式装饰。印斗位于燕尾下端为其提供支撑，传统的印斗不加装饰，现在常用各种图案进行装饰，增加祠庙外观的华丽和威武感。

图3-36　汕头南澳岛后宅宫前村天后古庙屋顶装饰（图片来源：自摄）

（2）梁架

在潮汕祠庙中，石木构架如梁、柱、枋和斗拱等是雕刻装饰的重要组成部分。它们的装饰方式通常取决于它们所处的位置和功能，综合运用浮雕、通雕、圆雕等技法进行装饰，以创造出细腻华美的装饰艺术风格。在潮汕祠庙中梁和枋露于外面，装饰精细且讲究。在梁上雕刻吉祥图案，有的将圆木或石条巧妙地加工成月梁形，上凸下凹，呈月牙形状；或者采用卷杀法处理梁两端的梁头，或将梁两侧的面加工成素面，使原本笨重的梁显得轻盈。这些梁的艺术处理方式，巧妙地避免了直梁单调僵硬的形式，通过对梁形状的改变和微拱的横梁设计，在保证良好的抗压性能的同时，从视觉上增强了梁的艺术感染力。

通过雕刻的不同技法和主题内容强化构架造型和连接点受力特征，使得技法和形式有机融为一体。横梁通常由板材或石材制成，其雕刻内容根据梁的造型和长度而异。例如花草鱼虫、人物故事、虾蟹海草等。枋则采用两侧镂通雕的方式进行造型，手法精工，观赏者可以从两侧欣赏，这是潮汕地区特有的一种形式。木雕构件包括雀替、龙头屐、木瓜、插角、木僦（上、下）花胚、南狮特色构件等。根据装饰的繁简程度不同，不同的木雕构件雕刻要求也不尽相同，通常以人物走兽、花鸟鱼虫等为主题，生动地展现了潮汕祠庙装饰的“精细”美学。柁墩通常被雕刻成狮子、螃蟹、鳌鱼等形式，柁墩也可以被雕刻成大象等其他形式。垂花柱悬挂于屋檐下，通常采用镂空雕刻的手法对其柱头进行装饰造型，常见的形式包括花篮形、花瓣形和不规则形等。花篮内常雕刻牡丹花、菊花、紫薇等花卉，而有些花篮内则装满了石榴、仙桃等水果，展示出精美细腻、光影变幻的艺术效果。例如，在揭阳榕城雷神庙门厅中，其石质垂花柱的花篮造型栩栩如生，细节处理精湛，且饰以金箔，使其闪耀金光，更显璀璨夺目。潮汕地区海洋气候明显，潮湿的环境使得这些木雕极易受到腐蚀，潮汕金漆木雕应运而生，据明《永乐大典》记载："时任潮州郡守郑伸鉴于州城计时用的木制漏滴岁久水蚀栓腐，乃仪新刻漏，后乃择牙校就汀受法，指工绳木，卯金涂漆。①"潮州金漆木雕需经过整料、设计、上稿、凿粗坯、细雕、髹饰贴金等制作工序形成膜层，不仅能阻隔湿气的侵蚀，还能减缓空气对其的氧化作用，从而降低了木雕的损坏速度，是潮汕装饰技艺的智慧反映。

（3）台基及地面

潮汕祠庙建筑的台基通常由地覆、上框、短柱和挡板这四个部分组成。它们主要采用石材制成，表面装饰以精细的线脚和浅浮雕为主。这些精美的石雕工艺不仅提高了祠庙建筑的防潮、防风、防腐蚀、防白蚁等性能，还带来了视觉上的美感。较为简朴的祠庙往往只具备地覆，石阶则无过多装饰。栏杆种类繁多，包括上平桁、地覆和横档等三个水平构件，以及承托它们的方框和短柱。挡板嵌入方框内，表面通常刻有花草图案。在栏杆的起点和转角处有望柱，通常雕刻以吉祥瑞兽、花草云珠等图案为装饰。潮汕祠庙的地坪铺设也很讲究，一般分为三种材料：石板、红砖和现代瓷砖。室外的庙埕通常采用花岗岩拼花石板进行地面铺设，多以纵横交错的方式排列，形成有序的连续格局。石板地面是祠庙建筑中常见的特点，在潮汕祠庙的庭院、走廊和排水沟等区域，使用各种尺寸的石板条进行纵横拼接。部分祠庙的天井则铺设鹅卵石，并将其组合成各类吉祥图案，既美观又整洁，体现了朴素的美（图3-37）。

图3-37　揭阳北门天后宫台基示例
（图片来源：自摄）

① 吴榕青.《永乐大典·潮州府》卷外潮州旧志辑校［J］. 中国地方志，2021（5）：14.

### 3.3.3 祠庙装饰的空间表意

从前述可得，潮汕祠庙的装饰风格、建造方式与空间塑造是相互协同的。在点、线、面、体的装饰方面，它们不仅考虑到建筑结构的特性，还在入口区域、轴线序列以及核心空间等关键部位中相互穿插和重叠，形成了连贯且统一的空间表现逻辑。在装饰意涵与空间属性叠合的视角下，将形式建造背后的文化语意激活，在繁复细致的图式描摹与形式塑造中实现空间性与叙事性的融合，表达了潮汕人对生产、生活、生命充满了热忱与希冀，是潮汕地区人文思想、审美理念的历史见证。

（1）入口空间

潮汕祠庙的入口空间装饰通常造型繁复，层次丰富，色彩鲜丽，尽显凡俗世界热切美好的生活向往。与其说潮汕祠庙装饰是潮汕人对神灵的尊崇，不如说借用富丽细致的装饰元素表达心中美好愿景。祠庙前的开阔空间即为庙埕，一般通过栽植绿树，设拜亭、旗杆石等元素营造祠庙神圣空间意向，同时也为装饰富丽的祠庙入口大门提供了较好的观赏距离，凸显祠庙庄严隆重之感。如汕头南澳岛深澳天后宫入口空间旷阔开敞，庙埕上植榕树两棵，居中设拜亭，左右各一旗杆石，营造出静谧、庄肃的氛围。入口大门是潮汕祠庙入口空间中装饰最为集中的地方，其装饰意涵表征着祠庙建筑的等级、功能和历史。头门包括门罩、梁枋、门楣、门框和台阶等构件，以砖石结构模仿木制屋顶形成层叠的三段式装饰结构。这种结构使得大门更加精致。如三饶城隍庙的入口大门（图3-38）。头门通常以花岗石砌筑门框，木质门扇，或在木门外多一层镂空木门，雕成花鸟图案或八卦图，门框上部、门两侧前壁及左右相向的侧壁，以石雕、泥塑、灰塑、彩绘等手法着重装饰。门上满布石雕，一般分两段处理，下部接近地面部分仿须弥座造型或呈虎脚造型，给人一种托起基座的力量之感。上部内施主题雕刻，上壁肚用镂通雕或“剔地起突”的方法雕刻人物故事，中壁肚用“压地隐起”的方法或镂通雕的方法雕刻花鸟人物，下壁肚用“减地平钑”的方法雕刻花纹图案。潮汕建筑石雕吸收了民间艺术的表现手法，运用灵活，使建筑石雕与建筑本体和谐统一，呈现出刚柔相济的艺术气质。这种方式使原本粗糙、生硬的石构件变得细腻、亲切，营造出属于潮汕独特的建筑风格。

入口大门的檐梁、石墙上精雕镌刻，咫尺万变，装饰题材包括耳熟能详的神话故事以及神话人物、民间传说、戏曲故事等，以此进行宣教礼法或旌表美德。比如南澳后宅天后宫雕刻了天后显圣故事等，以神仙传说表达护佑、好运的深厚寓意。也常用宝物法器与祥瑞动物组合使用，如葫芦、扇子、宝剑、花篮、洞箫等，装饰于门楣的横肚、门窗裙板上，雕刻造型生动，层次丰富。为了争奇斗巧，潮人不仅不惜耗费巨资，还颇费心机。同个建筑往往安排两班各异的著名工艺人，各自承包一半工程，独立创作，以更

图3-38　潮州三饶城隍庙入口大门三段式构图
（图片来源：自绘）

为精雕细琢者获得额外奖赏，称之为“对场”。工匠们为争高低，不遗余力，工匠们在对场中不断提高自身水平，促使各类装饰工艺发展更加更精细化，进一步形成了精雕细琢的装饰风格。揭阳榕城关帝庙入口门楼的天花藻井就是两班工匠“对场”的见证和艺术成果。

潮汕祠庙入口庙埕铺地处理细致，石栏杆、石柱础上雕刻有各种瑞祥动物及花草纹样，呈现出精美细腻，形象多变的风格，富有盎然生机。石龙柱一般置于山门，石材选料考究，精工细雕，体现祠庙的尊崇。受潮汕木雕的影响，潮汕石雕均敷彩绘，以青、绿、白、红等颜色为主，并配以金银色，色彩富贵华丽，带有浓郁的地方色彩，是其他类型建筑所不能比及的。当采用海石或麻石等雕刻时，由于其石质色泽深且颗粒粗糙，表现效果不够明显，因此需要进行彩绘处理。彩绘的步骤通常先使用墨色勾勒线条，然后进行色彩填充，使观赏者难以分辨石雕木雕的区别（图3-39）。正是这种通过石雕、木雕、嵌瓷、灰塑等装饰技艺的相互融通，形成了潮汕地区浓烈的地方艺术特色，体现了既精致繁叠又和谐美观的特点，体现着潮汕人的审美文化价值取向。

图3-39　汕头南澳岛后宅天后古庙入口空间装饰及细部刻划
（图片来源：自摄）

（2）轴向序列

潮汕祠庙空间布局呈现出一种由外到内的递进感，它由山门、前厅、拜亭、正殿、寝殿等轴线空间组成，构建出递进的表意序列。主序列装饰沿纵轴展开，装饰意图醒目且严谨，层层铺垫，主题分明。同时，辅以横向次轴轻松而有趣的装饰主题和手法，增添了主序列空间装饰的趣味性（图3-40）。一般横向次轴装饰范围较主轴线少，多以长廊墙面彩绘、神仙神像等作为装饰，烘托氛围。以揭阳古榕武庙为例，在武庙主轴序列中，前厅空间作为空间意向的开始，以厅内左右神像为形象载体，塑造威严氛围，空间上方的八卦形藻井，画面疏密有致、层层叠叠，透过镂空的木雕，通过在同一个木雕版面上同时表现在不同时空发生的事物，突破了空间和时间的限制，便于展现故事的情节发展和人物之间的关系。其布满梁枋、梁椽和柱间之精妙绝伦的金漆木雕，繁而不杂，不仅细部精美且整体布局疏密有度，显得辉煌雅致气度非凡。图案繁缛，刀法娴熟，题材广泛丰富，有像桃园三结义的三国故事，也有反映潮汕地区历史上的海族与农耕生活的题材与之呼应，独具匠心，时代和地域特色突出。这些题材和内容涵盖了潮汕人生产生活场景，也有间接展现潮汕人思想观念，以及表现历史故事、通俗戏曲等世俗人情。采用浮雕、圆雕、通雕等具有表现力的传统工艺，使其更具审美趣味。它的原创性显著，如镂空蟹篓、工夫茶具、南狮等展现了浓郁的潮汕特色。出得前厅随即进入庭院，横向次轴线以庭院两旁的游廊组成，分别以彩绘形式刻划了“二十四孝”和“十八层地狱”的故事，生动明朗，营造了关帝庙中劝喻教化的氛围。主序列视线尽端是浓墨重彩的拜亭，装饰序列渐入高潮（图3-41）。

| 装饰题材 | 主要内容 | 具体示例 | 装饰题材 | 主要内容 | 具体示例 |
|---|---|---|---|---|---|
| 祥禽瑞兽 | 一般包括神话中的动物，如龙、凤、麒麟及龙的九子等，以及现实中被赋予吉祥象征意义的动物，如代表福喜的蝙蝠、鲤鱼和喜鹊等 | 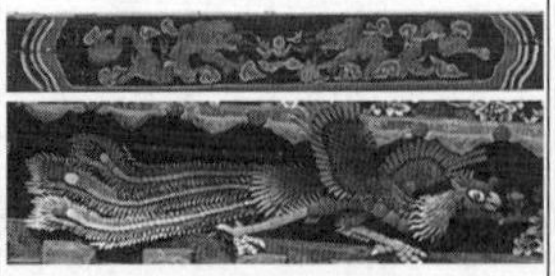 | 宝物法器 | 潮汕祠庙装饰中的重要题材，一般包括葫芦、扇子、横笛、渔鼓筒、竹笊篱、宝剑、花篮、洞箫等 | 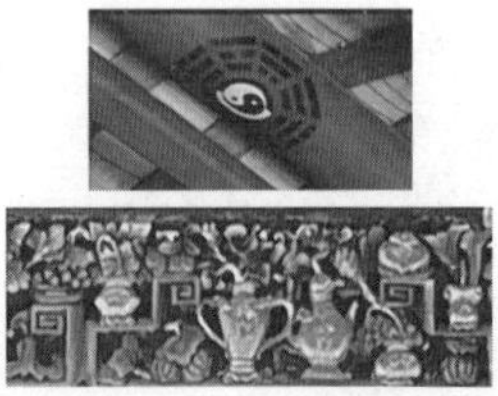 |
| 花鸟鱼蟹 | 虾、蟹、鱼类等水族为主要表现对象，在构图空隙处连缀以飘摇的水藻、水草，构筑富有海洋文化特色的氛围 | 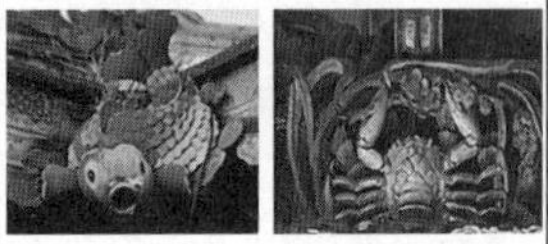 | 植物果实 | 多被赋予符合其特征的独特品质，比如以牡丹象征富贵和荣誉；以松、菊组合，取“松菊犹存”之意；瓜果则多为岭南地区常见的果实 | 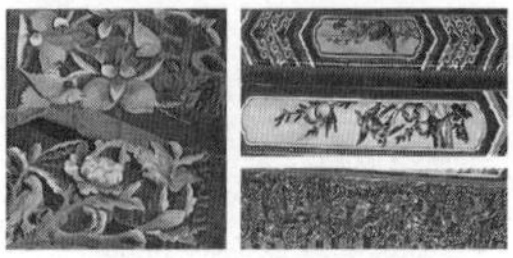 |
| 人物故事传说 | 耳熟能详的神话故事以及神话人物、民间传说、戏曲故事等 | 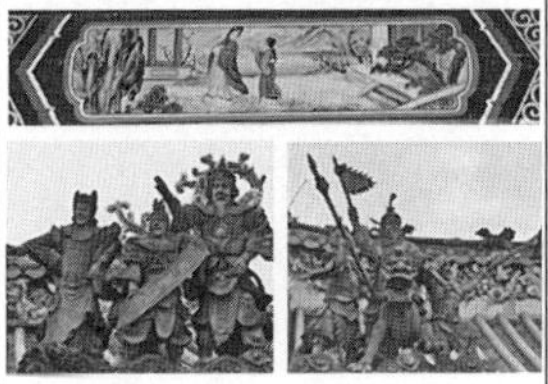 | 纹样图案 | 装饰纹样有植物纹、吉祥纹、几何纹等，多出现在祠庙建筑细部装饰的多个部位 | 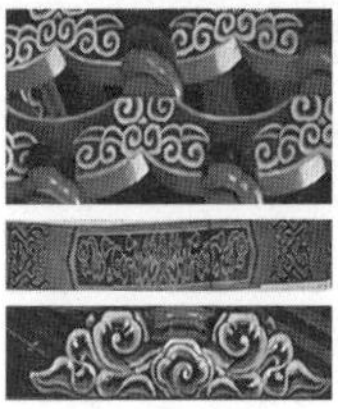 |

图3-40　象征神灵的潮汕祠庙装饰题材示意
（图片来源：自绘）

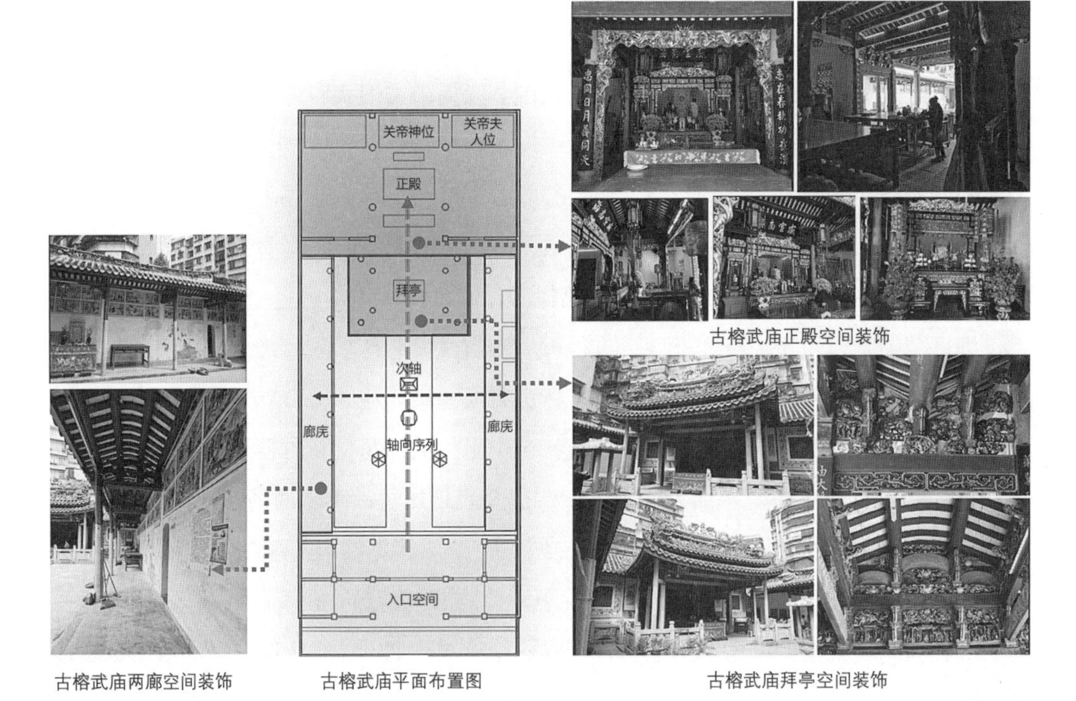


图3-41　揭阳古榕武庙轴向序列装饰分析图
（图片来源：自绘）

（3）核心区域

潮汕祠庙的核心祭祀空间由拜亭和正殿构成，是潮汕祠庙中装饰形式、题材与意涵最为集中的区域，总体呈现由外而内逐步升华进入最终高潮的装饰表意规律。随着空间序列装饰的层层渲染，进而完成了潮汕祠庙空间文化意涵最终展现。在建筑视野的水平层面上，装饰主要依赖于梁架、构件和立面等元素构成的叙事结构。这些装饰通常描绘具有现实主义情境的人物、景物和场景题材，鲜明地展现了潮汕地区生动的民间生活和文化场景。

拜亭作为拜祭的主要空间，在装饰上多注重屋顶、梁架、柱子的装饰。大型祠庙中，在敞阔的庭院中精美拜亭出现其间，引人注目。屋顶装饰飞檐嵌瓷颜色绚丽，形态庄肃。拜亭一般采用内、外柱，双狮双凤驮斗的建筑风格，梁柱采用木雕装饰，狮子、飞凤、鱼虾、螃蟹形象的构件生动的出现于梁架之上，中间一般置长桌以供各种精美供品，周围香火袅袅，信众跪拜于其间，喃喃低语，尽诉祈愿，中小型祠庙的拜亭与龙虎井相联系，居中开敞，形成内外的过渡空间。

正殿中空间高敞，四周结构与界面装饰以神物为主要题材，神祇宝座居中，沉静肃穆，俯瞰凡俗。空间布置仪仗层次繁多，用金漆木雕隔罩、潮绣布幔等层叠，使神灵与众生相隔。随着空间向上延伸至屋顶的天花板处，装饰形式和构成逐渐变得更加抽象，以祥云等图案加以补充，形成了由具象到抽象的装饰意境转变，这种转变表达了从人性向神性的意义上升，体现了宗教信仰的内涵。如揭阳北门天后宫的正殿采用六柱落地、十五桁式，中槽为“三载五木爪，五脏内十块花坯”抬梁式梁架，装饰题材广泛，大量采用珍禽瑞兽，花果虫鱼等，其构件多样，雕饰丰富，装潢富丽，呈现出一派生机活泼景象，体现了天后女神的细腻华美，与其神格相得益彰，尽显尊荣（图3-42）。而揭阳榕城古榕武庙的正殿装饰，则重点在关帝神座的重点刻划。大殿内清廷敕匾“威宣南海”高悬正中，正下方是关帝神座，神座层叠细致，为镂空的金漆木雕，金光四射。座内关帝像金身庄严肃穆，神态凝重，座下金龙凤纹石雕精美，寓意吉祥。神座前按照府衙朝堂规制的仪仗，左钟右鼓，设置回避肃静牌，兵器架等。殿内四周的门楣、木隔罩等均为金漆木雕，色彩艳丽，装饰繁复。楹联匾额以极具概括力的艺术效果，出现在祠庙建筑中，对空间表意而言正如传神点睛之笔，是祠庙建筑纪念性的最直接体现。古榕武庙对联大多为明朝宋兆伦所题[①]，如正殿金柱上的楹联“志在春秋功在汉，忠同日月义同天。”点明了关公信仰倡导的忠肝义胆的文化内涵，知仁、知义、向善、向勇的圣贤风尚。正殿氛围充满了威严神圣的气息，充分展示了关帝神明的尊贵和威仪（表3-3）。

---

① 揭阳宋兆禴（1600年~1642年，字尔孚，号喜公），明崇祯元年（1628年）与同郡郭之奇、黄奇遇、辜朝荐、李士淳、梁应龙、杨任斯、陈所献等同中进士，世称“潮州戊辰八俊”。

图3-42　揭阳北门天后宫正殿装饰示意图
（图片来源：自摄）

揭阳古榕武庙楹联题对整理　　表3-3

| 位置 | 楹联匾额 | 示例 |
|---|---|---|
| 头门 | 英雄几见称夫子，<br>豪杰如斯乃圣人 | |
| 拜亭 | 秉烛岂避嫌斯夜一心在汉室，<br>华容非报德此时两眼已无曹。<br>从真英雄起家直参圣贤之位，<br>是大将军得度再现帝王之身。<br>师卧龙友子龙龙师龙友，<br>弟翼德兄玄德德弟德兄 | |

续表

| 位置 | 楹联匾额 | 示例 |
| --- | --- | --- |
| 正殿 | 志在春秋功在汉，<br>忠同日月义同天 | |

（表格来源：自绘）

## 3.4 本章小结

本章结合建筑学、规划学、风景园林学等相关学科方法，从空间形态、空间构造、空间装饰等方面对潮汕祠庙本体价值展开详细论述，从而总结得出，潮汕祠庙建筑是不同历史时期的城乡公共活动空间的物质遗存，其承载的价值是时间动态性在空间动态性上的投射，具有见证并反映地方历史发展与延续的本体价值特征。

空间形态方面，从选址与布局、形制与构成、组群与序列展开并发现，潮汕地区祠庙以山形水系作为主要选址依据，受交通、经济、风水等诸多因素影响，祠庙布局于城乡居住片区之外，昭示社区村落的边界；祠庙布局于居住片区之内，则多位于居住片区前方，成为村落公共中心。在形制上一般采用前朝后寝、廊庑辅翼或围合的宫室制度，祭祀的相关制度决定和影响了祠庙建筑形制的最终形成，通过牌楼、头门、钟楼、鼓楼、拜亭、正殿、寝殿、侧殿、戏台等构成要素的组合，丰富了潮汕祠庙的空间格局。潮汕祠庙以一进单开间与两进三开间为基本范型，通过各个构成元素的灵活组织，拓扑形成了形态各异、规模不同的潮汕祠庙。

空间构造方面，从建筑材料、石木构架、构造细部3个层面进行论述。潮汕祠庙由于潮汕近海潮湿的地理气候特点，在长期的实践过程中形成了根据建筑材性进行差异化应用的原则，以贝灰三合土、花岗石、木材等本地材料为主，在潮汕祠庙建筑的各级建造部位中表征了材料的性能指向。潮汕祠庙空间建造深刻地根植于潮汕地域不同时期的历史文化和建造技术中，在不同社会环境下，潮汕祠庙空间表现出特有的构造模式，主要有叠斗承檩、桐柱承檩、斗立桐承檩、木瓜承檩、混合模式等类型，梁式、木瓜、襟间、花坯、驼峰、雀替等构架细部样态多元，体现着潮汕祠庙木构架鲜明的地域特色。

空间装饰方面，从形式表征、建造表达、空间意向切入剖析。潮汕祠庙空间装饰依托材料，对祠庙空间点、线、面、体巧妙施以木雕、石雕、嵌瓷、彩画等装饰技艺，从屋顶到台基的装饰风格细腻华美，屋脊、檐下、梁架、墙头等重点部位结合材质展现出祠庙绚丽多彩，丰富了空间细节，优化了空间体验，连接了内外场景，展示出连续贯穿的形式表征、建造表达和空间表意，隐含着对其背后民间信仰和文化意义的表述与传扬。祠庙内外空间装饰与意义高度叠合，形成了连贯统一的空间装饰系统，使祠庙空间装饰整体呈现出稳定有机的建构秩序。

本章清晰论述了潮汕祠庙的物质空间承载的本体价值，并对其具体承载要素进行了细致梳理，此章结论是后续第四章和第五章衍生价值、工具价值展开研究的必要基础。

# 第四章 潮汕祠庙建筑遗产的衍生价值

潮汕祠庙是充满叙事与记忆的文化空间，承载了精神、情感、记忆等衍生价值。它是潮汕地区民众多元文化和地方情感投射的时空表达，具有深刻的空间意义。本章通过探讨信仰文化叙事、民俗文化展演和集体记忆，描述了潮汕祠庙在历史变迁中逐渐成为地方民众生活世界和精神世界的组构部分之一。在日常民俗仪式实践的组织过程中，它在形成饱含着村民集体记忆的文化传统中起到关键作用（图4-1）。潮汕祠庙遗产整合了潮汕地区非物质文化遗产，以空间中的祭祀礼仪、各神祇的游神赛会等实践形式，在日常生活中循环往复的展演，不仅体现在空间形态的物质要素延续，而且表现在深层人文内涵的非物质要素传承，最终实现了神形兼具的传扬，完成了地方传统文化的可持续保护与传承①。




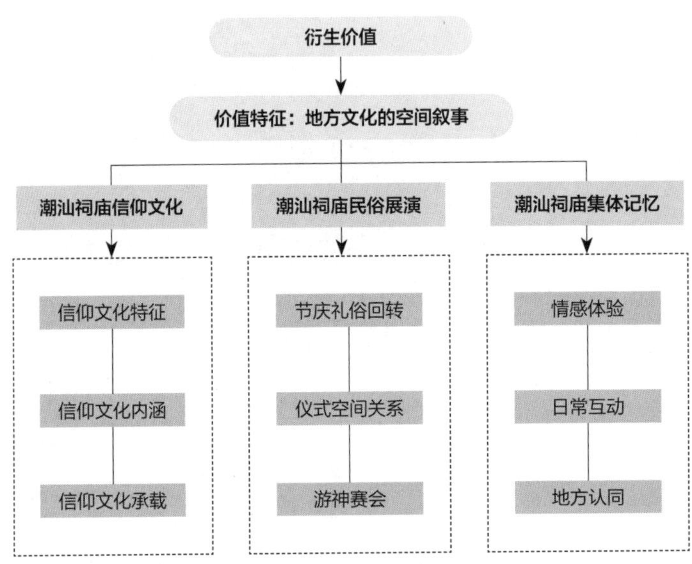


图4-1　潮汕祠庙建筑遗产衍生价值要素呈现示意
（图片来源：自绘）

## 4.1　祠庙空间的信仰文化

潮汕地区的民间信仰以其神秘的色彩、独特的形式、深远的影响力和跨越时空的历史穿透力，成为了一种丰富的传统文化，并持续发展至今。这种信仰与潮汕人的日常生活密不可分，相互交织，代代相传②。潮汕地区的民间信仰是其文化体系中的核心组成部分，而祠庙空间则成为这种文化表达的关键载体。在这个地区，祠庙空间与信仰文化紧密相连，共同构筑出一种独特的文化现象。在这些祠庙之中，人们以虔诚和敬畏的心

① 谢祺铮，诸葛净，任思捷．身体、知觉和场所延续性——活态遗产视角下尼泊尔昌古纳拉扬神庙建筑群崇拜仪式研究［J］．建筑遗产，2022（1）：72-79.

② 贺璋瑢．潮汕民间信仰的历史、现状与管理探略［J］．山东社会科学，2016（9）：94-100.

态向神灵献祭，而这些神灵也因此成为了潮汕文化的特色之一，每个祠庙都有其独特的历史文化传统，这些传统在祭祀仪式中得以体现和传承，使人们能够感受到潮汕地区深厚的传统文化和道德价值观。同样，潮汕祠庙所供奉的神祇呈现出丰富多彩且复杂的特点，不仅代表了传统的宗教信仰，也反映了社会生活的各个层面。例如，供奉水神的祠庙映照出潮汕地区河流众多的地理特色；而供奉财神的祠庙则揭示了当地人民对经济发展的期盼和祈求。这些祠庙生动地体现了潮汕文化深厚的内涵和丰富多彩的特性。这种文化现象不仅震撼人心，更让人感受到潮汕文化的独特魅力和历史底蕴。

### 4.1.1 唯灵是信的信仰文化特征

潮汕祠庙承载的信仰文化呈现出多元的特点，尤其是其紧密嵌入社会生活各方面的特征，反映出了潮汕地区丰富的历史文化和人文景观。潮汕祠庙与当地的历史、文化、风俗等紧密相连，不仅是宗教信仰的场所，更是反映当地文化、历史和社会生活各个方面的重要文化空间。

（1）多元共生：潮汕地处沿海地区，古代属南蛮之地，地少人多，自古以来自然地理气候带来的灾害较多，面对这些无法控制的自然灾害，人的力量微不足道，因而往往会寻求超自然的力量来保护自己和家人。在潮人民间尊奉的庞杂神仙谱系中，既有中原传入的道教、佛教，还有闽越族和南越族鬼神崇拜的痕迹，以及各种土生土长的神灵。人们信仰的对象包括自然神、物灵神、祖灵和人物神等。多神崇拜在潮汕地区非常突出，独具地方特色。但在潜意识中，他们仍坚信本土神明是最为可靠的，在关键时刻能够庇佑人们。“拜老爷”这一习俗在潮汕地区十分普遍，其实多指拜的地方俗神。这些地方俗神往往是当地历史和文化的产物，代表着当地人民的信仰和希望。潮汕人相信，这些俗神有着超凡的能力，能够保护人民免受危险，带来好运、平安和幸福。因惧怕海边气候极端，多遇台风雷电，诞生了“雷公电妈神”，祈求神明不要降灾于人；担忧地理气候带来的身体病痛，则在本土三山国王庙中，保生大帝、注生娘娘这些医疗神一同从祀的现象也很多见，表现出明显的地域民族文化特性。

（2）多神共祀：由于地域背景的不同，潮汕不同地方所祀之神也各有所侧重。即便是同一个地区，由于历史原因，不同的祭祀活动也会形成不同的祭祀圈，崇奉的主神也有所不同。普宁流沙镇的西陇，是创基于1000余年前的唐中期的古老村社，除了福德祠祭祀外，神庙祭祀则包括主祭天后圣母以及介公介子推，和主祭三山国王的两种祭祀系统。这些祭祀圈的形成背后实际上是隐含着宗族内部存在两大派系的分裂，因此宗族之间形成了不同的祭祀系统。神不分宗派，共居一庙的情况也时有所见。如揭西的三山国王霖田祖庙，全庙约有60尊神像，以本土神明、道教俗神等组成较为平衡完善的神明系统，建立起一个无灾无难，富贵寿喜的理想完美世界。有许多神像是历次重修时不断加入的，既体现了地方多神崇拜的兼容性，也反映了百姓不问何方神圣，只求神能显能的信仰习俗（图4-2、表4-1）。

图4-2　揭阳霖田祖庙多神共祀
（图片来源：自摄）





揭阳霖田祖庙祭祀神明表　　表4-1

| 位置 | 两廊 | 两侧偏殿 | 正殿 | 后殿（花厅） |
| --- | --- | --- | --- | --- |
| 神明及属性 | 东廊神座：天官、黄帝、文财神、千里眼、顺风耳；<br>西廊神座：地官、神农、武财神、七仙女；<br>两廊神明两两相对而塑 | 木坑公王指挥大使 | 主祀：巾山独山明山三位王爷；<br>案前仪仗文武6神像：斗印官、判官、史官、厨官、上马官、下马官；<br>后壁东侧：玄天上帝、太上老君、鲁班；<br>后壁西侧：南极仙翁、文昌帝君、月下老人 | 主祀三位王爷夫人；<br>配祀天后圣母、送子观音 |
| 祈福类别 | 赐福赦罪、求财丰收、健康、风调雨顺 | 三山国王副手军师，智慧、果敢。三山国王巡游时代为出巡 | 护国庇民、统领各众神、除魔驱恶、功名得偿、福禄寿喜 | 护佑保平安、得子 |

（表格来源：自绘）

（3）神灵平等共祭：在潮汕地区的祠庙里，神祇分为主祀神和陪祀神。尽管如此，民众对所有神祇都一视同仁地进行祭祀，因为每位神祇都在特定领域展示了其主要功能。地方群众对寻求神圣的情感体验或精神上的高尚升华并不太在意，而更关注神明对物质生活的改进、满足以及精神的安慰和愉悦。潮汕民众对神的选择以实用性和灵验程度为准则，实用灵验的神祇会得到青睐，反之会被疏远。在信众心中，神祇的地位和来历等并不重要，关键在于是否具备并能履行满足世俗需求的功能。因此，“踏进庙宇，见神便拜”的信仰心态成为了众多信徒的共识。例如潮州市东门天后宫就是一座典型的多神共祀，平等共祭的祠庙。位于潮州古城东门城楼广济门旁，与东门城楼仅隔几米。庙中主祀神灵妈祖，门厅左右两边千里眼、顺风耳两位将军值守，妈祖神像居殿中，两旁从祀侍女。庙中配祀为太岁星君神位和吴府公（原潮州知府后尊为神），左右两侧有地母娘娘、玄天上帝、老太夫人、福德公婆、花公花妈等从祀神。此外，庙门口中央设有“天公炉”作为遥拜玉皇大帝之用。各神祇独立共存的原因在于它们各自拥有特定的生态位，即各神祇分别负责不同的职务、祭祀时间、祭祀范围和信仰群体（图4-3），因此，各神祇通过规避分离达到了和谐共存的状态。

图4-3 潮州东门天后宫神灵位置示意
（图片来源：自摄）

潮汕地区普遍存在各类自然神、人物神、社会神以及佛教和道教的菩萨、神仙。它们或是一庙之内仅供奉一位神祇，或是多神共同供奉于同一庙堂。这种形式共同构成了民间社会中复杂多样且功能完备的神灵世界。在一个祠庙中供奉不同职责的神祇，不仅展示了文化间的互动交流，同时也体现了我国民间信仰的多元共生特征。

### 4.1.2 祠庙空间的信仰文化内涵

祠庙空间承载的信仰文化通常包含了诸如世界观、宇宙观、神话体系、地理背景、自然事物等各种象征元素，以及与这些信仰、仪式和象征系统紧密相连的文化事象，如祠庙建筑为核心的各类民俗活动、民间文化心理等方面。因此，民间信仰文化并非仅为一种信仰或观念，而且具有更为广泛深刻的内涵及意义。

如前所述，潮汕地区的民间信仰源于“万物有灵”的概念，信仰的神灵多种多样，潮汕祠庙所奉祀的神灵涵盖广泛，不受时间和空间的限制，完全随万物而生，具有包容性。潮汕大小村落皆建有祠庙，市镇的祠庙则数量规模更多。无论祠庙规模如何，通常都被称作“老爷宫”。各个家庭和行业也会建立神龛，被称为“老爷龛”。所供奉的神祇都统一称为“老爷”，而举行的祭祀仪式则被称为“拜老爷”。这种对神明的称谓，隐含着一种神明俨然是朝廷的官员或权贵，而祭拜的人则为提出诉求，请求庇护的百姓的依附关系[①]，反映了潮汕地区居民对神明的崇敬和功利性的需求。虽然“拜老爷”是一个笼统的说法，但在细节上仍有所区分。被称为“老爷”的神灵，通常是地方长官或国家重臣，对于地方的发展有所贡献，例如潮汕地区崇拜的安济圣王、三山国王、双忠公等。而职位虽小但权力很大的神灵，如“土地爷”“灶神爷”等则只能被称为“爷”。对于祖先和佛的祭拜，则不称之为“拜老爷”。总之，这些“老爷”大多数代表了地方性人物的神化。他们的身份涵盖了佛教、道教神祇、乡土贤人、地方官员以及普通民众等，体现了潮汕民间信仰对佛教、道教的融合以及对地方官员先贤的神化。这种对世俗神灵的尊崇实质上表征了潮汕地区文化的多样性和世俗性。自然神、植物神和动物神的敬仰根植于农耕文明信仰。双忠公、关帝等圣贤神，则展示了传统宗法社会伦理道德的具体体现，并传播忠孝节义、仁义廉耻的观念。对祖师神的崇拜反映了传统教育思想，以及农耕文明中自给自足手工业者的行业文化。





长期以来，人们对自然灾害的关注和恐惧不仅反映了心理状态，同时也是为了让人们在无数的自然灾害和战争中保持希望。这种做法不仅有效地传承了文化传统，也让人们在灾难中珍视生命和持守善良。这种造神、拜神的行为不仅是传统宗法社会伦理道德的体现，也表达了朴素的自由民主精神。受封于王朝的本土神灵，实际上是以一种理想化的“国家”的“原型”，通过祭拜的仪式存在于潮汕百姓的集体无意识之中。潮汕地区“老爷”活动所蕴含的精神价值与中华民族传统美德紧密相连。这些出自民间英勇圣贤的“老爷”，随历史推移演绎，终成为“神”，大多于国家、民族、黎民有突出贡献。他们或救驾安民，或誓死报国，或海中护航，或降雨消灾，或忠义无比，或慈济保生，或善察风水等，纪念他们就是弘扬“有功烈于民”的高尚情操。如影响潮州走向海滨邹鲁的韩愈韩文公、忠诚无二的双忠圣王及济世苍生的天后林默娘等。这些充分体现了潮汕人民对人杰圣贤的敬仰与尊崇，饱含团结，尊善、爱国等优良思想品质。

潮汕祠庙中的大多信仰文化虽未得到官方的正式认可，相关活动也未纳入国家层面的规范化组织管理，但在潮汕众多民众的信仰观念、心理、情感、习俗和生活方式中，多元的信仰文化成为了不可或缺的关键部分。尽管经历了漫长的岁月变迁，仍然牢固地扎根在潮汕地域中，保持着固有的自发、自然和自在的特质，并广泛、深刻地影响着潮汕民众日常生活的各个方面。

---

① （英）王斯福. 赵旭东，译. 帝国的隐喻［M］. 南京：江苏人民出版社，2009.

### 4.1.3 祠庙空间对多元信仰文化的承载

潮汕的祠庙是多元信仰文化的承载空间，不同的神祇具有不同的信仰文化，如三山国王、天后、关帝、双忠公等，丰富了人们对空间的认知。这种空间不仅跨越了物理空间的界限，而且通过空间的建构，将天、地、神、人结合在一起，形成了意义空间，使得物理世界被赋予了深刻意义①。通过赋予意义和空间氛围营造，祠庙空间本身超越了自然界的束缚，与人的感知体系建立起共构且相互印证的联系②。祠庙建筑具有两个特点，首先其主要目的是确保现实生活的和平与安宁；其次，将与这些观念有关的禁忌、礼仪与乡俗生活相融合，表现出信仰与民间传统的结合。这些特质充分体现了潮汕传统乡村生活中追求吉祥安宁的思想以及实用主义的特点。

从上祀神灵和祭祀的社会属性出发，潮汕祠庙可分为两种：一种是国家性祭祀祀祠庙，如城隍庙、关帝庙、天后庙、文昌庙和双忠庙等，这些庙宇每年会有官府主导组织祭祀，它折射出帝国与民间社会之间的关系。除了由官方正统的天地崇拜及已受敕封的佛道儒俗神外，潮汕地区大量存在规模不同的地方神灵祠庙，其中包括数量众多无文字记载的地头庙，分属村社街巷等，所蕴含的文化各不相同，它们中有经过地区文仕儒化而最终获了官方承认的神明，如自然地貌拟化之神三山国王、安济圣王等，也有与日常生老病死紧密相关的民间俗神如风雨圣者等。本书主要以潮汕地区常见的祠庙为例进行简述（图4-4）。

玄天上帝揭阳北极古庙

关帝揭阳古榕武庙

真武大帝揭阳赤山古院真武庙

妈祖揭阳北门天后宫

福德老爷揭阳白沙陇福德祠

雷神揭阳雷神庙

图4-4 潮汕类型丰富的祠庙建筑
（图片来源：自摄）

① （德）海德格尔. 陈嘉映，王庆节，译. 存在与时间［M］. 北京：生活·读书·新知三联书店，2006.

② （法）莫里斯·梅洛-庞蒂. 姜志辉，译. 知觉现象学［M］. 北京：商务印书馆，2001.

（1）国家性祭祀的祠庙

城隍庙：城隍神是城市的护佑之神。在明洪武三年（1370年），朱元璋下令在全国范围内设立不同等级的城隍庙，并规定各级官员在赴任之前需在城隍庙中宣誓就职。同时，全国各地城隍庙营建也以衙署为蓝本。常以当地“正直人臣”为原型，甚至还有善鬼充任城隍者。城隍庙作为城隍信仰文化的重要载体，记录了其内涵随时代发展的调整与变化。“礼与时宜，神随代立”，城隍文化的核心围绕城隍神而发展。城隍神通常以具有影响力的清官、功臣及英雄人物为原型，承担监察和纠正官员功过之责。在揭阳城隍神中，冯元飚是原型，他在为官期间政绩卓著，死后被奉为城隍神，护佑揭阳。在道教将城隍神纳入神灵体系后，城隍神成为了保佑百姓、祛灾除患之神，民众因城隍神而得到心灵的慰藉，产生了一系列祭拜、祈愿活动。潮汕地区城隍庙众多，曾有“九县十城隍”的俗语，三都城隍庙、普宁城隍庙等，是城隍信仰文化的重要组成部分，其中规模较大的有揭阳榕城城隍庙和三饶城隍庙。饶平城隍庙位于广东省潮州市，坐落在饶平县三饶镇中华路，是饶平县最大的城隍庙。饶平城隍庙规模之大，俗称“饶平城隍大过府”。庙宇等级甚至高于府衙，为潮汕地区城隍庙古建筑群典范。三饶城隍庙中立有石碑《重修饶平城隍庙碑记》，据记载，该庙始建于明成化十三年（1477年），其规模宏大，以构筑精工而闻名遐迩。于明嘉靖二十三年、万历三十三年、清咸丰二年先后三次重修。1954年，该庙开办粮食加工厂，1989年，转为私人彩瓷厂。现在的城隍庙为近年重修，保留原来的不少文物，包括多块碑文和匾额。从1477年至1952年，作为饶平县治所在地的三饶古城城隍庙，具有较高的历史文化、艺术价值。2004年7月被饶平县人民政府公布为县级文物保护单位。

三饶城隍庙坐北朝南，面宽32米，进深73.4米，占地面积2349平方米。该庙中路共5进，在中轴线上分别为山门，前殿、大殿、五谷殿、后殿，东西两庑相朝，结构对称，并设有戏台。其戏台之精美，特色独具。硬山顶灰瓦屋面，夯土抹灰墙，主体为桐柱抬梁构架，木雕、石雕和壁画装饰丰富，三饶城隍庙中供奉众多神灵，体现儒释道融合的文化传统（图4–5）。

天后宫：又称天妃宫、天后宫，妈祖庙等。妈祖海神以前，沿海各地就有祭祀龙王爷的习俗，自宋元以后才逐步被妈祖所代替。妈祖姓林，名默，也叫默娘，宋建隆元年（公元960年）生于福建莆田湄洲湾的一个渔村，通晓天文气象，常给人算卦，占卜吉凶。多次搭救航船，专以行善救人为已任。太宗雍熙四年（公元987年）在湄洲岛峰顶上“仙化升天”，此后人们在海船上供设妈祖神像，祈求航行平安。宋李俊甫《莆阳比事》记载[①]，北宋“宣和五年（1123年）路允迪使高丽，中流震风，八舟溺七，独路所

① 李俊甫. 莆阳比事［M］. 南京：江苏古籍出版社，1988：112.

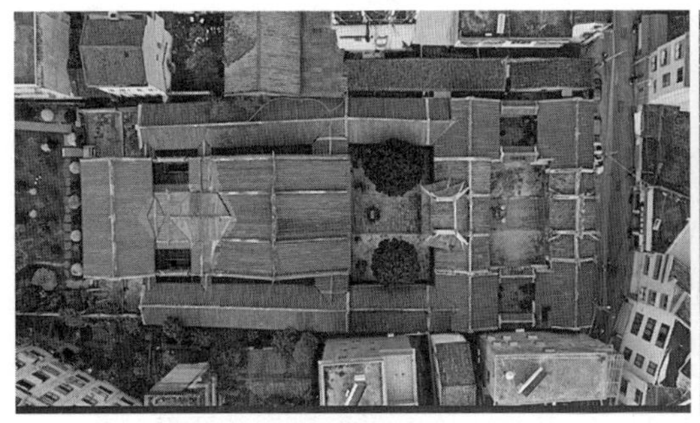
三饶城隍庙鸟瞰

三饶城隍庙戏台

图4-5　三饶城隍庙现状图
（图片来源：自摄）

乖，神降于樯，安流以济”。于是“使还奏闻，特赐庙号顺济”。于是妈祖从一位民间神正式成为朝廷确认的神祇。经历朝皇帝不断加封，受封为“天妃”“天后”“天上圣母”等。地处滨海的潮汕，十分崇拜女海神妈祖，几乎村村有建妈祖庙。仅百余平方公里的南澳岛，就有妈祖庙多达18座，汕头市区升平路老妈宫，更是闻名遐迩。深澳天后宫是全潮汕最早创建的天后宫，是外国早期史书所记航海途中的南澳标志[①]。

在漫长的历史进程中，妈祖信仰随着潮汕地区的社会发展而逐渐变化，表现出显著的本土化特征。妈祖文化与潮汕地域文化深度交融，其海洋神祇特性尤为凸显。海上女神妈祖的核心含义不仅包括“扶危拯溺、泽施四海”的海洋神文化，也表达了“立德、行善、大爱”的人道精神。这与潮汕人“上善若水、利义并重、重义崇信、敬神乐生”的道德理念高度相符，从而使得妈祖文化迅速被地方文化融入，构成了独特的潮汕妈祖文化，并在地方民俗中得以具体化。

**双忠公祠：**潮汕地区的双忠祠最早建立于唐代至德二年（公元757年），是为了纪念两位忠诚臣子张巡和许远，在平定安禄山叛乱时英勇牺牲的英雄。历朝通过对其不断地加封与强化，双忠公信仰被历代政府视为宣扬道德教化的典范，这意味着官方将张巡和许远塑造为“忠诚报国”的楷模。这使得双忠公成为地方官员和乡绅宣传“忠于君主、保卫国家”的信仰资源，同时也被普通民众视为保国佑民的神灵。以粤东潮州地区的奉祀最为虔诚，以潮阳东山灵威庙为信仰中心。自清朝中期以来，双忠公信仰在潮州地区已颇为盛行。潮阳知县蓝鼎元在清代雍正年间的《文光双忠祠祀田记》中描述了当时双忠立祀情形：“棉人素仰二公忠義，谓灵爽所依，必致佳祥，千百载城池可保无患，乃建庙祀于东山之麓。于是香火遍棉阳，穷乡僻壤皆有庙。而文光寺后一祠，则因明末寇乱薄城，城中诸绅士，于岭东古庙请二公神像入城捍御者也。”[②]以上表明，双忠公信仰

① 陈天资. 东里志［M］. 广东：饶平县地方志编纂委员会办公室，1990.
② （清）蓝鼎元. 鹿洲全集·上［M］. 厦门：厦门大学出版社，1995.

在潮州地区经历了一个由名人推广、官方追认、士绅参与到民众认同的历程。伴随这一过程，关于双忠公灵验的故事不断被创作出来，使双忠公与潮州社会的联系日益紧密。此外明末清初时期，山贼、海盗和倭寇频繁袭扰潮汕沿海地带。当地民众急需一个具有凝聚力、威望和勇武的地方保护神，而双忠信仰正好满足这些要求。张巡和许远二公在生前报国为民，符合民众期望。因此，民间便将这两位忠臣奉为护境安民的“大老爷”。刘应雄在《灵威庙碑记》直接揭示了灵威庙所承载的双忠信仰的文化内涵：“噫，人而神之，神而王之，至今潮之人士信之，深思之。至慧蒿凄怆以尊祀韩公者而祀二公，庸非有功于民也哉!方今皇元统一，首忠义，名纪祀典者五人，二公与联焉，南公居其三。信乎!大忠大义，超古越今，虽万世犹一日也。”[①]自清朝中后期起，潮阳每年农历二月都会举行盛大的双忠圣王出巡庆典，2022年“潮阳双忠信俗”入选汕头市第七批市级非遗项目名录，近年来为弘扬双忠王的忠义报国，促进民间文化活动，每年举办潮阳双忠文化节。

（2）地方神灵祠庙

**三山国王庙：**三山国王是潮汕地区影响最广泛的本土民间神明，于北宋受朝廷正式册封，获得了正统性的合法身份。早在唐高宗仪凤二年（公元677年），怀化大将军陈元光到揭阳霖田祖庙祭祀三山神时，就写下了三首《祀潮州三山神题壁》诗，这是最早出现在文献中的三山国王庙记载。唐宪宗元和十四年（公元819年），韩愈因谏迎佛骨之事被贬为潮州刺史。当时因为“淫雨害稼”，而“雨旸祈响应”，于是韩愈亲自撰写了《祭界石神文》，并派官到三山祖庙致祭以答谢神恩。韩愈以少牢（一豸一羊）之礼祭祀。按“社稷”的意义：社是土神，稷是谷神，为天子诸侯致祭的对象。《礼王制》“天子社稷皆大牢诸侯社稷皆太牢。”潮汕群众对所崇奉的神明，向来分成二类：凡是从外面引来的，称为“客神”，如关帝、天后、双忠等；称为“地头神”的，如土地、城隍之类。乡社一般以地头神为宜，三山国王是本地的神，韩愈对三山国王以少牢之礼祭之，因此明确了三山神作为社神的地位，使得潮汕地区对三山国王的祭祀成为了普遍。至此后，潮汕各县村社都为三山国王立庙，于春日赛神行傩，酢饮酣嬉，张灯演剧，形成了整套娱神仪式。韩愈此举借助三山国王神明塑造了国家形象，使民众易于接受，从而促进了地方与国家的凝聚。元至顺三年（1332年），前翰林刘希孟根据潮汕人的请求，为揭阳三山国王祖庙撰写了碑文《明贶庙记》，称赞神明有“助国爱民”的能力，表明国家与民众利益的一致性，进一步强调了国家以民为本，为民造福可使国家安定（表4–2）。

① （清）周硕勋. 乾隆潮州府志［M］. 上海：上海书店出版社，2003.

文献古籍中的三山国王庙 表4-2

| 三山国王庙相关古籍文献 | 文献节选 | 文献描写及相关影响 | 作者 |
| --- | --- | --- | --- |
| 祀潮州三山神题壁《龙湖集》 | “岭表开崇祠，瞻庙开明贶。<br>胜迹美山水，妙思神甲兵。<br>精诚谅斯在，对越俨如生。” | 记载了霖田祖庙存在的证据 | 唐：陈元光 |
| 祭界石神文《韩昌黎集》 | “维年、月、日。潮州刺史韩愈，遣者寿成寓，以清酌少牢之奠，告于界石神之灵曰：‘惟封部之内，山川之神克麻于人。官则置立室宇，备具服器，奠飨以时。淫雨既霁，蚕谷以成，织归耕男，衍行欣欣，是神之庥庇于人也，敢不明受其赐。谨选良月吉日，斋洁以祀，神其鉴之。’” | 韩愈以少牢之礼祭之，明确了三山神作为社神的地位，使得潮汕地区对三山国王的祭祀成为普遍现象 | 唐：韩愈 |
| 《明贶庙记》 | “潮州三山神。以明山为清化盛德报国王，巾山为助政明肃宁国王，独山为惠威宏应丰国王，赐庙额曰‘明观’敕本部增广庙宇，岁时合祭。明道中，复加封‘广灵’二字。则神大有功于国也，尚矣！潮之三邑，梅惠两州，在在有祠，岁时走集，莫敢遑宁。自肇迹于隋，显灵于唐，受封于宋，迄今至顺王申，赫若前日事。呜呼盛哉！” | 自肇迹于隋，显灵于唐，受封于宋，记述了三山神信仰的发展 | 元：刘希孟 |
| 《明贶庙记》 | “三山之神，庇于国于民者，亦大矣哉！潮之诸邑，莫不立庙祗祀，水旱疾疫，有祷必应。惟神之明，故能鉴人之诚，惟人之诚，故能格神之明，神人交孚，其机有此，谨书之。俾海内人士，岁时拜于祠下者，有所考而无懈于诚焉。” | 描述了三山国王庙在潮汕的地位 | 明：盛端明 |
| 《揭阳县志》 | “明贶庙在霖田都，祀巾明独三山之神。隋时三神出现，有祷必应，因立祠。唐韩愈守潮日，有《祭界石神文》。宋封为王，赐额明贶。” | 霖田祖庙沿革 | 清：陈树芝 |
| 《潮州府志》 | “（揭阳县）西一百五十里有三山：日独山、曰明山、有明贶庙。石六名天竺岩，三神人所自出，曰巾山。岩上镌‘巾子山白云岩三山国山’十字。” | 记载三山神的肇始及三山国王庙最初的形态 | 清：吴颖 |

（表格来源：自绘）

三山国王神的主要内涵为忠于君主，关心民生。通过文人赋予了儒学精髓的“忠”与“仁”，三山国王神明进一步成为地方民众与抽象中的“国家”沟通的桥梁。在众多三山国王庙中，都悬挂有“护国庇民”匾额，既表达了人们某种功利主义的期望，同时也揭示出他们希望神明能在“国家”和“民众”之间实现平衡，使双方共同受益。实际上，这种期待也反映了人们对地方官员的期望，希望他们扮演与朝廷沟通的纽带角色。揭阳三山国王祖庙又称霖田祖庙、明贶庙、广灵庙，位于广东省揭西县城河婆庙角村。

巾山、明山、独山三山鼎峙，双溪在此汇合成榕江南河，它是潮汕地区三山国王庙的典型代表，也是广东省重点文物保护单位。据陈元光在《祀潮州三山神题壁》中云“岭表开崇祠，瞻庙开明觋。”可知唐时该庙已建[①]，清康熙二十二年扩建，1984年重修。面积1420平方米，庙内建筑为三开间三进深，分别由前殿、左右偏殿、拜亭、正殿、夫人殿等组成。大庙周围扩大6040平方米，大庙坐北朝南，覆盖琉璃瓦，雕梁画栋，配以花岗岩地板，保持了明清以来的建筑风格。

安济王庙：在潮汕地区民间信仰中，安济圣王是备受崇拜的神灵之一。“潮地所祀的地方神灵，尤以祀奉安济圣王、风雨圣者为盛。”[②]安济圣王崇祀区域主要包括韩江上下游闽粤赣之汀州、赣州、梅州、潮州等地（表4-3）。

潮汕地区安济王庙（殿）分布示例表　　表4-3

| 庙名 | 所处位置 | 备注 |
| --- | --- | --- |
| 安济王庙（青龙古庙） | 潮州市湘桥区南堤路 | 市文物保护单位 |
| 后沟古庙 | 潮州市湘桥区吉街村后沟 | |
| 龙溪古庙 | 潮州市潮安区架桥潭 | |
| 新乡古庙 | 潮州市湘桥区吉街村新乡 | |
| 象岗梅林寺 | 揭阳市揭东区云路镇象岗村龟山下 | 设安济王殿 |
| 九江安济王庙 | 普宁市大坝镇区九江村 | |
| 湖山安济王庙 | 潮州西门外南岩湖山 | |
| 三界庙 | 潮州市湘桥区金山街道忠节坊 | 设安济王殿 |

（表格来源：自绘）

在明代之前安济王庙已存在，历经不同时期，多种不同的主祀神明在同一崇祀空间中进行融合与互动。宋代至明代，潮汕民间有祭祀蛇神的习俗，在明代中期之后，蛇崇拜经过改变，其形象演化为性格温和的小青蛇，为民众所接纳。到了清代，潮州的蛇神被尊称为“游天大帝”，其地位更为显赫。安济圣王信仰反映了中国民间信仰带有规律性的演变轨迹之一。从原始的巨蟒演变为明朝中后期的温顺小青蛇；中间层信仰则是宋代福建、广东、江西三地共享的官方册封的水神“安济圣王”；最后到了明清时期，正式将荣誉赋予蜀汉时期忠诚勇敢献身国家的王伉，这样青龙庙终于获得了被官方纳入“祀典”的资格。崇祀功能也经历了演变，从保护一方安宁，后被统治者提升为宣扬忠诚、爱国的象征，最终演变为处理世俗事务的万能神灵。

潮汕诸多安济王庙中，以潮州市南堤的青龙古庙最为著名，又称安济王庙，潮州人

① 何池．陈元光《龙湖集》校注与研究［M］．厦门：鹭江出版社，1990.
② 陈泽泓．潮汕文化概说［M］．广州：广东人民出版社，2013：429.

称“大老爷宫”。营大老爷庙会活动尤为隆重，青龙庙会因此获入广东省级非物质文化遗产名录。潮州市青龙古庙位于韩江大桥西端南堤之上，被列为潮州市海上丝绸之路地理坐标之一。庙门东向面临韩江，庙内主祀安济圣王，并辅以小青蛇作为神灵。相传三国时，蜀汉太守王伉战死于一次保卫战中，在明朝初年，地方官员谢少苍面对旱灾，为了救助民众，擅自调用国库中的粮食。朝廷得知此事后，因其“擅用国库”的罪名准备将其处以死刑。然而，在谢少苍即将被处决的时刻，天空骤然乌云密布。谢少苍曾在梦中遇见一位神明保护他，此刻他意识到，梦中的神明与附近的王伉庙内的神像极为相似。于是，他将王伉庙里的神像，以及神像旁的大夫人和二夫人的像带回了潮州。当时，韩江泛滥，他把神像安置在江边的青龙古庙中。洪水消退后，古城完好如初。后为制止水患，潮州海防同知施所学对青龙古庙进行了重修，并将王伉神像供奉于庙内，被尊称为安济灵王。从此，王伉便成为了安济圣王，并得到了潮州人的虔诚崇拜。[①]因而，饶宗颐先生称“跨南堤，当韩江之滨，临水为庙。疑昔时此庙本祀水神，故名安济，如梅州安济王行祠者。其后别祀王伉，复仍安济之旧名耳。”[②]雍正《海阳县志》云：“安济庙，在南门堤，乡人祈祷时，青蛇屡见梁节上，饮酒食肉，独不伤人。”[③]乾隆《潮州府志》载：“安济庙，即青龙庙，安济其封号也。详载寺观。神肹蠁灵应，潮人祷于庙者，伺其降陟，奉承畏惕，罔感越思。郡城南郭，三河合，其汇大海，承其委。庙屹立堤次，镇洪流，为全城护。报功肆祀，固其宜也。”[④]林大川《韩江记》中载：“安济王，即青龙王，安济其封号也。庙在城南，屹立长堤，冲当洪水，保护全城，我潮福主也……又青龙王寿诞条载：王极灵爽，郡人称为活佛。每神降，见有灵物蜿蜒，凭龛次香案间，其色青翠，头有王字，是曰青龙。来去倏忽，隐见无常。郡人以得见为吉，然不可必也。惟三月二十七日为王寿诞，每当府、道行香际，演戏排八仙时，神多降于神坛花瓶柘石榴枝上，万人瞻仰。郡人一逢神降，奉之益虔。”[⑤]庙中有正殿，仙师殿和官厅。庙中主祀安济圣王、大夫人、二夫人，两旁从祀二圣爷、福德老爷、花公花妈，仙师殿配祀三仙师公、挽娘娘，官厅前有潮州人谢少沧牌位[⑥]。青龙古庙广埕开阔，设有独立拜亭，可面江而拜。整个祠庙建筑群立于开阔天水之间，景致优美，亦如门前对联“船如梭横织江中锦绣，塔作笔仰写天上文章。”青龙古庙与潮州人文地理环境共同形成了优美特别的文化景观（图4-6）。

① 吴榕青．潮州青龙（安济）庙的信仰渊源及其变迁［J］．文化遗产，2015（2）：84-92，158.

② 饶宗颐《安济王考》，《禹贡》半月刊第七卷6-7期，1937年；饶宗颐．饶宗颐潮汕地方史论集［M］．广州：广东人民出版社，1996.

③ 雍正海阳县志。

④ （清）周硕勋．乾隆　潮州府志［M］．上海：上海书店出版社，2003.

⑤ （清）林大川．陈贤武，校注．《韩江记》《西湖记》校注［M］．广州：暨南大学出版社，2021.

⑥ 谢少沧，明朝潮州南门外人，明嘉靖壬午年（1522年）中举人，崇敬王伉公，其本人作为地方官员也爱民如子，故得潮州人尊崇。

青龙古庙景观

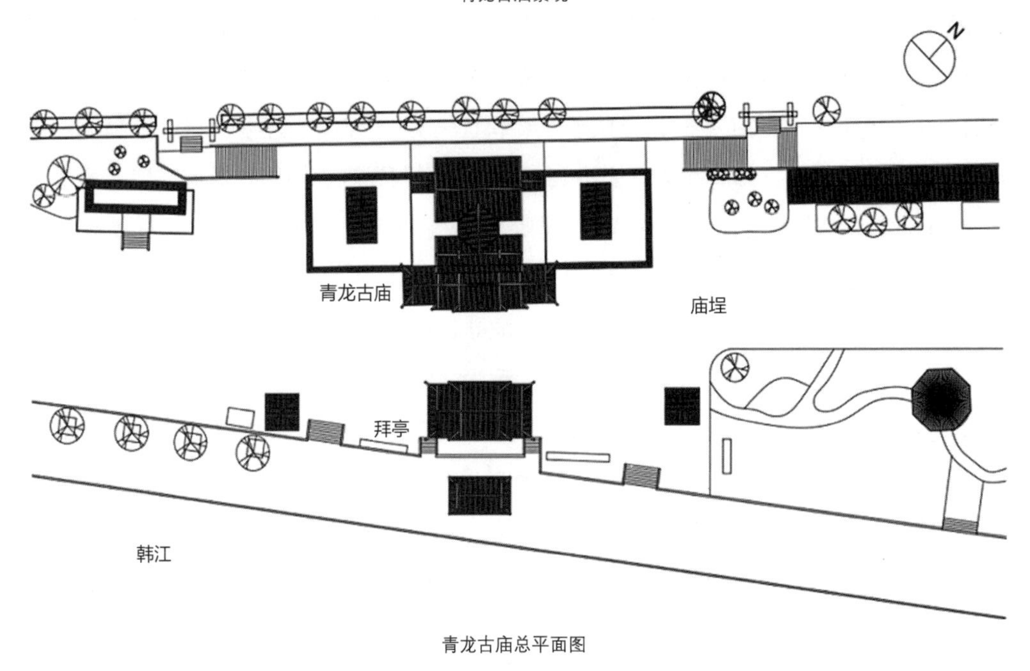


青龙古庙总平面图

图4-6 潮州青龙古庙文化景观图
（图片来源：自绘 自摄）

雨仙庙：在潮汕地区，雨水多而且不均匀，经常会发生旱灾。对于当地居民来说，旱灾威胁非常大。因此，风雨之神在当地神灵崇拜中占据重要地位。除了传统的风神、雨伯等神仙信仰和官方祭祀，潮汕人还发展出了一种特有的信仰，即风雨圣者（俗称为“雨仙爷”）。作为祈求降雨的神灵，历史文献如乾隆《潮州府志》《揭阳县志》[①]、嘉

---

① （清）刘业勤．乾隆．揭阳县志．清乾隆四十四年刻本．

庆郑昌时《韩江闻见录》[①]、林大川《韩江记》《潮州·丛谈志》[②]等均有记载。孙道者是潮州府揭阳县桃山都登岗孙畔乡人，被认为是雨仙的原型，是一位11岁的神童，因其能呼风唤雨、行云布水而被人们所尊，得到朝廷敕封“灵感风雨圣者”。在其乡建庙以拜之，孙畔乡的圣者古庙是雨仙祖庙，是揭东县文物保护单位。庙坐西南向东北，三进院落，始建于宋，明朝有重修，故庙中石刻、香炉、护壁等皆为明代遗存。清潮州总兵普宁人方耀因感念雨仙助战，因而再次修庙。1980年村民重修，保持明清风格。距离庙约500米处，是宝峰山，立有雨仙塔，同为揭东县文物保护单位，由碎块山石所筑，石板基座，分别雕刻一龙一虎，为明代遗存[③]。

雨仙信仰的出现与潮汕地理环境密切相关，潮汕地区因季风气候的特征，经常受到干旱的困扰。明清时期，随着韩江三角洲地区的开发，农业得以快速发展，使得气候对农业生产的影响越来越显著。最初信仰雨仙的人主要来自同姓氏的村落，后来这种信仰在孙氏宗族中得到认同，并逐渐成为该宗族的文化象征和纽带。从雨神逐渐演变为宗族和社区的守护神，这种信仰变迁在潮汕地区其他神灵信仰中也有代表性。许多原本仅是单一神灵的神性经过变化，成为宗族或社区的守护神，扮演着万能万应的角色。在现代，以雨仙信仰为纽带的宗族认同甚至延伸至海外。例如，1967年新加坡成立了“沙溪西林孙氏同乡会”。据统计潮汕地区雨仙庙约20余座，多集中于揭阳揭东、潮州潮安等地（表4-4）。广州三元宫也设有“羽仙真人”神位。

潮汕地区雨仙庙分布示例　　表4-4

| 庙名 | 所处位置 | 备注 |
| --- | --- | --- |
| 圣者古庙（雨仙祖庙） | 揭阳市揭东县登岗镇孙畔乡 | 县文物保护单位 |
| 圣者古庙 | 揭阳市揭东县登岗镇曾厝洋乡 | |
| 雨仙庙 | 揭阳市揭东县鱼湖镇镜沟 | |
| 雨仙庙 | 揭阳市揭东县炮台镇塔岗乡 | |
| 雨仙庙 | 潮安县凤塘镇万里桥 | |
| 雨仙庙 | 潮安县沙溪镇西林 | |
| 雨仙庙 | 潮阳市谷饶镇 | |
| 圣者庙 | 饶平县海山镇黄隆乡 | |

（表格来源：自绘）

① （清）郑昌时. 吴二持，点校. 韩江闻见录［M］. 广州：暨南大学出版社，2018.
② 出自民国三十八年版饶宗颐修《潮州志》。
③ 林俊聪. 潮汕庙堂［M］. 广州：广东高等教育出版社，1998.

## 4.2 祠庙空间的民俗文化展演

潮汕地区的祠庙和游神赛会共同构成了典型的文化空间形态，这种空间融合了自然和文化属性，呈现出一种活跃而生态的文化遗产特征[①]。在非物质文化遗产的分类中，“文化空间”代表了多元文化融合的民俗场域。其核心特点在于整体性、综合性、真实性、生态性和生活化，这些特点共同展现了一种独特的文化传统或模式。潮汕祠庙正是如此。潮汕祠庙以社区民众的日常实践为根本，成为了一个由活跃的物质空间建构和多样知觉活动组成的社区核心空间。祠庙是群体行为的关键见证，空间中的行为事件汇聚形成一系列空间场景，各种行为模式构建出不同的场景叙事结构，成为人与空间的隐形联系。从场景视角关注祠庙遗产，以物质空间实体为基础，从空间的“可见性”到“可解性”，剖析潮汕祠庙空间与民俗仪式行为的相互作用，这有助于在充满历史文化价值的空间环境中，动态地、关联地理解祠庙的场所特性及其文化脉络。将祠庙建筑遗产的保护从物质实体延伸至历史文化内涵深层保护，进而拓展祠庙建筑遗产衍生价值的表征和再现空间。[②]





### 4.2.1 世俗生活中节庆礼俗的回转

在潮汕地区的民间社会中，时间被视为“事件中的时间”，通过祠庙活动中的各种祭祀活动对时间进行了标定，与此同时各种日常生活礼俗往复上演，将潮汕传统社会的地方性时空和地方日常生活联系在一起，形成了清晰可见的生活模式和生活节奏。潮汕地区一年中有大量祀日，由两套时间制度组成。伴随着自然节律“春生、夏长、秋收、冬藏”，一套时间制度按照四季更替进行纪念，如上元、清明、立夏、端午、中元、中秋、冬至、除夕年时八节；另一套则为诞辰日，如“观音菩萨诞辰日的二月廿九娘生”“三山国王诞辰日的二月廿五国王生”“妈祖诞辰日的三月廿十妈祖生”等。这两套时间制度组合在一起，使一年的祀日变得格外繁多，祭祀活动内容也变得多元丰富。对于个人而言，时间也具有神圣性，每个月的朔望之日对神的敬拜，也可以被视为一种生活规约。以15天为间隔不断重复，以此来不断获得自我安全感和存在感（图4-7）。

每年伊始带来令人激动的庆祝时刻如春祈秋报、春秋赛会，神明的庆典通常在春节或春天举行。在农历正月到二月间，潮汕地区各个乡村都会举行“营老爷”的游神狂欢节日，这种全村性的狂欢有的甚至要持续一个月的时间。这些共同的活动形成记忆，时间变得具体而非抽象，包含了丰富的自然情境与生命体验，人们按照具体的意象来感受

---

① UNESCO. 联合国教科文组织. 宣布人类口头和非物质遗产代表作条例［Z］. 1998.

② 陆邵明. 建筑叙事学的缘起［J］. 同济大学学报（社会科学版），2012，23（5）：25-31.

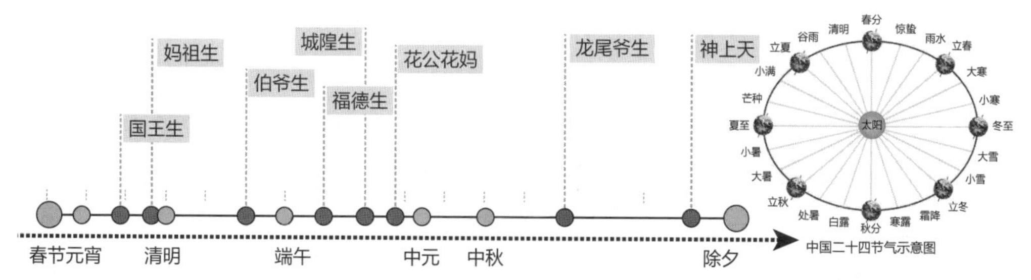


潮汕地区时年八节与神诞祭祀时间示意图

拜亭庭院空间祭拜场景

正殿空间祭拜场景

寝殿空间祭拜场景

揭阳城隍庙农历二月初一祭拜场景图

**图4-7　两套时间体系下潮汕地区的节庆礼俗循环**
**（图片来源：自绘　自摄）**

与标记时间，体现了自然节律、人的日常礼俗、神诞祭典的韵律互动与融合。

神圣时间呈现出循环往复的特点，在同一年中的相同时刻，按照事件的周期性重复，引导人们回顾这一特定日期，重温历史，从而加强记忆。在日历上，相同的时间周期每年都占据对应的位置，通过重复举行仪式，仪式在相同的时间背景下完成，即在一个体系内的同一对称点上实现，而不受时间分隔体系的影响。因此，相同的仪式会在相同的时间进行。每个周期性仪式的举行似乎能让参与者感受到自己置身于相同的时间之中。正是由于其本质特点，仪式的时间具有无尽的重复性。虽然各地区祭祀境主神的性质与内容在大体上类似，但具体形式却表现出丰富的多样性。祠庙建筑内存在各种信仰实践活动，这些活动在规模、活动主体的身份地位以及祭祀目的方面都存在差异。关于规模，信仰活动可以分为个人信仰活动和集体信仰活动；从仪式组织主体的身份角度看，可以划分为官方祭祀和民间祭祀；在祭祀活动的目的上，有以祈求福祉为目标的赛祭，和以消除灾害为目的的傩祭。这些信仰活动涵盖了民间社会日常生活的各个方面需求。下面对潮汕地区祠庙祭祀活动分类进行说明：

（1）日常祭祀

平日里信徒的个人的祭祀祈祷活动，可称为个人祭祀。一般于每月的初一、十五日点灯进香，在祠庙中进行的祭祀活动。

（2）诞日祭祀

即于神诞日举行的大型祭祀活动，一般为群体祭祀。在潮汕地区，每逢神诞如关帝、妈祖、三山国王、城隍等，相应的祠庙都会组织庆祝活动。这些活动通常由村里声望高、德高望重的乡绅负责主持，而所有村民都可以参与其中。祭祀仪式的礼节来自官方正统的神祇礼仪，包括盥洗、迎神、奠帛初献、晋祝、亚献、三献、受胙、送神和望燎等环节。如"妈祖生"，为农历三月廿三，潮汕各乡村皆举行大型祭祀活动，以妈祖游神最为隆重。

（3）岁时祭祀

逢"时年八节"[①]均到祠庙中进行祭拜，尤其岁末年初是潮汕地区祭拜比较密集的时间段。如腊月二十四诸神并祀，俗称"神上天"，众神上天回复一年差事，人们纷纷于此日祭拜，以求言好。正月祭拜频繁，一般的游神赛会在这个时间段中举行。以潮州市凤凰村村庙福灵古庙一年中的祭祀为例，可清晰看到不同祭祀类型的规模、仪式等区别，循环交替往复，形成了这个普通村落的日常生活韵律（表4-5）。




潮州溪口村福灵古庙全年祭祀表[②]　　表4-5

| 祭祀分类 | 祭祀时间 | 祭祀礼仪 | 祭祀目的 | 祭祀供品 |
| --- | --- | --- | --- | --- |
| 日常祭祀 | 每月农历初一、十五日 | 点灯，个人跪拜、念祷 | 村民红白喜事、求子、求财、求福、问祷等 | 纸钱、香火 |
| 诞日祭祀 | 老爷生：<br>"慈悲娘生"农历二月十九日；<br>"三山国王生"农历二月二十五日；<br>"感天大帝生"、"伯爷生"农历三月二十九日；<br>"玄天上帝生""福德爷生"农历六月二十六日；<br>"花公花妈生"农历七月初七日 | 无论庙中是否供奉相应诞辰的神，村中家家户户皆到福灵古庙祭拜，当日村民家中吃面条以示祝愿长寿 | 主神感天大帝生<br>观音慈悲娘娘生<br>福德爷生<br>三山国王生<br>花公花妈生等神生 | 果品三牲香烛纸币寿面等 |
| 岁时祭祀 | 除夕、农历正月初一日、正月十二日（营老爷日）、农历十二月二十四日（灶神日） | 1. 除夕正月初一村民均到古庙进香祈福；<br>2. 正月十二日（营老爷日）游神，福灵古庙主神感天大帝出巡，有镖旗锣鼓相伴，巡游环绕整个村范围，规模壮观；<br>3. 农历十二月及二十四 | 1. 除旧迎新祈福；<br>2. "感天大帝"巡视全境，以保境平安；<br>3. "神上天"祈求神上天言好事 | 纸钱、香火、五牲（猪鸡鸭鹅鱼） |

（表格来源：自绘）

① 潮汕地区对春节、元宵、清明、端午、中元、中秋、冬至、除夕等八大节令，谓之为"时年八节"。

② 根据"丹尼尔·哈里森·葛学溥. 周大鸣，译. 华南的乡村生活——广东凤凰村的家族主义社会学研究［M］. 北京：知识产权出版社，2011.""周大鸣. 凤凰村的变迁——《华南的乡村生活》追踪研究［M］. 北京：社会科学文献出版社，2006."两本专著进行综合归纳制表。

潮汕地区的祠庙空间及祭祀活动，蕴含丰富的地方非物质文化遗产，是城镇历史文化景观不可或缺的部分。2003年联合国教科文组织颁布的《保护非物质文化遗产公约》将非物质文化遗产分为五大类，包括口头传统和表述、表演艺术、社会风俗、礼仪、节庆、有关自然界和宇宙的知识和实践，以及传统手工艺技能。信仰实践活动在规模和内容上非常多样化，祭祀活动的多元内容涵盖了丰富的非物质文化遗产（表4–6）。

与潮汕祠庙相关的非物质文化遗产示例　　表4–6

| 序号 | 名称 | 起源 | 简介 | 保护等级 |
| --- | --- | --- | --- | --- |
| 1 | 贵屿双忠信俗 | 明 | 明嘉靖十二年（1533年）汕头贵屿双忠[illegible]街路棚习俗融为一体，存续至今，全民参与，独具特色 | 国家级 |
| 2 | 潮阳英歌 | 明 | 潮阳英歌舞是傩文化演变至明代吸收北方大鼓与秧歌而逐渐演化成英歌舞。常于神诞庙会时表演 | 国家级 |
| 3 | 潮剧 | 明 | 潮剧是用潮汕方言演唱的地方戏曲剧种，神诞庙会时表演 | 国家级 |
| 4 | 蜈蚣舞 | 晚清 | 起源于晚清年间，是融音乐、舞蹈、武术于一体的广场式大型动物舞蹈。于澄海一带祭祀、庙会表演 | 国家级 |
| 5 | 澄海灯谜 | 明 | 起源于古代隐语、斗智炫巧的文字游戏，发轫于民间流行的童谣童谜，是人民群众喜闻乐见的民间民俗文化活动 | 国家级 |
| 6 | 潮州木雕 | 唐 | 有题材广泛、构图饱满、雕刻精细、玲珑剔透、多层镂空、金碧辉煌等特点。潮汕祠庙空间装饰多采用 | 国家级 |
| 7 | 潮州青龙庙会 |  | 潮州青龙庙会既承载着闽粤地区对蛇神的传统崇拜，又与潮人崇尚祭祀一心为民的地方神祇密切相关，并以其独特的祭祀格局而享有盛誉，庙会也成为海内外潮人凝聚乡情的重要纽带 | 省级 |
| 8 | 南澳县后宅渔灯赛会 | 清 | 始于清代，起源于海岛每年元宵祭祀庙会，分布南澳全岛。后宅镇十三乡的渔灯队穿梭于后宅镇大街小巷，进行各类渔灯造型的表演，有浓烈的海洋文化特征 | 省级 |
| 9 | 鳌鱼舞 | 1943年 | 始创于1943年，鳌鱼舞的创作题材来自古代神话传说中的鳌鱼崇拜，同时又展现奋发上进的主题思想 | 省级 |
| 10 | 潮南英歌舞 | 唐 | 在潮南，英歌舞被认为具有“驱鬼神、镇邪恶、保平安、求福祉”的作用，每逢春节、元宵、游神赛会，各地纷纷组织英歌舞表演 | 省级 |
| 11 | 潮式粿品制作技艺 |  | 是潮汕地区民间习俗祭神拜祖的必备贡品 | 省级 |
| 12 | 华阳珠珍娘娘信俗 | 明 | 华阳珠珍妈祖主管小孩“天花”“麻疹”“水痘疹”，当地百姓有求必应，人人无不信仰，成为当地群众护佑神 | 省级 |
| 13 | 厦岭妈宫俗信 | 明 | 厦岭妈宫俗信属于妈祖文化，每年开春厦岭妈宫要举行传统的妈祖巡安民俗活动；农历三月二十三妈祖圣诞日要举行隆重的祭祀活动，为妈祖娘娘祝寿 | 市级 |

续表

| 序号 | 名称 | 起源 | 简介 | 保护等级 |
|---|---|---|---|---|
| 14 | 凤岗<br>珍珠娘娘庙会 | 清 | 每年正月十六晚至十七晚，来自四乡八里的香客汇集到凤岗珍珠娘娘庙奉拜凤岗妈，成为濠江乃至潮汕地区的特色乡村民俗庙会 | 市级 |
| 15 | 深澳麒麟舞 | | 深澳舞麒麟是海岛优秀传统民间艺术，融渔灯、舞蹈、音乐、造型艺术于一身，以内涵丰富、特色鲜明、观赏性强，成为海岛民间舞蹈的一朵奇葩 | 市级 |
| 16 | 赛大猪习俗 | | 冠山赛大猪始于清代嘉庆年间，是每年祭神活动中的重头戏。六七百头生猪屠宰之后上架，摆列于神前作供品 | 市级 |

（表格来源：自绘）





潮汕地区岁时神诞的祭祀活动由于规模盛大，往往包涵的非物质文化遗产种类丰富，贯穿了整个游神赛会的过程。有戏曲歌舞、食物祭品、老爷出行的仪仗等。如潮剧、英歌舞、潮州大鼓、各种粿品等，在整个游神活动中发挥着至关重要的作用。英歌舞由古代祭祀仪式傩舞进化而来，当代英歌舞与《水浒传》故事紧密相关，英歌队常以36人为演出队伍编制，对应《水浒传》中的三十六天罡，展现梁山英雄攻打大名府的过程。其动作威猛阳刚、服饰色彩鲜艳、音乐热闹欢快，构成了威武、豪迈的气势，在潮汕人眼里，英歌就是英雄的化身、吉祥的象征。给人以力与美的震撼，振奋人心，激起了群体的凝聚力。粿作为祭神的重要供品，象征了潮汕人民对神明和祖先的敬意与祈求。各种富有地方特色和寓意的粿，如红桃粿、鼠曲粿、白面粿等，无论在造型、名称还是摆放方式上，都被赋予了吉祥寓意，这些粿类作为祭祀的象征符号，为人与神之间搭起了情感沟通的桥梁。

### 4.2.2 祭祀礼仪与祠庙空间的因应

潮汕地区祠庙的空间布局反映了文化形态衍生的空间格局，与潮汕祠庙文化重心及其对应功能强化或弱化的相关遗产信息密切相关。祭祀仪式聚集了人群和对象，使祠庙空间成为一种仪式符号系统，反映了潮汕地方多元共存的信仰文化模式。

潮汕祠庙作为专门用于祭祀的场所，在以祠庙为中心的社区范围内举行节庆礼俗、庆典、神诞等各类仪式。潮汕地区的仪式行为涉及的社会空间可分为三个层面：家庭、村落和城市空间，每一个社会空间层级都有相对应的信仰“核心区位”，例如家庭的中庭；村庙；社区的社庙以及城市级的大庙，如城隍庙、天后宫、关帝庙等（图4–8）。

由于参与仪式的群体规模各异，它们的“反结构”效应在不同群体规模中发挥着各

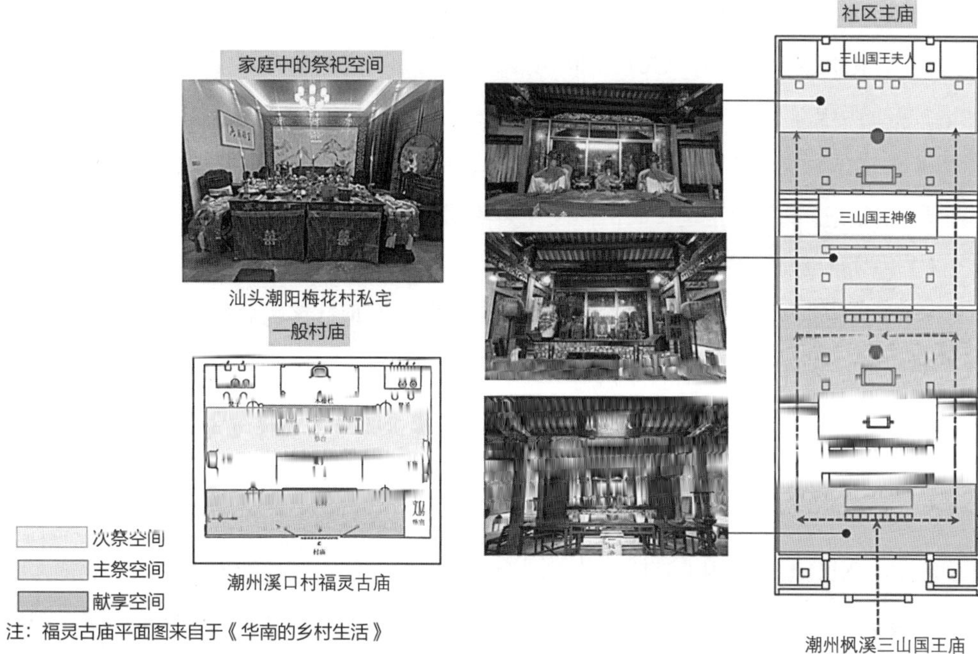


注：福灵古庙平面图来自于《华南的乡村生活》

**图4-8 潮汕祠庙祭祀行为的社会空间层次**
（图片来源：自绘）



自的作用。“反结构”源自维克多·特纳（Victor Turner）的理论，该理论讨论了仪式、展演和社会结构之间的关系。在仪式中，“反结构”描述的是一种在仪式过程中产生的状态，与社会的日常结构形成鲜明对比。仪式往往通过打破日常生活的规则和角色，带来一种混沌和无序的状态。这种状态被称为“liminality”（边缘状态）或“communitas”（共同体）①。在反结构状态中，人们暂时脱离了他们的社会角色和身份，重新思考和重塑社会的规则和结构。在仪式的反结构阶段，社会的层次结构及规则可能会被打破，个体的角色和身份被抹去。在这个阶段，所有人都是平等的，没有社会地位和职能的差别，进入一个相对平等、无等级差别的社区状态。而当仪式结束后，人们回到他们的日常生活，带着从反结构状态中获得的新视角和理解。这可能会导致社会的变革，因为人们可能会开始挑战原有的社会规则和结构，推动社会向和谐公平稳定的方向发展。潮汕祠庙的祭祀庆典仪式在不同社区范围内进行，祠庙及其附属空间成为专门的仪式场所。不同类型的祭祀具有各自独特的仪式，因此，祭祀空间的设计具有明确的目的，其空间形式会根据仪式需求进行调整与适应，使潮汕祠庙成为一种具有变形和伸缩能力的动态存在。

潮汕祠庙的仪式空间既是具有鲜明特色的实体场所，也反映了潮汕地区生活世界的

① ［英］维克多·特纳. 黄剑波，柳博赟，译. 仪式过程：结构与反结构［M］. 北京：中国人民大学出版社，2006.

具体现象。仪式作为精神活动的核心，赋予了空间意义，使得潮汕祠庙的空间从单纯的“形式”转化为富有意义的“文化空间”。仪式空间形式之下蕴含着深刻的内涵，与潮汕地区社群的历史、传统、文化和居民情感等一系列主题紧密相连。这些主题为祠庙空间赋予了丰富的意义，整体反映了潮汕社区居民的生活方式和环境特点。从某种程度上说，潮汕祠庙建筑空间正是民间信仰及相关活动塑造的空间形态。

（1）祠庙空间尺度

在潮汕地区，每个地方社庙都有其主祀神祇，是当地社区的象征。民间信仰与“里社”制度相互交融，对传统社区空间产生了深远的影响。每个神祇的辖区和等级都有明确的划分。一般有“主庙（大庙）—社庙—福德祠”，神灵管理的区划范围不同，决定了祠庙等级规模大小的不同。主祭空间通常位于祠庙的轴线上，由拜亭和大殿构成，用于祭拜主神。拜亭和大殿都是祭祀建筑，其中拜亭位于大殿前，用于摆放祭品，常紧邻大殿而建，两建筑虽然结构上是脱离的，形态上则浑然一体，在潮汕地区拜亭一般依大殿存在，起到过渡作用使主祭空间更具层次感，满足纵向上祭祀空间连续性的需要。神庙的核心空间是正殿，用于举行祭拜仪式和开展公共活动。其平面布局一般为三间四进，心间靠后墙安置主神的神像，主要放置供奉桌形成祭拜空间，前面两进则用于导引和活动。正殿作为神庙中的主祭空间，通常位于祠庙轴线上，是祭祀建筑中的重要部分。





（2）祠庙内的神灵布局

神明偶像众多是潮汕祠庙神像设置的特色。乍看庙中神像布置杂乱无章，但实际庙中神明偶像布局遵循章法，皆有其来历，法力与功能也各不相同。从神明的来历、法力、功能，以及其偶像在庙中的位置，可以将庙中众多的神明分为主神、配祀神、从祀神三大类。处在祠庙神殿正中央的为祠庙主神，处于次要地位的是配祀神与主神的从祀神。主神位于神殿正中的上首，大型的祠庙常以“正殿”作为主神的栖身之所。从祀神处于神殿两侧的上首，常设“偏殿”作为从祀神的栖身之所。配祀神的位置通常是立在主神的两侧。在潮汕地区，一般村庙中的主神常为“三山国王”“感天大帝”等，从祀神通常是花公花妈，为妇女儿童的保护神（图4–9）。

（3）仪式空间与祭祀行为

潮汕祠庙的室内布置在一定程度上与传统社会的衙署相映照。祠庙主神位于正殿居中，坐于精致木雕阁中，两边是配祀神，前面设有侍从，各种帐幕围绕，主神仪态威严端坐高堂之上。这种权威的建构方式反映了民间社会的祈愿和努力，其目的是将遥远但真实的行政权威转化为与日常生活贴近的象征性权威。

在潮汕祠庙中，祭祀活动主要集中于山门后的拜亭和主殿的空间中。日常的祭拜仪式在主殿内的供桌前进行。室内立柱、供桌、幡帛等此时成为神明与凡俗的分隔，使人们在神明的若隐若现中保持着虔诚的期许，完成心灵的衷诉。由驻庙人负责主持，普通

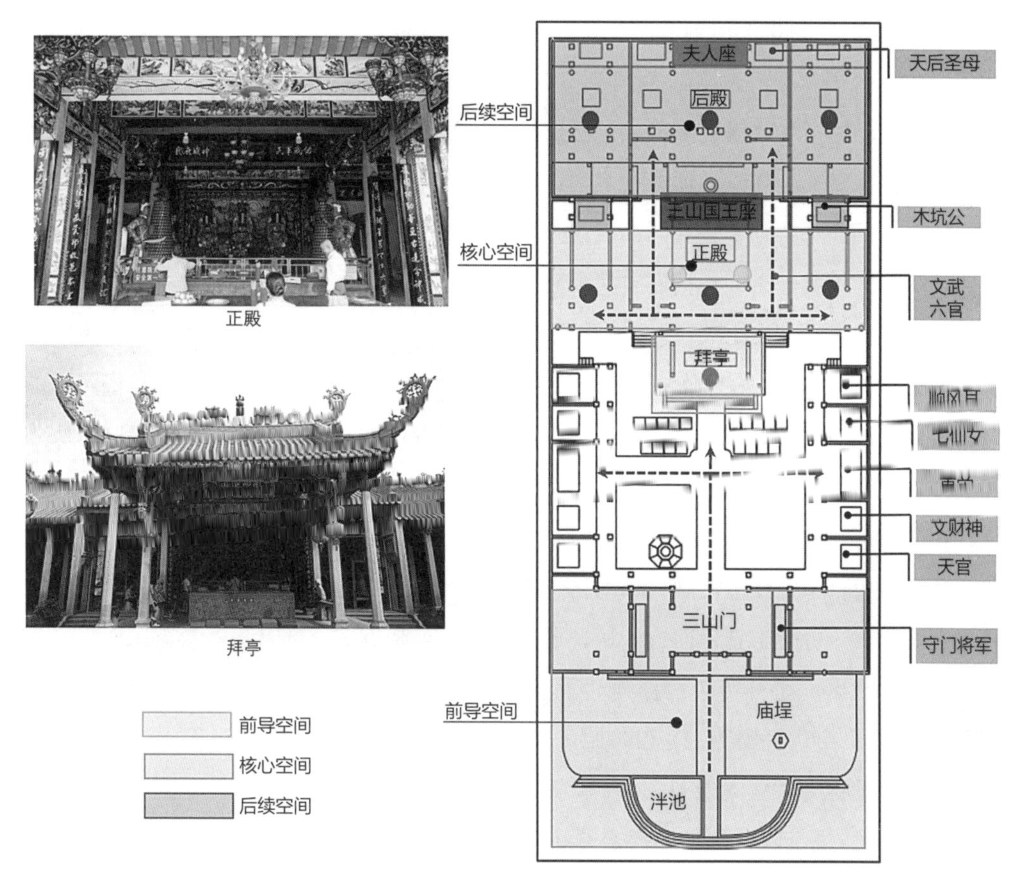


图4-9 揭阳霖田祖庙祭祀空间及神祇示意
（图片来源：自绘）

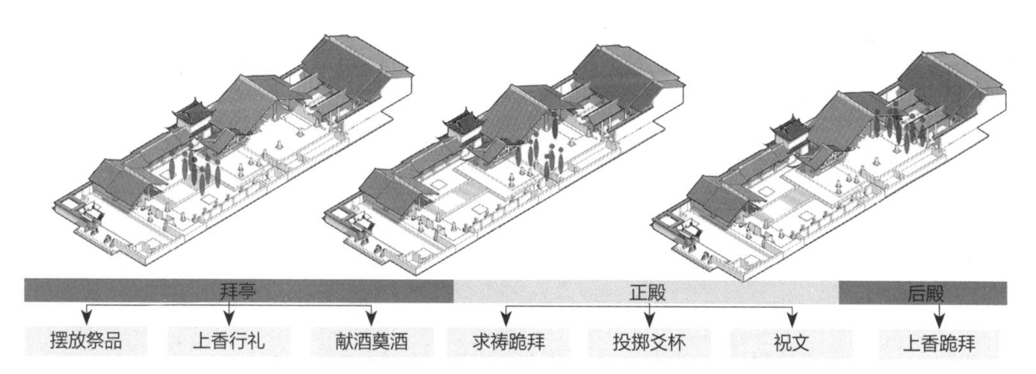


图4-10 祭祀礼仪活动与揭阳城隍庙建筑空间关系示意
（图片来源：自绘）

民众则跪拜在供桌前参与祭祀活动，包括上香、奉献酒水和供品、叩拜、抛杯爻、祝祷、放鞭炮、焚烧纸钱和纸马等（图4-10）。这个空间位于主殿后金柱和前檐柱之间。个人祭祀具体仪式为：进入祠庙后，点燃香，并在每一个用来盛放香火的容器中放一些香火，完毕。在供桌上摆放祭品后，走到供桌前跪下，拿起杯爻，以杯爻组合方式占卜吉凶。

### 4.2.3 游神赛会的空间叙事

仪式活动通过场景设立来形成记忆架构，通过选择特定环境来与场所建立关联，从而赋予其文化意义。在潮汕地方社区中，祠庙可视为一种综合性展现文化传统的特定场域或形态，祠庙与游神赛会共同构成仪式场景，人与天地日月、神佛、仙道、鬼怪之间沟通、交际的仪式性活动在祠庙空间中展演。

游神赛会是潮汕地区最盛大神明庆典，通常在农历正月或二月举行。《潮州风俗考》①和《潮州府志》均对游神赛会盛况做了生动的描写。潮属各县各有当地最隆重的"营老爷"活动。乾隆《潮州府志》记载："九邑皆事迎神赛神。海阳有双忠会，以庆张巡、许远，届三年一小会，五年大会。小会数百金以上，大会数千金以上。潮阳有土地会，揭阳有三山国王会。澄海、惠来乡社自正月十五日开始，至二三月方歇，银花火树，舞榭歌台，鱼龙曼衍之观，蹋踊秋千之技，靡不毕具。故有"正月灯，二月戏"之谚。夜尚影戏，价廉工省，而人乐从，通宵聚观，至晓方散，惟官长严禁嚣风斯息。"②

在潮汕地区，游神赛会被称为"营老爷"。其中，"营"这个潮汕方言词语，意为"围绕"，保留了《汉书颜注》和畛域《文选薛注》的古义。在祭祀过程中，神明巡土安境的仪式被称为"营大老爷"，每年农历正月，在一个镇内每日一村轮流举办"营老爷"。在潮汕，每个庙会都举办营老爷活动，全村居民参与其中，这是人与神之间的盛大约定。由村中德高望重的长者组织，"营老爷"的吉日和吉时通过掷"圣杯"征求神明的意见来确定。然后募集经费，发布公告，安排出游程序和人员，以及训练村里的锣鼓队等。《韩江闻见录》卷一中记载了三山国王祭祀情形："三山国王，潮福神也。城市乡村，莫不祀之。有如古者之立社，春日赛神行傩礼。酢饮酣嬉，助以管弦戏剧，有太平乐丰年象焉。"③

潮汕民众每年都在各自社区举行"游神赛会"仪式，确认各自的居住领域。这一喜庆活动通过请出供奉在神庙中神明的神像进行巡街游行。游神活动的时间因地而异，但形式和内容基本相同。通常在活动前一天，神像会被请出庙宇进行集体祭祀，然后开始出巡（图4-11）。队伍前端由马头锣带领，随后是"肃静"和"回避"，几位壮汉抬着神像沿着游行路线前进，这称为"洗安路"。这个过程旨在祈求神灵的庇佑、驱邪避凶以及地区平安。紧接着是潮乐队和旗标队。游行路线上的地点都会举行灯会庆祝，人们欢呼雀跃，高喊"兴啊，兴啊"以示欢迎，祈愿新的一年吉祥如意。整个游神活动热闹非常，锣鼓震天，洋溢着欢乐、和谐与祥和的氛围。具体内容如下：

---

① （清）蓝鼎元．潮州风俗考［C］//蓝鼎元．蓝鼎元论潮文集［M］．深圳：海天出版社，1993：86.

② （清）周硕勋．乾隆 潮州府志［M］．上海：上海书店出版社，2003.

③ 郑昌时．韩江闻见录［M］．上海：上海古籍出版社，1995.

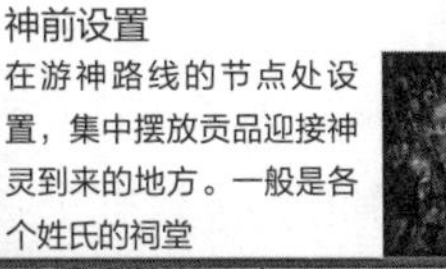

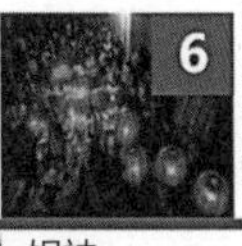

图4-11　潮汕地区游神赛会过程示意图
（图片来源：自绘）

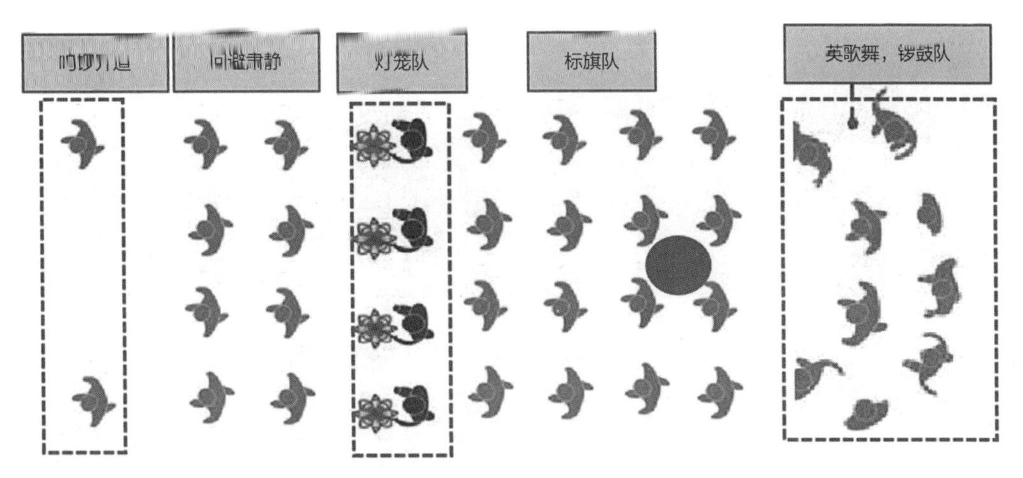



图4-12　游神队伍构成示意图
（图片来源：自绘）

（1）游神路线制定

每年从元宵前后到农历的二三月间，由村中主事老大在“老爷”像前奏准出游时间，然后投掷交杯决定出游路线。以霖田三山国王游神路线为例，一般路线从象门约起，至园埔约、马路约、南山约、龙潭约、狮头约后转宫。覆盖河婆的“六约”。

（2）游神队伍组成

每个社的游神队伍顺序设置基本相同，序列上或稍有微差（图4-12）。潮州市枫溪区埠美社“游神赛会”的队伍构成具有一定的代表性：“一是鸣锣开道；二是肃静回避（庵路牌）；三是三山国王（旗号）；四是大灯笼；五是迎圣驾（旗号）；六是埠美社（旗号）；七是香亭（香炉）；八是王后（神像）；九是王爷（神像）；十是标旗；十一是锣鼓队。”[①]其中游行队伍中的游标旗是一大亮点。首先是武标旗，通常被称为“五丰旗”，

① 王建平，吴思远. 城市化进程中传统社区民间信仰活动的变迁与适应——以广东省潮州市枫溪区“游神赛会”活动为例［J］. 韩山师范学院学报，2011，32（1）：46-53.

底部为绸缎，缀有五彩花边和纹饰，边缘为多棱形。五面旗分别呈黄、红、橙、绿、蓝五色。游行时，每位挑选出的魁梧壮汉分别扛一面旗子。紧接着是文标旗，起到连接作用，通常为长方形，绸缎镶边，色彩鲜艳，金线绣字，字句优美。如“风调雨顺”“国泰民安”等。扛文标旗的人包括男女，有单人标和双人标，队伍数量众多。挑选的扛标人多为英俊美丽的男女，充满光彩。游标旗巡游展示了潮汕人的自信和豪情。英歌舞生龙活虎，驱邪避鬼、营造氛围，同时也体现了潮汕人的豪放勇武精神。游神队伍伴随震天的潮州大锣鼓鼓点锣声，标旗华丽仪仗，展示着潮汕人的精神世界，表达着人们对美好理想的追求与向往[①]（图4-13）。

鸣锣、灯笼队　　标旗队

英歌舞　　祭品

图4-13　游神中的非物质文化遗产示例
（图片来源：自摄）

（3）巡游

巡游的游神路线，主要集中在各个社的辖区范围内，游神队伍绕村“巡视”，串联村中重要节点如各族祠堂、土地庙等，一路接受村民的夹道参拜，直到全村境域游遍才停。这期间，全村德高望重的人组成本村出巡大使，穿上长衫、戴上毡帽，在队伍中接

① 陈福刁. 潮汕民俗游神赛会的现代意义——以揭阳市揭东县铺社村的游神赛会为例［J］. 韩山师范学院学报，2011，32（1）：54-57.

受各家跪拜。队伍过后，村民收拾事前铺于地上专供“王爷”队伍践踏的稻草等，取回家中放于猪圈或鸡窝，以祈六畜兴旺。游神过程中，道路两边的商铺或房屋前都要放鞭炮，鞭炮一响，游神队伍就会被截停。据说谁家的鞭炮放得长，烧得久，把神灵截留下来的时间越长，所获得的福气也就越多。

（4）神前设置

“神前”是在游神路线的沿途设置的集中摆放贡品迎接神灵到来的地方。一般是各个姓氏的祠堂，由于新中国成立后很多祠堂已经被拆掉，所以现在很多“神前”是在原祠堂旧址的位置或者另选地方搭建的临时棚架，棚架内则张灯结彩，悬挂标旗，摆放香炉、大香、五牲、糖果等贡品。例如潮洲市枫溪社区游神时，神前分别设在各个姓氏的宗祠前，以及龙母爷庙前、枫溪商城前等社区内重要节点出入口处。每家每户都会在“神前”摆放贡品，在“神前”上香参拜。“神前”前面的空地一般会上演纸影戏（木偶戏的一种）或社戏。“游神赛会”中的“赛会”也暗指以前人们在“神前”摆放供品丰盛程度的一种较量，而今则为老爷进村巡游后，村民在全村各重要祠堂或中心禾埕，摆上丰盛的五牲糖果。一般由轮值作为“福首”的祭品放在最前面，其余人自行选好位摆放自家祭品。

（5）祭神

先由主事老大诵读祭文，并带领全村信众三跪九拜。祭毕，“庙祝”代表随行队伍接受“福首”代表全村赠送的“红包”。

（6）娱神

娱神是游神赛会的高潮，又称“耍老爷”，通常分为“武营”和“文营”（图4-14、图4-15）。潮汕村民认为老爷是与众同乐的神明，参与到民众的生活中，聆听民众的需求，给人以安全的信念。汕头澄海盐灶村的营老爷就以“武营”而出名，当地人称为“拖神”。每年农历正月二十一、二十二两天，村中青壮年需准备拖神，当年轮值抬神的壮汉则要护神，用麻绳与老爷神像紧紧捆绑在一起，待出巡结束来到老爷场时，众人吆喝，开始猛冲猛拼，想把神拖下来，护神大汉一般赤身涂上豆油，很难被揪住，拖神的人也各不相让，你争我夺，抱腰拽腿，围观者人山人海，群情激动，整个过程激烈壮

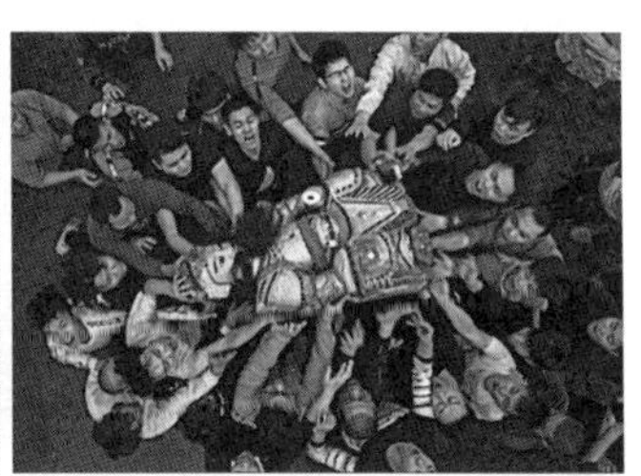

图4-14　揭阳新林“武营”营老爷
（图片来源：自摄）

图4-15　潮阳棉城双忠庙祭祀准备（上）普宁白坑、兴寮走（耸）老爷
（图片来源：张声金摄）

观。各方壮汉争相爬上老爷神轿摔跤，以能拖倒老爷轿为幸，并从老爷身上揪下几根胡须，当地俗语“盐灶神欠拖”由此而来，这也反映了潮人宗教意识中的某种观念：人们尊奉神灵，期待得到回馈，若神灵未能满足祈求，则可能受到惩罚。盐灶神欠拖，便是这样的观念背景下诞生的象征性习俗[①]。

游神活动中，主神巡游范围通常限于本社区。为了明确主神的管辖范围并防止相互侵犯，各社区会进行迎神绕境等活动以示区域划分。出游的神祇通常是乡内的“主神”，掌控着村落空间，巡游范围即为神灵祭祀圈。主神的神像被人们从祠庙中恭请出来，在巡游村落的重要空间路线上展开巡游活动，并伴随着一套礼仪的进行。潮汕地区的祠庙不仅仅是敬神仪式的场所，还举行演剧、游神、庙会、饮宴和集会等活动。这些祭祀活动代表着民众渴望获得神明庇佑的心愿，同时也为他们提供了精神上的支持。此外，这些活动在传承文化、丰富民生和维护社会秩序方面都具有重要作用。民俗祭祀的各种仪式都是为了与神灵建立良好的关系。人们献上供品，结束后还可带回家与家人分享。这些仪式通常由世俗人士组织维持，但有特殊需要时会请风水先生、占卜师、法师或道士等专业人士来主持或指导。例如，在某些醮局中，需要法师或道士讲经论道，促使了道教传统仪典与民间民俗的融汇，使祠庙民俗祭祀活动具有了多重丰富的意义。

潮汕地区被列入非物质文化遗产的游神赛会比较多，如潮州青龙庙会、三山国王祭典、揭阳城隍庙会等都盛况非常。潮州青龙古庙“安济圣王”出游以规模盛大，影响力广而著称。清光绪之《海阳县志》已有记载：“正月青龙庙安济王会，自元旦后三日掷珓诹吉，郡城各社，即命工人用楮帛缯彩，制为古今人物，如俳优状，而翊以木石花卉，名曰花灯。每社若干屏。届时奉所塑神像出游，箫鼓喧阗，仪卫烜赫。大小衙门及街巷，各召梨园奏乐迎神。其花灯则各烧烛，随神驭夜游，灿若繁星。凡三夜，四远云集，靡费以千万计”。正月廿四日至廿六日为安济圣王巡游时间，以赛花灯为中心。第一晚为“头夜灯”，全城七社的大屏灯、杂灯、活景灯，在大锣鼓和丝竹管弦乐声中从

① 陈占山. 潮汕传统宗教信仰的基本格局与作用［J］. 闽南师范大学学报（哲学社会科学版），2018，32（01）：80-88.

各方前往城南青龙庙参拜安济王神。第二晚即“二夜灯”，花灯先在北门集中后，接新的路线游行。第三晚为游神“正日”，晚上11点多，青龙庙响起“起马”炮，“安济圣王”神轿起驾。队伍由引路牌、马头锣、大锣鼓、仪仗队、香炉队、大红灯笼等组成，最后出现由8或16人抬着的三驾神轿。南门青龙庙附近居民迎神，放鞭炮，直至黎明神轿游遍全城回銮。如2014年潮州青龙庙会中的活动，展示了潮州大锣鼓、饶平布马舞、英歌舞、文里鲤鱼舞、舞龙、舞狮、潮绣、金漆木雕等传统民间艺术。

揭阳霖田三山国王巡游起源于清中叶，范围涵盖河婆、龙潭、南山、灰寨、大溪、坪上六镇，称为“六约”。乾隆四十年刻《潮州府志》卷十一：“潮阳有上地会，揭阳有三山国王会。澄海、黄米乡社自正月十五日始，至二三月方歇。银花火树、舞榭歌台，鱼龙曼衍之观、蹴跑秋千之技，靡不毕具。”每年农历正月初二至初四日，“三山国王”都要出行，以河婆六约的巡游活动，覆盖所有村庄，从不遗漏。每年游神时，由各村的赞鼓队轮流迎送、伴驾巡游，其余鼓队则在本村村头迎候，待游神队伍经过时，打起赞鼓，互为呼应。游神队伍行进时，两人敲大锣开道，接着是庙旗、四大天王、火炬、大灯队、人鼓、钦锣、大锣队，最后是赞鼓舞队。舞队规模从三十人到一百余人不等。在游神活动中“三山国王”并不亲自出巡，而由“指挥大使”和“木坑公王”两位神明代表，指挥巡游事宜。传说中，“指挥大使”和“木坑公王”是当年奉旨来此莅祀的朝廷官员，因钟爱这里的环境和风俗，留在此地，并葬于大庙。这两位特使被称为“大庙爷”，全权代表“三山国王”巡游，旨在维系民众与神灵之间的关系。

潮汕祠庙与游神赛会活动共同构成了非物质文化遗产荟萃、展演的文化空间，成为了城市历史景观中的锚固点，在动态中展开城市的文化叙事。以揭阳城隍庙庙会为例，每逢庙会，揭阳市内彩旗飞扬、锣鼓喧天，男女老幼倾城而出，夹道观看活动盛况，所经之处人潮如涌。由祠庙为点出发，巡游路线为线，串联起整个城市文化景观中的重要节点，整合形成一定区域内的公共空间。揭阳城隍巡游路线串联了学宫、学宫广场、榕城武庙、进贤门等一系列重要的建筑遗产，将揭阳古城连成一个文化展演的空间。在这地域特色鲜明的城市文化景观中，揭阳城隍庙作为整个庙会活动的中心，无疑起到了对其他景观要素联系、组织、强化的作用，使得各种非物质文化遗产在当代生生不息。庙会活动内容丰富，迎神、酬神、娱神等活动掀起了一场民间的狂欢盛宴。这场盛宴从城隍庙的空间延伸至揭阳城市的大街小巷，英歌舞、舞鲤鱼、舞狮、潮剧、标旗锣鼓等非物质遗产在活动场景中沸腾，整个活动过程蕴含了民间信仰、祭祀礼仪、民俗民风等多种历史文化信息，具有很高的价值（图4-16、表4-7）。

在潮汕地区浓厚的传统文化氛围中，时至今日围绕潮汕祠庙开展的民俗活动依然充满活力，随时间演进而内容更加趋于多元化，成功地融入了更多的文化遗产保护内容，实现了在维护传统习俗的基础上的创新和拓展。樟林游火帝民俗在潮汕地区为东里镇

图4-16　揭阳城隍庙巡游与城市重要建筑遗产节点关系示意
（图片来源：自绘）

揭阳城隍庙活动内容简表　　表4-7

| 揭阳城隍庙活动 | 时间 | 活动内容 | 活动空间 | 非物质文化遗产承载 |
| --- | --- | --- | --- | --- |
| 揭阳城隍庙会（正月游城隍） | 农历正月下旬择吉日出巡 | 游神：由英歌舞、舞龙、舞凤、舞鲤鱼、舞狮、潮剧队等组成游神队伍 | 游神路线：城隍庙—衙前街道—思贤路—进贤门—东环城路—榕华大道中段—进贤门大道往东—毓秀北路—榕华大道天福路红绿灯路口—天福路—北环城路—进贤门城楼—回庙 | 城隍庙会、英歌舞、舞龙、舞凤、鲤鱼舞、舞狮、潮剧、标旗锣鼓等 |
| 揭阳城隍诞辰 | 农历五月二十八 | 酬神：潮剧名班公演（四月初一五月二十八） | 城隍庙、城隍庙戏台 | 潮剧、潮州庙堂音乐、外江音乐、锣鼓乐等 |
| 拜祭城隍 | 每月农历初一和十五 | 大小拜祭 | 城隍庙 | 祭拜仪式、凉糕、粿制作等 |

（表格来源：自绘）

樟林一带独有的特色习俗，是樟林古港历史文化的重要组成部分。2023年3月东里镇以“樟林游火帝民俗”申报区级非物质文化遗产的契机，举办樟林火帝庙会。活动以气势磅礴的蜈蚣舞、威武豪迈的英歌舞拉开序幕，国家级、省、市、区“非遗”项目代表登台亮相。开幕式后，非遗代表性项目西门蜈蚣舞、潮阳龙井忠精英歌舞、双咬鹅舞轮番展演，精彩的动物舞蹈穿过大红灯笼高高挂的新兴街和热闹非凡的中山路，“非遗”文化集市活动采取分区展演的模式，设置了侨乡潮韵潮剧舞台、澄海灯谜专区、铁枝木偶戏舞台等展演专区，潮式乐器制作等“非遗”项目展示专区，现场人山人海、热闹非凡。再次点燃了樟林古港的历史文化气息（图4-17）。潮汕祠庙的庙会活动随时代的发展，内容形式都更加趋于多元，逐渐转变为包含了娱乐、演艺、欢庆等内容的综合性城市文化活动，潮汕祠庙的价值在多元文化活动中得到了新的拓展。

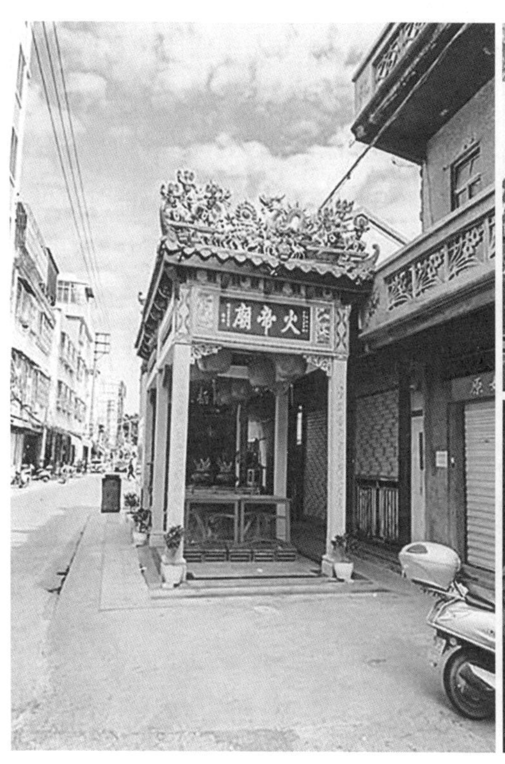

图4-17　樟林火帝巡游场景
（图片来源：《汕头日报》）

## 4.3 祠庙空间的记忆之场

潮汕祠庙中发生的规律重复的社区主神祭祀活动，使之成为了群体记忆之场。这种地缘性社区和城乡整体空间中建构共同体的集体记忆，持续的仪式实践加强了形式的价值，并以此维持加固地方居民间的关系，使之作为一个整体，创造了一个独特的身份，产生归属感，成为了文化认同的一个强有力的部分。

潮汕祠庙空间作为传承记忆的重要载体，通过祠庙空间中的情感体验、日常互动、地方性认同三个方面递进形成潮汕祠庙空间的社会记忆价值，成为了超越经济利益、阶级地位和社会背景的集体象征。这种记忆随时间逐渐递进、深化，最终形塑了人们对潮汕地域、历史、族群等的深刻文化认同感，从而激发了地方的向心力和凝聚力。这进一步揭示了基于潮汕祠庙的社会记忆价值，唤起人们的文化自觉，从而形成文化自信。这种自觉与自信，正是地方文化遗产保护的内生动力和精神源泉。

### 4.3.1 祠庙空间中的情感体验




潮汕祠庙与人们的日常生活紧密相连，它是人与物质环境的感情纽带，让人们对其有了深度的参与和认同。无论是每年庆祝的神诞、庙会，还是每月朔望日的祭拜，这些活动都由潮汕祠庙营造出了或动或静的场景，使人在其间获得丰富的情感体验。

在“营老爷”仪式活动中，游神的路径成为仪式的流线，通过人们的移动和停留来串联起一幕幕的动态的场景，形成一种连贯且节奏感强的场景序列。在不同的时间和空间下，人们在路径的移动过程中，由于视点和视角的变化，获得的视觉信息让他们能够清晰地感知到连续的透视场景。各式各样的场景相互交融，形成了一个完整的序列情境，这使得参与者产生了独特的情境体验感（图4–18）。

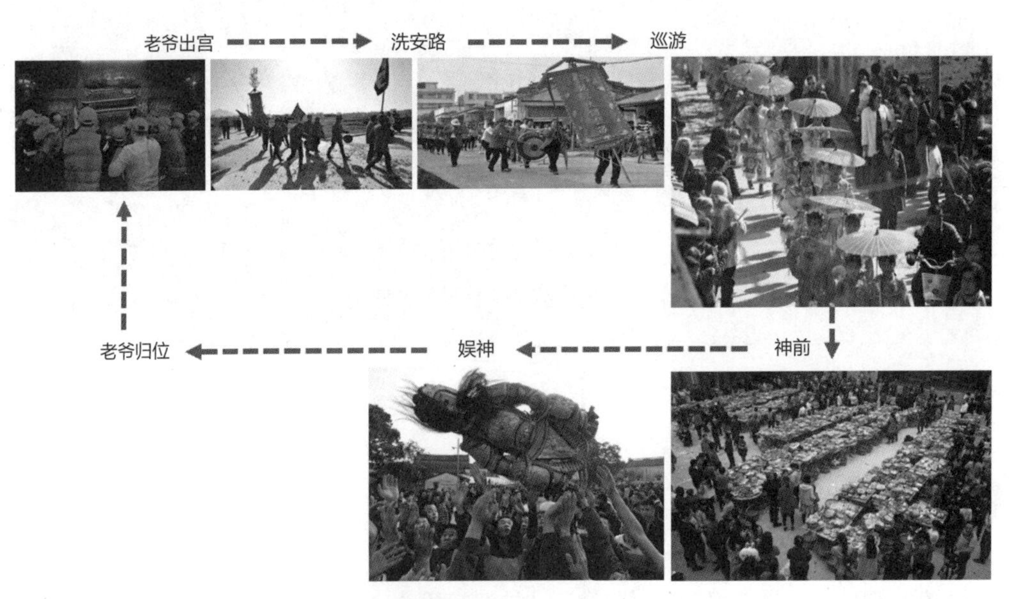


图4–18　营老爷动态场景下的情感体验序列示意图
（图片来源：自绘）

而作为场景核心的潮汕祠庙，则以其独特的标志性、认同感，凝聚地方民众，祠庙的地理位置、立面色彩、细部装饰无一不与神灵信仰紧密相关，在特定日期的集会、祭祀等活动中为民众公共交往创造条件，也强化了心理层面的神性空间。在祠庙空间的各类仪式活动中，潮汕人抛开自身的社会身份，在大小祠庙的殿中祭祀跪拜（图4-19），成为了群体中的一员，与之共享精神世界、思维方式以及日常生活。潮汕人对天地日月的敬畏以及对美好生活、国家安宁、风调雨顺的渴望，都体现了在神灵面前，人与人、人与神之间存在的平等关系。人们逐渐构建了一幅幅生动的记忆画面，这些记忆则强烈地激发了人们对潮汕历史和传统文化的尊重和自豪感。通过一次次祭祀仪式的延续，潮汕人在过去与现在之间架起了一座精神的桥梁，让社区居民有机会重新汇聚在一起。培养了对地方历史、传统文化的认同，也增强了地区共同体的集体意识、团结精神和凝聚力。

**图4-19　霖田祖庙、妈屿岛天后宫群众日常祭祀**
**（图片来源：自摄）**

作为地方文化的独特标记，潮汕祠庙深深地扎根于社区，触动人们内心的乡愁和归属感。其存在不仅促使人们对城市产生强烈的认同感，也在无形中强化了人们对集体记忆的触感。潮汕地区的祠庙不仅是神灵的栖身之所，也是社区居民日常生活中不可或缺的一部分。在过去，祠庙主要以供奉神明为主，社区居民通过祈求神明的庇佑来祈求健康和平安。随着经济和社会的发展，祠庙所承担的职能也逐渐扩大，涵盖了更多方面，例如扶贫救济等。潮汕地区春节期间，祠庙更是人们祈求好运、平安、顺利的重要场所，成为了缓解社区居民焦虑的所在。祠庙不仅能够满足个体的精神需求，同时也对社区居民的日常生活产生了影响，容纳着社区人群于世俗中的悲欢离合。祠庙也成为了弱势失势群体依托之所，扮演着社会矛盾缓冲器、平衡器和个体身心调适器的角色。自

20世纪80年代以来，潮汕当地民间自发组织重修、修复了部分庙宇，相关祭祀活动也逐渐兴起。这些活动不仅加强了社区居民之间的联系，也为当地的文化传承和发展做出了贡献。

### 4.3.2 祠庙空间主导日常互动

祠庙空间在当地民众的社会生活中扮演着重要角色，它是承载着日常活动的重要空间，包括生活起居、生产贸易、休闲娱乐、邻里交往等。在节庆或神诞之日，社区居民在祠庙中举行盛大的庆典仪式。因此潮汕祠庙空间参与并主导了当地居民日常生活的互动秩序。

人的记忆是通过空间参考点表达的，集体记忆指的是一个群体对自己过去的记忆，具有文化内聚性和同一性。这些记忆常常投射在实物、建筑、场所上，物化成一种空间形态。集体记忆一旦丧失，祭祀内容和氛围也将难以传承延续。人们参与进祠庙空间中的日常互动，相互走访，维护人际关系，增强彼此的联系，关注共同话题和文化，引发人们的共鸣，缩短彼此距离。发生在祠庙空间中的互动逐渐沉淀，成为人们充满乡愁的独特回忆，有助于加强潮汕人之间的团结凝聚力。





在潮汕祠庙空间内，定期举办的传统祭祀仪式活动加深了参与者对整个社区及个人生命的情感体验，塑造了富有场景的文化传统和集体意识。这其中蕴含着生死，与个体生命价值和意义紧密相连。世俗与神圣在日常生活中表现出各自的张力。基于共同信仰的群体通常会通过定期举行集体仪式来确认成员身份，加强或区分社会群体之间的关系。社区成员与社区环境共同出现，通过主体间的持续互动不断生成并得到再生产。潮汕祠庙空间引领了这种日常互动秩序，促使共享社会记忆的成员之间建立情感联系。如前所述，潮汕地区的祭祀一般分日常拜祭，诞日拜祭，岁时拜祭。日常拜祭以家庭个人为单位进行。这种与家庭福祉出发的日常拜祭名目繁多，祭拜的准备工作一般由女性来完成。祭拜中祭品的准备有很多要求，不同的神明有不同的规定，不同的日子也有相应的要求（图4–20）。一般有“三牲”通常是鸡、鸭、鹅或者猪肉、猪脚、鱼干鱿鱼、鸡蛋等；“五果”是根据时令选的水果；“斋碗”一般指腐竹、香菇和粉丝等，还有各种不同名目的粿。在整个祭拜的过程，家庭成员乃至家族成员都会一起互相帮忙。人们心中伴随着为家庭祈愿的美好期许，准备着祭祀的食物。这种互动产生的情感记忆将人们联系在一起。大多数在外工作的人们在回忆起儿时随家人祭拜的过程，都会产生一种浓浓的亲情和乡情。

诞日的祭拜，则属于村落社区中重要的集体性活动了。地方乡村的这类祭祀活动无

图4-20 祭祀食物准备
（图片来源：自摄）

图4-21 普宁燎原泥沟兴灯活动
（图片来源：张声金）

疑对增进邻里关系和加强集体记忆是产生关键影响的①。作为具有象征意义的核心标志，潮汕民间祠庙中的仪式越来越多地成为地方社区的传统集体活动②（图4-21）。这些大型的祭拜活动早早就开始以村为单位进行组织准备。在祭祀活动中采用不同方式，除了轮

① 黄挺．中国与重洋：潮汕简史［M］．北京：生活·读书·新知三联书店，2017：174.

② 彭尚青，黄敏，李薇，等．民间信仰的“社会性”内涵与神圣关系建构——基于粤东“夏底古村”的信仰关系研究［J］．汕头大学学报（人文社会科学版），2019，35（2）：28-34，94.

流主持祭祀，有时也分工合作，一起完成复杂的组织工作。这种全村乃至整个区域的动员，激发了人们的积极性，进行周密的规划，协同合作。在这种集体祭祀活动中，人们的社会身份不再凸显，化身为集体的一份子。在这里，大家关注的是自己“有份”还是“无份”，表征着群体的身份认同①。在这个过程中，形成了共享的集体记忆，从而深化了群体的归属感。这种记忆与认同感不仅加强了群体内部的联系，也进一步塑造了他们对于社区文化和传统的认识。

海外祠庙发挥了同乡会作用，强化了华人乡土观念和民族意识。这些社会功能已超越了一般祠庙范畴。马来西亚的三山国王庙由早期潮汕移民建立，如1972年修建的增江霖田祖庙，已成为吉隆坡著名景点。远在异乡的人们，遵循潮汕故土的祀神传统，不论身份各异，共同缅怀宗祖、尊本崇源。三山国王庙会组织者致力于地方公益事业，举办庆祝活动、教授武术，并设立奖学金奖励优秀学子，加强了海外潮人的凝聚力。

同时，通过编写文本、绘制图像以及展示仪式，激活了社会记忆（表4-8）。借助这些元素的内在一致性，构建了群体认同感的内部联系，从而保留了地方特色的意义和价值。例如，民间传说、传统剪纸和塑彩等与潮汕祠庙紧密相关的艺术形式构成了记忆的图像表达，这些鲜明的符号体系具有浓厚的潮汕文化蕴意，通过定期的祭拜仪式通过民众的集体参与和身体互动得以实现。使人们的身份认同从视觉蔓延到族群。祠庙场所中的祭祀、仪式和景观等成为地方居民日常生活的一部分，塑造了他们对社区与自我的认识和想象，逐渐演变为个人身份认同和地方认同的根源。

潮汕地区非物质文化影响社会记忆的方式示例　表4-8

| 类型 | 名称 | 起源 | 主要内容 | 保护等级 |
|---|---|---|---|---|
| 仪式 | 厦岭妈宫俗信 | 明 | 每年开春厦岭妈宫要举行传统的妈祖巡安民俗活动，农历三月二十三妈祖圣诞日要举行隆重的祭祀活动，年底前要举办酬谢神恩的传统民间祭祀活动 | 第三批市级非物质文化遗产保护名录 |
| | 华阳珠珍娘娘信俗 | 明 | “珠珍妈祖”圣诞日（每年农历六月六日），举办妈祖莲驾巡游庆典信俗活动，以酬神、娱人为内容，以崇祀、歌舞、民间杂技活动等为载体 | 第六批省级非物质文化遗产保护名录 |
| | 贵屿双忠信俗 | 明 | 每年农历二月双忠游神赛会 | 第四批国家非物质文化遗产保护名录 |
| 文学传说 | 下宫妈祖传说 | 明 | 下宫天后古庙六尊妈祖圣像相关的神奇而精彩的传说 | 第六批市级非物质文化遗产保护名录 |
| | 《双忠庙诗》系列 | / | 潮汕地方文献中，有关对双忠歌咏汗牛充栋，文人雅士、官宦仕潮，凭借对“双忠”的颂歌赞美，让这种崇拜文化达到了高峰 | / |

① 周大鸣. 庙、社结合与中国乡村社会整合［J］. 贵州民族大学学报（哲学社会科学版），2014，148（06）：19-25.

续表

| 类型 | 名称 | 起源 | 主要内容 | 保护等级 |
| --- | --- | --- | --- | --- |
| 文学传说 | 三山国王相关诗赋 | / | 明贶庙记、祀潮州三山神题壁等各朝代文人赋予了三山国王信仰丰富的文化内涵 | / |
| 图像 | 潮阳剪纸 | 清 | 潮阳剪纸艺术历史悠久，源远流长，是与民俗相融合演化而成的民间艺术。蕴藏大量的文化历史和原生态民俗文化信息 | 第一批国家非物质文化遗产保护名录 |
| | 塑彩（普宁金身妆彩） | / | 潮汕地区将神像称为“金身”。金身妆彩是一种在雕刻好的神像素坯上作立体塑饰，再印金上彩的装饰技艺 | 第八批省级非物质文化遗产保护名录 |

（表格来源：自绘）

### 4.3.3 祠庙空间达成地方性认同

潮汕祠庙建筑遗产作为社会记忆的载体，为地方居民提供了独特的地方认同感。地方性认同指的是，在特定地理范围内生活的人们，基于共同的行为和相似的经历，形成了与当地信仰、价值观、目标及行为倾向保持一致的情感联系，社会记忆与认同之间存在着自然的共生联系①。因此，在日常生活的无意中，一个村子为自身塑造了一段持久的社区历史：在这段历史里，每个人都在描述他人的同时，也被描述，描述行为从未停止。个体回忆的唤起和重现都离不开特定的乡村社会背景与民俗群体，记忆已经成为“将个体和集体紧密联系在一起的情感纽带”。在日常生活中，个人表现的空间几乎微乎其微，因为这种广泛的记忆是共享的②。

自我认同和群体认同都与有形环境相关的事件和历史密切相关。文化和身份不仅与社会关系有关，而且具有深刻的空间性。舒尔茨认为人们通过从中心出发、构建路径和划分区域的方式，建立了对世界的认知图式。他强调，在这个图式概念中，人们关注的不是科学的定量概念，而是拓扑关系，例如邻近、分离和连续等定性特征。这些关系逐渐融入图式，并构成一个结构化的整体环境意象③。在潮汕社区空间中，透过民间信仰仪式和习俗，这种空间图式得以显现。以游神赛会为例，在神灵巡境的过程中，地方村落边界通过神前设置、队伍行进不断得以标定确认，巡游的范围内建立了路径（街巷）与中心（祠庙）的拓扑关系，“村落-街巷-祠庙”构建了一个完整的环境意象，与“领域-路径-中心”的认知模式相互映射。社区成员完成了场所认知，场所认知一旦形成便具有一定的稳定性特征。如冠山古庙的巡游，成员达成了场所的认知（图4-22）。通

① 徐业鑫. 文化失忆与重建：基于社会记忆视角的农业文化遗产价值挖掘与保护传承［J］. 中国农史，2021，40（2）：137-145.

② ［美］保罗·康纳顿. 社会如何记忆［M］. 纳日碧力戈，译. 上海：上海人民出版社，2000：4-14.

③ ［挪威］诺伯格·舒尔茨. 存在·空间·建筑［M］. 尹培桐，译. 北京：中国建筑工业出版社，1990：19.

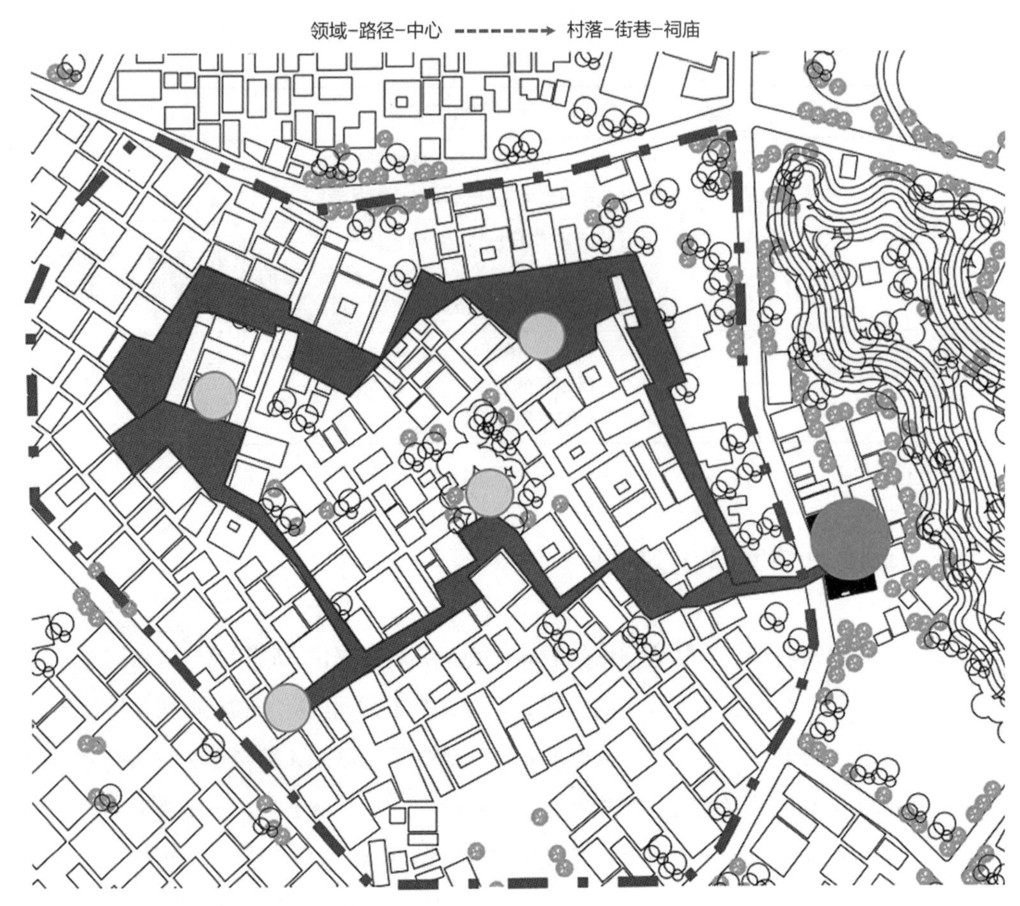


图4-22 澄海冠山古庙场所认知图式示意图
（图片来源：自绘）

过这些民间信仰仪式和习俗，社区成员形成了对空间的认知，并在这个过程中体现了文化和身份的联系，这对于促进社区的凝聚力和发展具有积极意义。

“建筑物和共用的空间可以使不同群体通过共同的经历走到一起。共同的身份认知形成了，传统也创建了。”[①]潮汕城乡传统社会是一个以地缘、神缘、血缘为纽带的熟人社会。在相同地域的当地民众，遵守一致的农耕劳作和节令，并参与相似的祭祀活动。通过祠庙中举行的共同的民俗仪式，建立了群体间的身份认同。在一项对潮州居民对游神赛会的认可度调查中发现，“游神赛会是独特而博大精深的民俗信仰文化和游艺文化”“参加游神赛会能拉近家族人和乡里人的距离，变得更加团结友爱”“愿意把游神赛会当做是地方特色介绍给朋友同学”等选项的平均分值很高，“认可程度”的平均得分达到3.82分（表4-9）[②]，说明潮州居民对游神赛会这项传统民俗文化的认可度很高。游神赛会在特定日子里成为各个村落的核心活动，每个家庭都用张灯结彩的方式精心为游神

① ［英］罗伯特·贝文. 记忆的毁灭：战争中的建筑［M］. 魏欣，译. 北京：生活·读书·新知三联书店，2010.
② 吴莹. 居民对潮汕游神赛会民俗文化旅游开发的态度研究［J］. 韩山师范学院学报，2018，39（01）：25-34.

居民对潮汕游神赛会民俗文化“认可度评价” 表4-9

| 观测变量名称 | 样本 | 最小值 | 最大值 | 平均值 | 标准差 |
|---|---|---|---|---|---|
| 潮汕游神赛会是独特而博大精深的民俗信仰文化和游艺文化 | 335 | 1.00 | 5.00 | 4.04 | 0.91 |
| 潮汕游神赛会是人神共乐的盛会，被祭拜的神明高兴，居民们也欢喜，喜庆热闹 | 335 | 1.00 | 5.00 | 3.78 | 0.99 |
| 参加游神赛会能让人与神明更加接近，通过祈福祷告，自己和家族的运气变得更好 | 335 | 1.00 | 5.00 | 3.43 | 1.03 |
| 参加游神赛会能拉近家族人和乡里人的距离，变得更加团结友爱 | 335 | 1.00 | 5.00 | 3.97 | [illegible] |
| 会把游神赛会当做是“地方特色”介绍给朋友同学 | 335 | 1.00 | 5.00 | 3.88 | 0.95 |
| 会把游神赛会当做是“地方传统”让下一代传承下去 | 335 | 1.00 | 5.00 | 3.82 | 0.91 |
| 样本平均得分 | 335 | 1.00 | 5.00 | 3.82 | 0.74 |

（表格来源：根据吴莹，《居民对潮汕游神赛会民俗文化旅游开发的态度研究》绘制）

的到来做好准备，众多在外工作的潮州人会不辞辛劳地返乡参加游神赛会的。笔者在进行调研访谈的过程中也发现，居民们在谈及游神赛会时总是滔滔不绝，他们的脸上流露出对信仰的尊重以及对潮汕文化的自豪。

村落社区的人们通过周而复始的仪式行为与祠庙中端坐的神明沟通，信仰精神得到不断强化，价值认同促使人们紧密相联。经过漫长的历史发展，社区的成员依靠共享的信仰和祭祀活动共同应对疫病、争端和日常事务。社区成员具有共同意识和利益，在认知和情感上保持一致，形成认同感与归属感。个人身份认同不仅体现在内在的一致性和连续性上，同时，这也涉及对所属民族、团体以及意识形态所传达的集体认同感。因此，在这种“集体认同感”中，个体找到稳定和归属，塑造了地域甚至国家的认同感。

## 4.4 本章小结

本章借鉴历史人类学、社会学和宗教学等相关学科的理论方法，主要通过建筑民族志和口述史等研究方法，深入探讨了地方日常生活场景中，祠庙空间与地方社会文化、地方群体的密切关系。从多元信仰文化的展现、民俗文化的展演以及集体记忆的形成等角度详细阐述了潮汕祠庙不断被多元主体赋予了丰富的文化意义，进而在本体价值的基础上产生了以精神、记忆和情感等为主的衍生价值。

潮汕祠庙空间的信仰文化具有神灵多元共生、多神共祀、平等共祭等特征，承载了三山国王信仰、安济王信仰、天后信仰、城隍信仰等多元信仰文化，是民族文化具有地域性特性的表现，有浓厚民俗文化特色。在潮汕众多民众的信仰观念、心理、情感、习俗和生活方式中，多元的信仰文化成为了不可或缺的关键部分。经历漫长的历史发展，潮汕祠庙牢固地扎根在潮汕地域中，保持着固有的自发、自然和自在的特质，并广泛、深刻地影响着潮汕民众日常生活的各个方面。

在潮汕地区的民间社会中，通过祠庙活动中的各种祭祀活动对时间进行了标定，将传统社会的地方性时空和地方日常生活联系在一起，形成了清晰可见的生活生活韵律。通过祠庙空间尺度、布置、祭祀活动说明了祠庙仪式空间是具有清晰特性的场所，将对象与人群聚合，空间本身成为一种仪式符号系统，反映出相应的文化模式。潮汕祠庙容纳的游神赛会活动，包括迎神、酬神、娱神等系列仪式及活动，作为非物质文化遗产展演的依存空间，潮汕祠庙蕴含民间信仰、祭祀礼仪、民俗民风等多元历史文化信息，同时也是城乡文化景观的重要锚点，起到了对其他要素联系、互嵌、强化的作用，通过人、活动、仪式等与地方世俗文化充分互动，进而完成非物质文化遗产在当代的活态传承。同时，空间因得益于仪式赋予的意义，从而生成了富有意义的文化空间，实现了对本体物质空间的超越。

在潮汕祠庙空间中举行重复不辍的传统祭祀仪式活动，加强了参与者对整个社区及其个人生活的情感联系和体验，形成了富有场景的文化传统和集体意识。祠庙空间中的祭祀、仪式和景观构建了当地居民的日常生活环境，塑造了他们对社区和自我认知与想象，这些因素逐步发展为个人身份认同和地域归属感的根源。地方居民在祠庙空间中的发生的实践活动，形成了群体的集体记忆，成为了超越经济利益、阶级地位和社会背景的集体象征。这种记忆随时间逐渐递进、深化，最终形成了人们对地域文化、历史文化、族群文化的认同感，从而产生了城乡聚落的向心力和凝聚力。

本章通过对潮汕祠庙遗产衍生价值的深入探讨，进一步扩展了对其价值的理解。在新的历史条件下，以潮汕祠庙为核心场所的民俗活动随时间演进更加趋于多元，转变为包含娱乐、演艺、欢庆等内容的综合性城市文化活动。潮汕祠庙价值在多元文化活动中得到了新的拓展，且这些新的价值具有向工具价值转化的潜力。这些发现为第五章对工具价值的研究提供了新的线索和视角。同时，从人的情感体验、精神需求和心理归属感这些层面去理解和识别潮汕祠庙遗产的价值，使得潮汕祠庙遗产的独特魅力得以更为凸显。进一步揭示了地方居民通过在潮汕祠庙中的亲身实践而获得的情感记忆，是推动潮汕祠庙遗产保护和地方文脉延续的内在驱动力。

# 第五章 潮汕祠庙建筑遗产的工具价值

潮汕祠庙建筑遗产承载着地方社区整合、地方秩序维护、地方伦理教化等多种功能，是其工具价值的表现。在传统城乡社区中，潮汕祠庙建筑作为公共开放空间，其重要性一直贯穿于地方的日常生活中，反映了特定的区域差异和社会空间秩序，同时塑造并支持着相应的社会空间体系。它对于地方社会空间的协调发挥着关键作用，是中华优秀传统文化的有机组成部分。随着现代科技信息化社会的不断发展，潮汕地区祠庙的功能仍然存在，并在新型社区空间中传承延续（图5-1）。

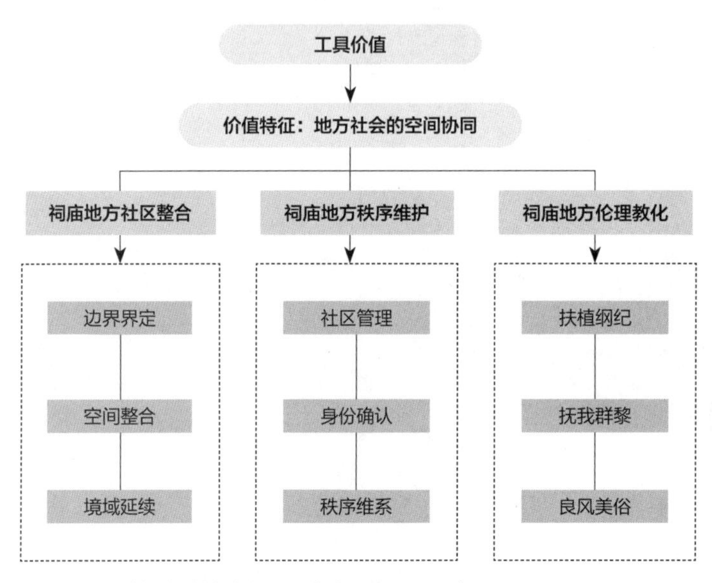


图5-1　潮汕祠庙建筑遗产工具价值要素呈现示意
（图片来源：自绘）



## 5.1 地方社区的整合

祠庙与信仰文化在潮汕地域与当地社群的塑造及成长紧密相连，体现了社区空间体制，并对本地社会具备强大的整合作用。在这种社会有机组织中，内部蕴含各式社交联系，而这些联系的公共性则通过特定空间呈现。例如，祭拜与游神等活动既展示了对神灵和自然图腾的敬意，同时还在一定程度上对社区公共空间的拓宽和重塑起到了补充效果。潮汕地区乡村社会的整合并非仅依赖于外部的“建构性秩序”，更多的是基于地方社会内部所形成的“自然性秩序”[①]。

① 曹海林. 乡村社会变迁中的村落公共空间——以苏北窑村为例考察村庄秩序重构的一项经验研究［J］. 中国农村观察，2005（6）.

### 5.1.1 祠庙的社区边界界定

潮汕祠庙承载的民间信仰与其社会边界之间的关系，即通过祭祀仪式活动表达出来的村落间基于神缘、血缘、地缘关系的社会关系圈。以祠庙为中心的信仰实践活动既是村落认同、村落整合的要素，亦是界定村落空间边界、协调村落关系的动力。

在潮汕地区，村庙是村落的标志，也突显各自的差异。村庙管辖的地域恰好是村民认同的社会边界，民间信仰活动以神灵为载体，实际上是一种划定认同边界的方式。神灵信仰不仅是村民心灵的寄托，更是建立自我认同和区分不同群体的重要标志。年度祭祀、节日庆典等活动展示了对社区守护神灵的敬意。对本村社庙的认同同时也意味着对其他社庙的排斥。以社庙为核心的信仰活动既建立了村民认同的社会边界，也塑造了内部认同机制。以游神为代表的祭祀活动弥补了社区集体行动的空白，通过意义符号的构建将个体、家庭和村落紧密联系起来，增进相互间的沟通，彰显对村落命运的共同关注。另一方面，游神活动也反映了村际间的互动关系，通过游神活动明确村落的外部边界，协调村落关系。

在潮汕地区，神灵巡游通常体现为当地民众对神灵的认同。祠庙和仪式象征着地方社区的认同感。每年通过潮汕民众举行“营老爷”仪式活动，对各自社区边界加以确认，人们在社区主神的庆典仪式中，通过酬神、游神、娱神等系列祭拜仪式祈求“合境平安”；同时也通过游神巡境强化了社区边界。受中国传统“人神共居”的自然观念影响，社区境域需要依靠神的威力来界定。在“营老爷”活动中，主神巡游的区域通常仅限于本社区，“老爷”绕境巡游标其管辖领域，以宣告境内居民及财产不可受其他外界侵扰。这种年度仪式为各社区创造了相对独立的地域性时空环境，确保社区平安。

在国家行政规划中，城乡各社区界限的设定旨在便于政府管理，而民间则通过社区主庙和仪式加强自身的区域边界，强调地方自治和一体性。通过共同信仰及其社区主庙，潮汕地区城乡社区形成了与行政区划不同的认同感。游神赛会队伍在村内有意义的地点之间穿行，标定村落边界，游神、饮宴、演剧场所等活动皆展示着神的管辖范围。通过共享的身体路径、视线联系，建筑与人之间产生呼应，形成新的无形边界。

祠庙作为传统社区居民认同纽带的群体性民间信仰空间，成为一年又一年祭祀庆典实践中社区居民不断确认境域的场所。美国人类学家斯蒂芬·桑高仁（Stephen Sangren）认为，区域崇拜仪式使得社区成员能够作为一个整体聚集并采取行动。因此，尽管祭坛和庙宇作为永久性的象征代表着社区，但构成区域崇拜的核心实质并非祭坛和庙宇本身，而是仪式活动[①]。这种仪式通过呼唤社区成员的“包容力”和“内化力”，进而强化

① STEPHEN SANGREN. History and Magical Power in a Chinese Community[M]. Stanford: Stanford University Press, 1987: 55.

社区成员对居住境域的认同感。定期加强和确认集体情感与集体意识，使得社区具有统一性和人格性。这种精神铸造在潮汕祠庙中的聚集和聚会等活动中得以体现。社区个体在祠庙空间里紧密联系，进而深化共同情感。潮汕地区历史悠久的“游神活动”不仅唤起人们对自然界和神灵的尊重，还引领了其他传统民间活动的复兴。这些活动共同努力拓展村落社区公共空间，最终促进城乡社会的和谐与繁荣。

这种由祠庙与仪式作用形成的村落共同体让居民在特定时刻汇聚一堂，参与到关乎集体利益的群体活动中。这对唤起乡村集体记忆、重建乡村社区道德伦理机制以及优化乡村治理结构具有显著意义。与此同时，围绕社区祠庙组织的系列祭祀游神活动，村民的内心逐渐形成了“心怀乡情、心念故乡”的心理暗示。这种社区公共性的沉淀在一定程度上激发了村民对共有家园未来的期许。





### 5.1.2 祠庙的社区空间整合

潮汕祠庙作为村落社区的精神标志，在社区空间整合中扮演了极为关键的角色。如前所述，在潮汕的村落社区里，土地庙被视为最小聚落单位的创立标志。每个自然村落的建立都会同时设立土地庙，以祭祀土地神灵，保佑村落的安宁与繁荣。随着村落社区的发展和分裂，新的社区也会建立自己的土地庙以保护自身。因此，在成熟的村落社区中，通常会有多个土地庙。然而，由于土地庙的祭祀范围有限，村落发展后会通过建立更高神格且具有更强整合力的祠庙，以统一不同层次的聚落单位。通常来说，历史最悠久的村落所建立的祠庙会成为统领整个社区的主庙。社区空间层次与祠庙结构层次紧密相对应，各级聚落单位都会建立与之对应的庙宇。借助神缘聚合力，潮汕地区的多层次神灵系统呈现出稳定的“金字塔”式结构，体现出强大的整合能力。如澄海樟林社庙系统的形成过程，就体现了这种空间整合。

樟林位于广东省东部韩江三角洲北部边缘。明代嘉靖四十二年设立澄海县后，樟林逐渐发展为该县北部的政治、军事和市场中心。“澄海一县创设于明嘉靖四十二年。其地原属海阳、揭阳、饶平三邑，因鞭长不能及腹，难于控取争输。故割地增设一令，亦未暇计及其山川形胜、土地物宜也。官此者来无定居，或驻蓬州，或律林，或冠陇，至今土人犹能言之。”[①]万历十四年，村民们修建了山海雄镇庙作为全村主庙。万历二十五年，樟林社区被划分为东、西、南、北四个区域。随后的几十年里，东、西、北三社都各自建立了属于自己的社庙。这些社庙各自位于社区东、西、北三个方向的入口处：东社为三山国王庙，西社为北帝庙，而北社则是“七圣妇人”庙。山海雄镇庙仍旧保有全

① （清）王岱. 康熙 澄海县志. 清康熙二十五年刻本。

村主庙的地位，同时也履行南社社庙的职能。至明代末年，樟林的社庙系统已经逐步形成，[①]通过每年的酬神活动和祭祖仪式对各自的社区边界进行确认。按照仪式展开的基本单位和地域边界划分社区，神圣仪式空间展示了区域社会的认同感及集体的共同意识。这种社区边界的划定不仅在地理层面上表现出来，还在社会和心理方面显现出来，人们在仪式活动中也形成了心理的整合。

由于社区行政的发展变化，潮汕地区的次级聚落的行政边界时常变动，但社庙作为社会结构的基本单元仍然清晰可见。虽然社神的神格并不高，但是却是潮汕民众最为亲近的神明。在这些社庙中，每个村庄的土地神和祖先神通常都是最受尊崇的对象，因为他们与当地的土地、水源和天气息息相关，直接关系到人们的生产和生活。社区和家庭中的各种大小细碎事务，都可去社庙中向社神祈愿解决，这种与社神间事无巨细皆可表陈的亲和关系，构成了居民个人稳定的地方感和安全感。在发生资源争夺的情况下，各个社区之间难免存在竞争和分化现象。为了加强凝聚力、避免利益外流，各社区采用多种手段来强调自身的边界，并以此加强对外的防范和排斥。除了通过建立不同的祠庙来表达自身的身份认同，社区之间的竞争和分化也会通过祠庙所设立的“祭祀圈”与其他社区进行互动，以此加强其社区的凝聚力。这种最终由祠庙主导完成的分离与整合，在澄海樟林的神庙百年变迁中清晰可见。乾隆初年，樟林成为广东东部重要的近海帆船贸易口岸，社区地理格局和庙宇间关系发生重大变化。港口发展促使社区内商业街区扩大，形成八街格局，澄海知县杨天德主导新建“火帝庙”以防火灾并保佑商业兴旺，取代山海雄镇庙成为樟林乡主庙。随后，各社庙地位及关系随火帝庙的确立而改变，这种变化在火帝巡游仪式中得以体现。清代中叶开始，樟林社区重新整合，形成以八街火帝庙为主神，下有六社庙及24座土地庙（福德祠）的祠庙系统。嘉庆年间，樟林已形成了由火帝庙、各社庙、各地头土地庙组成的庙宇等级系统，关帝庙、文昌庙、风伯庙、新围天后宫等具有官方色彩的庙宇也同时存在，各具意义和功能，互补平衡了樟林片区商人、民众、官方等不同群体的需要[②]（图5-2）。

潮汕祠庙中的仪式展演作为一种社区中存在的历史形式，在当下仍然具有社会功能。仪式过程综合体现了社区性、人际关系、政治意识形态[③]。潮汕各地游神赛会活动与时年八节以祖先崇拜为中心的礼仪不同，它主要围绕着乡土神明进行，祭祀礼仪体现了节日活动的社区性。游神赛会是从社会最基层的“里社”展开的社神祭祀，既是里社百姓对五谷丰登的祈祷，也寄托着合境安宁的冀求。后来，由于在祭祀过程中出现了拜神会一类组织形式，社祭本身就开始有了增进邻里团结、加强乡村治理的社会功能。在

① （清）金廷烈. 澄海县志. 清乾隆三十年刻本。

② 根据资料形成，资料来源：陈春声. 信仰空间与社区历史的演变——以樟林的神庙系统为例［J］. 清史研究，1999（2）：1-13.

③ 王铭铭. 学术自选集——非我与我［M］. 福州：福建教育出版社，2002：289.

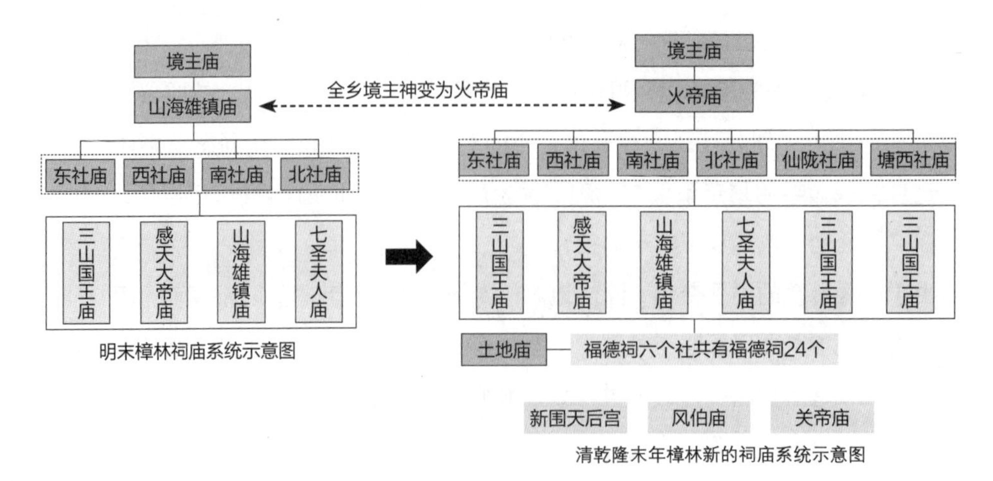


图5-2　樟林祠庙系统变迁示意
（图片来源：自绘）




社区整合与扩展的历史进程中，社祭与庙祀相互融合。这意味着，在更大范围内的社区里，原来的某座社庙承担起了社坛的功能，该祠庙所供奉的神明便成为新的大一层级社区的社神，也就是潮汕人称的“大老爷”。它负责统领一个大村落中的多个小村落的社神和土地神，大老爷可以由不同神格的神明担任。大老爷的神格及属性使之具有了整合村落及超村落地域的能力，这种能力的表现是通过“营大老爷”的游神赛会来呈现的[①]。潮汕地方各村奉祀各自的主神并参与祭祀活动外，由于行政或经济等因素的密切关系，同时也会存在例如数村共祀或全城镇共祀的大型社区神“大老爷”。全村、数村乃至全镇共祀的大老爷按照其祭祀范围的大小，被组织在一个有等级的系统之中，远超出乡社坊巷范围的更大规模的地域联盟就此形成。澄海樟林火帝庙作为这种区域联盟的“主庙”，火帝巡游的规模十分盛大。“八街”兴起之后，由于商人力量的扩展，乾隆年间才建庙的“八街”主神——“火帝”逐渐成为整合后的樟林最有影响的、唯一可以游遍整个社区的神祇。火帝巡游是一个历时半个月的社区活动，展现了社区内部地域关系。从每年二月火帝巡游的仪式中，可以明显看出商人的势力和影响。活动以“八街”为中心，设立“厂”以摆放神像，尤以设立火帝与杨天德牌位的“大厂”最为尊重。各街区按顺序轮流设立“厂”，每八年轮到一次设立“大厂”，这展示了火帝作为“八街”神明的地位，同时体现各街区的经济力量。选中设立“神厂”的商铺需暂停营业半月，所有费用由商号捐赠，无需居民摊派。[②]今天的樟林火帝庙会在新的时代条件下，其形式与内容在更大区域范围内有了更大的拓展（图5-3、图5-4）。

通过樟林祠庙体系的变迁可知，在村落社区中潮汕祠庙体系的发展与结构有其内在

① 黄庭．潮商文化［M］．北京：华文出版社，2008：273.
② 李绍雄．粤东古港樟林二月花灯盛会纪要，《汕头文史》第11辑，207—217.

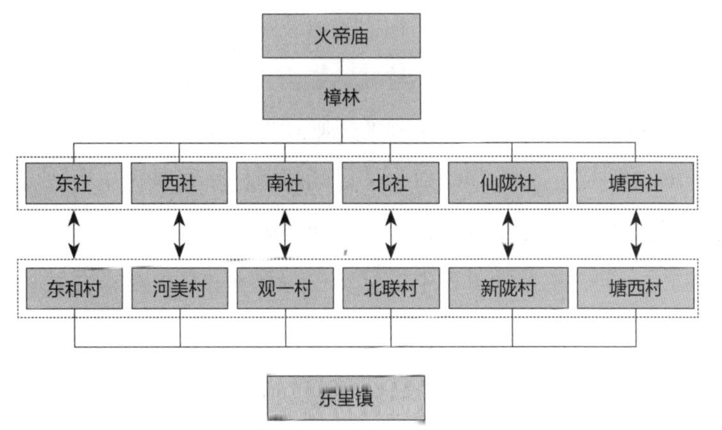


图5-3 樟林祠庙系统变迁与社区整合
（图片来源：自绘）

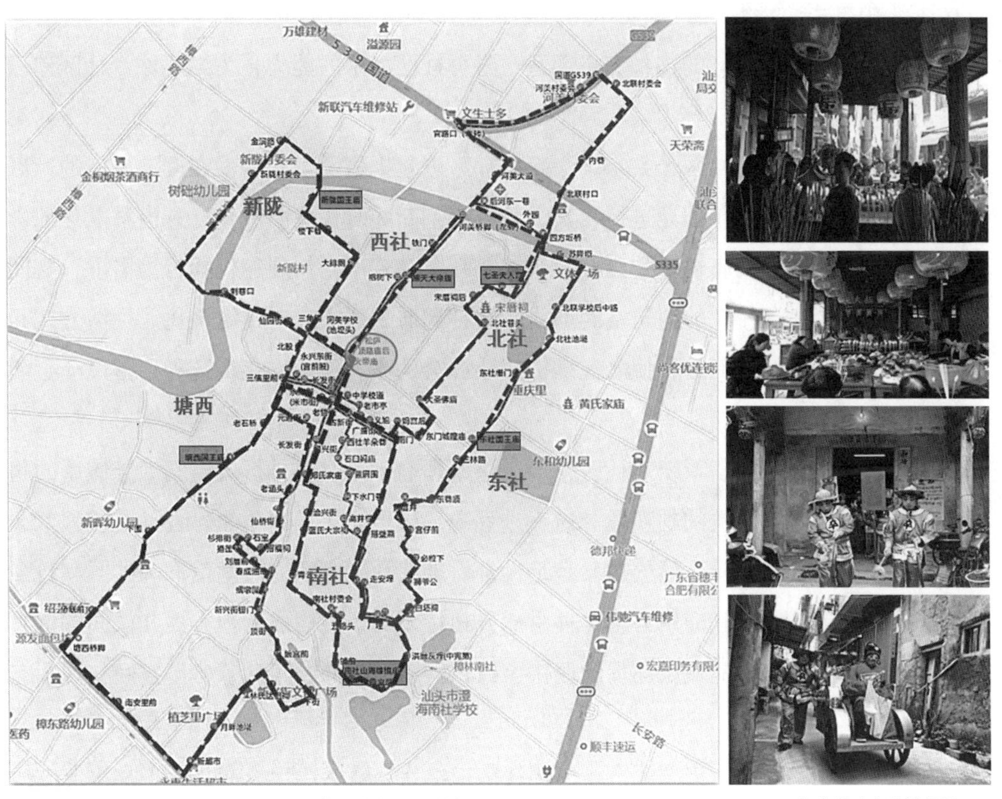


2023年樟林火帝巡游路线　　2019年樟林火帝游神场景

图5-4 樟林火帝庙庙会巡游区域
（图片来源：自绘）

的逻辑，它是村落社区空间演变的外在反映。在一个成熟社区空间中可划分为区域联盟空间-村落社区空间-小社区空间，而祠庙作为不同空间的表征，则相应形成了境主庙-村庙-土地庙体系。祠庙与空间形成了对应的关系。潮汕祠庙形成了的这种各具规模的网络系统被有层次地组织并整合起来。在这种地域联盟的祭祀圈中，定期举行集体祭祀仪式，具体涵盖了共享神祇信仰、统一地域单位、共同祭祀活动、共享祭祀组织和共享祭祀经费等多元内涵。奉祀的神明、游神的规则和展演仪式，在不同的信仰空间里会有差别。以潮汕祠庙为中心的游神活动成为了村际间、村民间展开互动的契机。信仰的多样性和神灵功能的多重性相互结合，拓展了信仰领域，增进了各区域之间的联系。民众通过在长期共同祀奉同一主神的过程中，凝聚在一起成为祭祀圈的关系模式，从而使地方社会秩序达到一种稳定的状态。

### 5.1.3 新型社区空间的境域延续

潮汕祠庙作为具有公共属性潜力的空间，被视为神的居所和地方性的“中心”，在社区生活中维系生活脉络的重要作用，是形成充满情感活力的社区独特境域的关键要素。潮汕祠庙空间所具有的这种有机调适、融合社区需求的能力，为当代城乡社区建设提供了借鉴。

潮汕祠庙作为传统社区公共空间为新型社区创建提供了切入点。在潮汕地区的社区中各种祭祀庆典仪式每年如期进行，其活动内容不断随时代更新变化，并潜移默化地影响着城乡空间。潮汕祠庙作为社区核心仪式空间，随着不断拓展的仪式行为需求，从而适应、调整、形成了相应的建筑空间形式，这种调适是建立在对传统文化、生活方式和价值观的体验和理解之上的，使之在维护基层社会秩序、传承文化传统和丰富民众生活等方面发挥了重要作用。

潮汕传统社区中祠庙系统对社区整合的深刻影响，是对官方行政空间划分体系的超越，是居民对日常生活空间的实践。这一过程中，历史文化不断积累，各种文化因素逐渐达到平衡，形成既富有生活气息又满足日常需求的社区空间，民间信仰和共同利益强化了居民的社区认同感和凝聚力。这种由地方独特人文景观构成的地方性和认同感深具意义，使得地方管理和地域认同在此保持一致，行政、信仰及生活等各类空间实现了有机融合。

在城乡快速发展的历史潮流中，传统住区中蕴含丰富的历史、文化和美学价值亟待传承与转换，潮汕地区居民独特且完整的生活方式、紧密的人际交流和生活艺术等珍贵的情感资源是社区活力的源泉。因此，在保护和更新中，应优先传承传统生活和延续社区情感，以真正守护社区文化并提升社区价值。我们不仅要关注物质空间实体的保护，更应重视场所精神的塑造。建筑、民居、社区、城市的功能与形态的营造，应紧密贴合人们对传统事物的心理认同，平衡传统与现代的关系，延续社区境域的发展脉络，寻找传统文化与现代生活方式的结合点，以创建充满活力的可持续发展的美好人居空间。

## 5.2 地方秩序的维护

潮汕祠庙是社区居民进行社会联系和人际交往的实体场域。在地方基层社会中，祠庙成为了村民集体议事、共同祭拜、欢聚娱乐的文化中心，在维系村社秩序上起着相当重要的辅助作用。民间信仰仪式在祠庙中发挥了塑造和维护公共空间秩序的核心作用。这不仅表现出特定区域的差异和社会空间体系，还塑造并维护了相应的社会空间结构。

### 5.2.1 祠庙有利于地方社区管理

在传统社会中，祠庙实质上充当了村落里的行政管理机构。它负责处理公共事务、公共仲裁、惩戒执行、社会教育、舆论宣传和公共财产等多种职能，成为乡民依赖的村落自治场所。祠庙空间不仅展示了“神与人”的互动关系，还深入参与地方日常生活秩序的构建，成为地方治理的关键内生性资源。

社庙可视为古代村社制度的遗产，最早在西周时期，就已出现这种社区性的神明崇拜场所。《礼记・祭法》[①]记载，各级统治阶层为民众设立了不同等级的社，“王为群姓立社，曰大社。王自为立社，曰王社。诸侯为百姓立社，曰国社。诸侯自为立社，曰侯社。大夫以下成群立社，曰置社。”如“大社”“国社”和“置社”，这些社具有公共性质，但有等级之分。《周礼・考工记》提到“左祖右社”，意指左边为祖庙，右边为社庙（或社稷坛），这表明祖庙与村庙已成为城市的基本配置。汉代设立了帝社、郡社、国社、县社、乡社、里社等多种级别的社。里社作为最小的基层行政管理单元，具有里、社合一的特点，即一定地域范围内的土地神崇拜与该地区的行政管理体制相互依赖，而土地神的神力范畴为自然村落或城市市坊。因此，在传统社会中，土地神被地方政府纳入行政系统，使其成为基层社会管理的手段之一。里社以社坛和乡厉坛为核心的祭祀场所呈现，而村庄作为基本祭祀单元[②]。

明朝初期，朱元璋下令全国立社。《洪武礼制》规定了民间每里都必须设立“里社”并定期进行社祭仪式。“凡各处乡村人民，每里一百户内，立坛一所，祀五土五谷之神，专为祈祷雨旸。”[③]为了保持里社祭祀活动的正常进行，必然产生相应的里社祭祀组织。“社”制度后来成为明清乡村社会、特别是祠庙体系中的重要社会组织。在基层村社中，官方统治并不严密。民间信仰在维护村社秩序上发挥着重要的辅助作用。公共祠庙或神灵信仰具有一定的地域范围，有效地整合分散的乡族力量，形成祭祀共同体。从明代开

① 李昕. 历代国家祭祀文献集成5［M］. 北京：北京燕山出版社，2019.

② 朱光文. 社庙演变、村际联盟与迎神赛会——以清以来广州府番禺县茭塘司东山社为例［J］. 文化遗产，2016（3）：112-119.

③ 李昕. 历代国家祭祀文献集成53［M］. 北京：北京燕山出版社，2019.

始，官方推行“乡约”制度，祠庙与乡约所合为一体，这种现象相当普遍，真正发挥了维护社会秩序的作用。实际上，社庙的出现正是明王朝在乡村地区推行里甲制度、在里甲中建立“社祭”制度变化的结果。祠庙往往成为村社间械斗的策划、作战防御中心，而庙神则成为械斗的旗帜和保护神。李书吉《澄海县志》中提到社庙与里社之祭的关系：“里社庙，邑无虑数百。盖废里社而祀于庙者也。社神居中，左五土，右保生，并设总借周公有德、巡抚王公来任。岁时合社会饮，水旱病灾必祷，各乡皆同。”①

社庙作为社神的寓所，频繁接受居民的祭祀，参与村庄的日常生活和生产事务。它在维护基层社会秩序、传承文化传统以及丰富民众生活方面发挥重要作用，具有显著的地域性、实用性和宗族性特点。起初，社神主要是土地神，后来逐步发展为其他更高神格的神祇，而专门祭祀土地神的庙宇在社区的重要性逐渐降低。村庙由里社制度发展演变而来，村落作为一个较大的地方行政单位，相应地供奉各里祭祀的社神。各个里社则是从村社分香建立的。每个自然村都有土地庙，但作为村落社区共祭的村庙通常仅有一座。有时，多个村庄共同供奉神祇，同时各自拥有独立的村庙。在这种体制下，多个村庄共祭的神祇地位高于单个村庄的神祇。经过民间化和世俗化的改造，从里社演变而来的村庙逐渐成为一个以民间信仰为基础的非官方管理空间，在传统城市社区形成过程中发挥着重要的作用。




### 5.2.2 祠庙有助于强化地方身份确认

在聚落发展过程中，神缘、血缘和地缘交织共生，形成了具有独具特色的祠庙公共空间体系。每个村庄都有其独立的祠庙空间。这些空间中的地理元素和祠庙建筑，通常被赋予丰富的人文内涵。祠庙的人文空间构建过程不仅是对资源主权的世代传承宣誓，还涉及地域社区与成员身份的划分和认同，以及地方社会秩序的建立。祠庙作为民间信仰的物质空间载体，成为了一种超越经济利益、阶级地位和社会背景的集体象征，将众多群众联结为一个社区。这样的社区环境使来自不同阶层的人们得以凝聚成一个多元化的群体。

作为守护神，神灵所依附的祠庙通常拥有大量庙产，并占据重要地理位置。在某些历史时期，经济利益推动了各方对庙宇产权的争夺。正如潮汕民俗研究学者黄挺所指出，潮汕游神风俗与当时地域资源争夺密切相关。在游神祭祀过程中，人们将特定社会群体团结在一起，形成一致信仰，为与其他族群争夺资源提供条件。游神活动的仪式行为反复出现在村落中，提醒村民们共同生活在一个村落组织及同一保护神庇佑下。②正

---

① （清）李书吉. 嘉庆 澄海县志［M］. 上海：上海书店出版社，2003.

② 顾希佳. 社会民俗学［M］. 哈尔滨：黑龙江人民出版社，2003：115.

是传统社会中的村落信仰文化加强了村民间的凝聚力，对村落整合和控制发挥了重要作用。如今，潮汕地区的游神赛会活动在传承地方传统民俗文化基础上，已逐渐减弱酬神和趋煞除恶的相关仪式，而更加强调观赏和参与休闲文化活动的娱乐性。春节期间的“闹热”“营老爷”等民俗文化活动，成为了增进潮汕人的感情联系和归属感需求的纽带。在外工作的潮汕人回到家乡，与家人团聚，通过游神赛会展演，共享节庆休闲体育活动，达成了欢乐平和的社会和谐功能。

伴随着社队与自然村整合成行政村，村庄的地理边界得以扩展，尽管社队作为行政实体的特性逐渐削弱，但其边界依然持续存在。社队的发展程度各异，其在资源与权力结构中所处的地位也有所差异，因此人们仍然重视社界的划定。在经济较为发达的村落中，除了股份、福利和就业等制度层面的多元边界外，实际上仍存在着在社神管辖范围内的非制度性村庄边界。[①]当地村民不仅在制度层面强调保护自己的“村籍”，还通过包括社神崇拜在内的仪式区分自身与他者。基于社的当代行政管理体系以及人生礼仪和日常生活中的祭祀拜祭，使各“社”的界限清晰可见，同时让当地居民建立起了基于特定社的自身身份认同。

### 5.2.3 祠庙辅助村社秩序的维系

祠庙在潮汕社区中作为重要神明的居所，自然地扮演了公共场所的角色，对维护村社秩序具有重要的辅助功能。当地方建设初期，官方优先修建具代表性的祠庙，如城隍庙、天后宫和关帝庙等，旨在发挥祠庙在稳定社会和辅助社会秩序方面的作用。

作为社区公共场所的潮汕祠庙，在传统社会中，长期承担着参与签署乡约以及处理民事纠纷等职责。祠庙或神灵信仰在一定地域范围内有效整合了分散的乡族力量，形成了祭祀共同体。自明代起，官方推行“乡约”制度，使潮汕祠庙成为乡约所的所在地。乡约所与庙、堂、宫、庵的结合十分普遍，发挥着维护社会秩序的作用（图5-5）。霖田都是揭阳县九都之一，作为县内行政单位，其名称起源于宋朝。据宋朝历史记载：“合保为都，合都为乡，合乡为显。”[②]同时，王安石的保甲法规定：“十家为保，五十家为大保，十大保为都保。”[③]河婆六约起初为“乡约”，原是地区居民共同遵守的条规，后演变为同一乡约地区范围。霖田都西部地区包含六个乡约范围，共同信奉三山国王，霖田祖庙即俗称河婆大庙爷。每年，以大庙爷在这六个乡约范围内出巡，来明确河婆六约的界限，使之整合为一个管理行政单位。清代光绪二十七年十二月二十五日（1902

① 李翠玲．社神崇拜与社区重构——对中山市小榄镇永宁社区的个案考察［J］．民俗研究，2011（1）：171-186.
②（宋）袁燮．宁波学术文库 洁斋集［M］．李翔，校注．杭州：浙江大学出版社，2020.
③ 顾吉辰．《宋史》考证［M］．上海：华东理工大学出版社，1994.

深澳天后宫《南澳山种树记》告示碑

**澄海饒平縣令聯示碑**

欽加同知銜調署饒平縣事河源縣正堂加十級紀録十次劉，欽加同知銜署澄海縣事補用縣正堂加十次紀録十次陳，爲出示勒碑，以垂永遠事。案據澄屬壇頭鄉民曾廣旦等，與饒屬井洲鄉民林望天等互争壇頭鄉養蠔處所一案，業經傳集會勘明確，稟奉府憲批歸澄海縣，移提林望天等到案，提同曾廣旦等按照會勘情形，斷結稟銷，等因。當經移會傳出林望天、林敬思二名到澄，傳同曾廣旦等集訊，斷令該處以白坭港中流分界，白泥港以西系澄海管轄、該處一帶蠔埕歸曾廣旦等管業，白泥以東系饒平管轄，該處蠔埕歸舊管人管業，酌令曾廣旦等出銀二百元，給補林姓種蠔石需費。以後各立碑界，毋得藉詞越佔。曾廣旦等與林望天、林敬思均經遵斷，各具摹結附卷。據曾廣旦等呈繳洋銀二百元，移解轉給林望天等具領。除稟請府憲立案外，合行出示、勒石嚴禁。爲此，示諭井洲鄉林姓、壇頭鄉曾姓人等知悉：嗣後該處永遠以白泥港中流爲分界，白泥港西畔一帶蠔埕，系澄屬管轄，不許饒屬林姓等越界佔争；白坭港東畔一帶蠔埕，系饒屬管轄，不許澄屬曾姓等越界佔争。嗣後各守各界，毋得恃强越界争佔，再行盜蠔滋事。如敢抗違，即行從嚴究辦，决不姑寬。各宜凜遵，毋違。特示！

光緒二十二年五月卅日示

（原存城隍廟，現存縣博物館）

立于澄海城隍庙的告示碑

图5-5　潮汕祠庙前发布的乡约告示

（图片来源：左图为自摄，右图出自谭棣华，曹腾騑．广东碑刻集［M］．广州：广东高等教育出版社，2001．）

年1月23日）在澄海县城双忠庙前树立一方《遏制奢风告示碑》的石碑，立碑公布乡约，旨在反对奢靡之风，倡导一种新的生活观念。立碑之日选择在当天，源于该日正好是在双忠庙前演出送神戏，场面盛大，热闹隆重，除了祈求吉祥，更是借此契机进行广泛宣传，等戏剧表演结束后，立即执行乡约，效果显著且迅速可见①。

饶平大埕三山国王庙，是地方官教化子民的重要场所和社会的教育中心。《风俗志・乡约》②记录："如蓝田乡约之规。东里旧有乡约，通一方之人。凡年高者，皆赴大埕三山国王庙演行，以致仕陈大尹和斋、吴教授梅窝为约正。府若县皆雅重焉。顷因寇乱旧废。"由此可见，大埕三山国王庙是地方士绅与乡民讲解社会规范的场所，是国家教化乡民的场所，同时也是民间社会一个非常重要的公共空间。此外，《学校志・社学》③亦记载："嘉靖初，魏庄渠校督学广东，欧阳石、江铎继之，令各乡立社学，延师儒。东里即三山国王庙为大馆，请乡贤陈恬斋为师，每以朔望考课，次日习礼习射。当时文教翕然兴起，二公去而此举遂废矣。"也点明了三山国王庙作为教育中心的社会功能。

① 谭棣华，曹腾騑．广东碑刻集［M］．广州：广东高等教育出版社，2001．

② 陈天资．东里志［M］．广东：饶平县地方志编纂委员会办公室，1990．

③ 同上。

祠庙在潮汕地区承载着信仰文化内涵、仪式化流程组织，与世俗制度及社会秩序密切相关，构建了社会空间秩序的一部分。从官方角度来看，社区确立了地域范围和社会群体。而居民通过信仰实践活动如祭祀、游神巡境等，加强地方自治与一体性，形成空间归属感。祠庙及其周边的公共空间在居民心目中成为领域核心，促进邻里间的互动与交流。虽然官方规定里社强调同一社内的平等和合作，对民间社会产生了重要影响，但民间社会仍然保持主导地位，对官方的影响力进行调整或加强。在民间社会中，人们通过重振仪式强调民间特色和身份，同时也利用国家象征，参与国家活动。同时，国家通过民间仪式实现对基层社会的控制，将民间仪式纳入国家事务，赋予其积极的政治和经济意义。这种国家和地方在仪式中的互动实际上是对地方秩序治理与维护的实践。

从建立社区内部认同和维护外部边界的角度来看，潮汕地区的“游神活动”巧妙地将公共活动、公共场所、公共权威和公共资源用一种无形的纽带连接起来，在社会生活中发挥着举足轻重的作用。这类活动可被视为在特定群体或文化中实现沟通如人与神、人与人之间的沟通、过渡如社会阶层、地域等以及加强秩序和整合社会的方式。潮汕游神活动鼓励居民超越家庭层面，积极参与公共生活，建立居民与社区之间的内在联系。在沟通和交流的过程中，地方居民们达成共识，形成约束自身行为的行动规范，最终构筑一个有机的社区共同体。这样的活动不仅有助于加强社区凝聚力，也有助于维护社区的秩序，促进和谐稳定发展。

## 5.3 地方伦理的教化

潮汕祠庙空间为相关教化活动提供了空间场所。潮汕祠庙在规划营建、信仰活动等实践中有意识地体现、追求并宣扬社会共识的价值观念、行为准则与道德文化精神。通过一系列具有浓厚礼法象征意味的空间营造和仪式活动，潮汕祠庙使官方意志、信仰约束、社会良俗融入地方社会日常文化生活的运作。这种整合方式有助于在地方居民心中树立正确的道德观念和行为规范，提升社会凝聚力和稳定性，从而使地方伦理教化的功能得以实现。在这个过程中，官方意志、信仰约束、社会良俗等多元化的地方伦理教化相互协作，共同维护社会秩序和安宁，促进地方社会的持续稳定发展。

### 5.3.1 扶植纲纪

祠庙建筑在传播社会价值观方面具有重要的社会功能，使其成为传统社会中历代官方高度关注的焦点之一，关乎王朝统治安定。传统社会中官方积极吸收民间具有范式意义的文化形式，并将符合崇祀标准的对象神化和祭祀，塑造了一系列传统道德典范，旨在构建一个统一的理想社会，通过弘扬以“三纲六纪”为核心的正统文化观念，国家意识得以传递给乡民，从而实现国家权力对地方社会的有效控制（图5-6）。朝廷和地方政府不断通过神化政治领袖和道德典范，设立祠庙以祀之，进一步确立自身在民众心中的权威地位[1]。

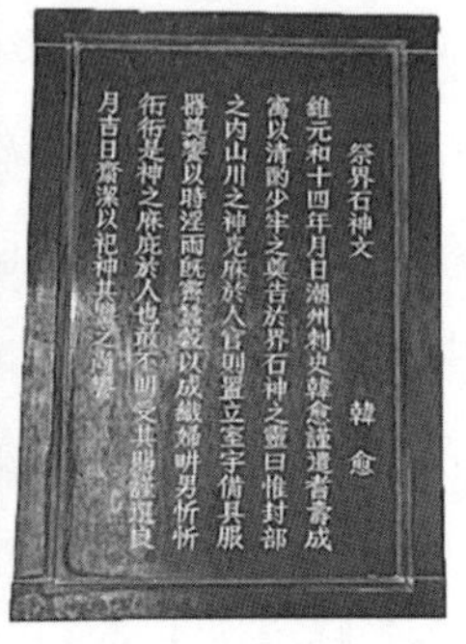


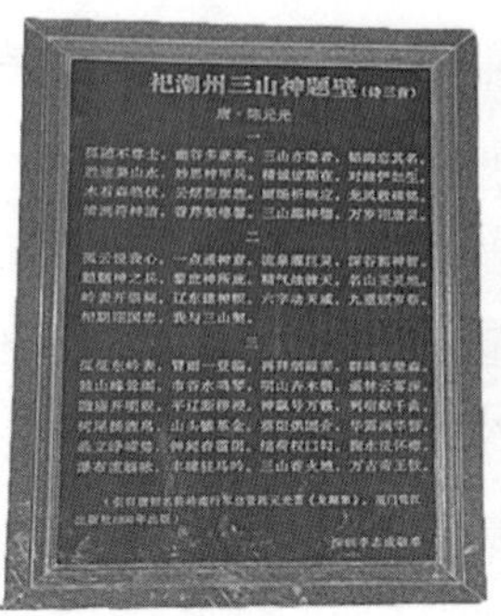

图5-6　揭阳霖田祖庙悬挂的敕封相关牌匾与诗文
（图片来源：自摄）

尽管潮汕地区神的数目众多，体系庞杂，但神化的标准却是不变的。神祇的选拔和认定受到《礼记·祭法》[2]中的祭祀标准的严格约束。一般而言，具有杰出品行、卓越贡献或在历史上有重要地位的人物才有资格被神化。这些神明往往代表道德、勇武或智慧等品质，成为民间信仰的精神支柱。在乡民心中，他们具有崇高地位并受到尊敬和崇拜。以《礼记·祭法》中的祭祀准则为依据的神化过程，既巩固了神明的地位和崇高形象，塑造了国家的楷模，对官员和乡绅精英阶层产生约束力；同时也向地方社会传递国家的伦理道德观念。如揭阳城隍庙的城隍神，是以揭阳知县冯元飙化为，因其生前政绩突出，受民爱戴，被官方封立为揭阳城市保护神。澄海知县杨天德在任期间，对澄海的发展做出了很多适宜的改革，因而化为地方保护神。在樟林火帝庙巡游中，杨天德也随火帝一道巡境，以保合境平安。

以潮汕地区的双忠行祠为例，张巡和许远是唐朝名将，分别担任河南节度副使和睢阳（今河南商丘）太守。在安史之乱期间，他们奉命死守睢阳，但在757年因粮草耗尽而殉国。睢阳人民为了纪念他们的忠诚和爱国精神，建立了双忠庙。潮汕第一座双忠祠位于潮阳东山的灵威庙，始建于北宋熙宁年间（1068年—1077年），历经战乱多次被毁又重建。林大春在《潮阳县志》中进行了详细记录：“灵威庙在东山之麓　故东岳庙之左　即古寺基也。庙自宋熙宁间　特祀唐张许二公之神。其事盖始于邑人钟英云。始英自睢阳梦挟神觋而东也。相传一夜而至邑界，宿于门辟，觉乡人饭牛音，异之。俄抵东

① 林志森. 基于社区结构的传统聚落形态研究［D］. 天津：天津大学，2009.
② 杨天宇. 礼记译注（上）［M］. 上海：上海古籍出版社，2004.

岳，英遂立化。已而岳见玄旌旗双出，旁寺惊怪，因请避之。遂塑像立庙，祀焉。士民有祷辄应，事闻，赐今额，册封二公王爵，英追封为侯。后庙毁于兵，祀事寝废。”[①]自庙宇建立以来，潮官师及当地士绅努力利用张巡和许远的故事，尝试将“忠义”这一国家意识形态的核心观念融入地方社会的话语体系，是为了重塑神祇的象征意义，并通过强调忠诚观念来教化乡民。在各种祠庙碑刻中可以看到，对神祇的描述通常包含其品行、事迹和贡献，神明被赋予了道德和伦理的象征意义，作为乡民学习和效仿的典范。如在《潮阳县志》[②]中，林大春赞誉张许二人“忠义”且“不亏臣节”，旨在弘扬纲纪并将国家意识传递给乡民。蓝鼎元在《文光双忠祠祀田记》[③]中表示，潮汕地区虽有众多庙宇，但仅有双忠祠和大忠祠为正统，分别供奉唐朝的张巡、许远和宋朝的文山先生，它们都能激发百世子孙的忠诚精神，并维护了秋纲常。

围绕约束官吏、教化民众，传播国家意志等教化主题，潮汕祠庙为实施教化功能对其物质空间进行了相应的营造。以揭阳城隍庙为例，戏台、山门前广场、山门内的两廊、大殿、夫人厅等不同形式的空间，通过装饰、陈设、众神塑像等不同场所要素，营造出化人、警示、摄人、惩戒、安抚等系列主题的秩序性教化场所，每一个教化空间的营造都意有所指，在具有道德教化内涵的空间环境中完成持续作用、潜移默化、直指人心的社会教化。通过匾额楹联题写、神话故事展现、戏剧演出等形式将王朝的忠君、忠义、卫国等王朝纲纪渗透到乡野村居中，影响着地方乡民，从而对社会伦理起到很重要的支持作用。乾隆四十三年（1778年）知县刘业勤在《重修城隍庙碑记》中写到：“予每遇疑难狱，亦有质成于神，其黠者、悍者初甚倔强，及睹庭阶爽飒，心骇目愕，辄输服，恍有默褫其魄者。”[④]揭阳城隍庙中林立的柱子上挂满警示意义的对联，均直指道德，劝人为善、莫做坏事，是对惩恶扬善精神最直接的宣教（表5-1）。广东南澳县城隍庙内有一联“阴报、阳报、早报、迟报、善报、恶报，终须有报；天知、地知、你知、我知、神知、鬼知，无所不知。”以此警策为官者廉洁操守，慎独自律，勿贪赃枉法。

揭阳城隍庙楹联题对示例　　表5-1

| 建筑 | 三山门 | 城隍庙大殿 | 夫人厅正殿 |
| --- | --- | --- | --- |
| 匾额 | “你来了么”<br>“也有今日” | “威灵显赫”“彰善阐惑”“南天保章” | “慈恩广布”“恩如化雨”<br>“膏泽苍生” |
| 庙联 | “俎豆千秋修祀典，<br>灵威万里敬神灵” | “隐处也难逃洞鉴，入门各自检平生”<br>“彰善惩恶顺天意，扶正压邪合民心” | “慈恩广布泽施天下，<br>洲德长扬惠赐人间” |

---

① （明）林大春．隆庆．潮阳县志．明隆庆六年刻本。

② 同上。

③ （清）蓝鼎元．鹿洲全集（上）[M]．厦门：厦门大学出版社，1995.

④ （清）刘业勤．乾隆 揭阳县志．清乾隆四十四年刻本。

续表

| 属性 | 祈福、护佑 | 惩恶扬善、警示训诫 | 护佑 |
| --- | --- | --- | --- |
| 示例 |  |  |  |

（表格来源：自绘）

### 5.3.2 抚我群黎

潮汕地区的民间祠庙中供奉的神明往往被视为“能捍大患”的存在，具有强大的力量，可以捍卫村落免受灾难和厄运，被视为地方的保护神。这些神明不仅在物质层面为民众提供保护，还在精神层面上引导社会思想和价值观，安抚人心。供奉神明的祠庙即成为社区居民聚集、沟通、祈祷和寻求精神寄托的场所，对民众的道德观念、行为准则和精神信念产生重要影响。

在祠庙中供奉的神明，通常被赋予特殊的道德象征。他们是忠诚、孝道、节义和善良等美德的具象化，寓含着对人们的潜移默化的道德教化。由此，祠庙的存在不仅仅是物质空间，而且更是民众在日常生活中寻求精神庇护和安抚心灵的道德教化场所。祠庙空间中关于神明的信仰传统和传说故事等经久不息，通常包含了强烈的道德倡导，鼓励民众在生活中秉持正义和道德。在面对生活的挫折和困难时，祠庙为人们提供了倾诉的空间，帮助人们保持内心的平静和坚定，从而促进社会的安定和谐。祠庙也因此成为了社区居民的聚集之地，人们在祠庙空间中沟通交流，祈祷寻求帮助与精神寄托，从而成为传统社区的凝聚力源泉之一。祠庙不再仅仅是一个信仰的象征，更成为了社区的道德和精神支柱，为社区提供了一个共享的价值体系，是社区和谐稳定的重要促进力量。祠庙的存在，使得传统社区居民的生活在精神上得到了丰富和充实，也为他们提供了一个宣扬和弘扬道德价值观的场所。

### 5.3.3 良风美俗

潮汕地区的祠庙作为民间信仰文化的载体，承载着丰富的伦理价值观，发挥着道德教化功能。在维护社会秩序，塑造良风美俗方面发挥至关重要的作用，对当地社会的道德观念和价值体系产生了重要影响。

神明信仰传统往往包含了潮汕地区的历史、文化、风俗特色，加之祠庙本身作为历史遗迹和文化建筑，承载了丰富的地方历史和文化信息。祠庙中的碑刻、壁画、雕刻等艺术形式以及民间故事和传统活动，都是道德教化和地方文化传承的载体。这些元素共同传播着潮汕地区的道德观念，通过祠庙中的祭祀仪式、信仰活动和故事传说，忠孝节义、积德行善等道德观念得以广泛传播，为民间社会风俗提供了道德依据和支持（图5-7）。

图5-7　揭阳古榕武庙两廊的二十四孝图
（表格来源：自摄）

潮汕祠庙建筑是民间信仰思想的直接体现。民间信仰强调敬畏、感恩、自制、忠诚、善良、孝顺、惩恶及与自然、植物、动物和谐共处的精神目标和理念，具有一定的道德教化效果。潮汕祠庙通过特定的空间组织和功能要素，创造有助于传递价值观、规范社会行为、弘扬道德文化精神的物质环境。供奉于众多地区的地方神，常为曾秉持正义、乐善助人的凡人。祭祀及宣扬这些神明对世人具有教导价值，有益于培育良好的思想品格和自律抑制恶行。信仰参与者为了实现祈祷目标，需要修身养德、行善积德，做到孝敬、忠诚、慈悲、感恩、宽仁等德行，有助于促进良好风俗的形成。在礼制社会的背景下，官方也对祭祀对象和行为进行了严格把控，将祠庙与礼制制度紧密结合，从而对民众的思想和行为施加更强的约束力，期望以此建立良好有序的公序良俗，以此引导社会风气的形成。

## 5.4 本章小结

本章系统应用历史人类学、社会学等相关学科理论，通过文本分析、话语分析、观察、口述等方法，从地方社区整合、地方社区秩序维护、地方伦理教化3个方面，阐明了潮汕祠庙建筑遗产的工具价值。潮汕祠庙作为地方公共祭祀场所，承担着地方社区整合、地方社区秩序维护的功能，同时也是地方伦理教化的重要场所。

潮汕地区祠庙与地方社区的形成与发展息息相关，反映了社区空间的制度，对地方社区具有高度的整合能力。从空间界定、空间整合、境域延续三方面展开，村民们以参与祭拜、巡游、庆典等形式来表达对社区守护神的崇敬之情。以祠庙及信仰活动作为核心，为村民建立了一种具有认同感的社会空间边界。社区中存在着多层次复合、大小祭祀圈相套的祭祀体系，缘于地区社会的多元化与多样性的需求，与社区的规模息息相关，通过祠庙祭祀体系建立村落或超村落地域的空间整合，通过祠庙及其祭祀活动将地方治理与区域认同紧密相连，实现行政、信仰和生活空间的有机融合。这种传统的境域延续为打造充满活力的社区提供了有益的启示。

祠庙是社区民众社交和人际交往的重要场所，在维持地方秩序方面起到了非常重要的作用。在传统的基层社会中官方管理相对较弱，因而祠庙实际上承担了社区村落中的行政管理职能，它集处理公共事务、公共仲裁等多种功能于一身，是乡民实行村落自治的重要场所。在聚落形成的历程中，神缘、血缘与地缘的层叠交融，形成了独具特色的祠庙公共空间体系，强化了地域社区与成员的身份的划分和确认，祠庙作为神明的居所，成为了秩序约定评判的公共场所，通过民俗仪式、乡约里规等途径辅助社区秩序。

潮汕祠庙为相关教化活动提供了空间场所，通过一系列具有浓厚礼法象征意味的空间营造和仪式活动，使官方意志、信仰约束、社会良俗融入地方社会日常文化生活。首先，遵循崇祀标准的神明被神化，纳入国家祭祀体系，通过封神建庙、士大夫对信仰文化的儒家化等方式，使扶植纲纪成为了宣扬国家意志的重要手段，以此达成对地方的控制及社会秩序的维护；其次，祠庙空间中供奉神明，均受到民众尊崇膜拜，因而具有引导社会思想、安抚民众心志的教化功能；最后，潮汕地区的祠庙承载着地方历史文化底蕴和民间信仰文化伦理价值，内含倡导敬畏、善行、孝顺、惩恶等优良品德理念，为树立民间社会良好风俗提供了道德基础与支持。

本章对潮汕祠庙工具价值特征及其具体的承载要素进行了系统总结，清晰地展现了潮汕祠庙作为社会资源承担了社会空间的协同管理，通过细致地梳理祠庙与社区空间的关系，使潮汕祠庙的工具价值在社区的发展历程中得以动态展现。社区空间层级与社区祠庙层级存在对应关系，每个层级的聚落单位都会建立相应级别的祠庙，而祠庙层级及其奉祀的神明神格越高，其整合能力就越强，相应的范围也越大。以社庙为基础建立的行政管理体系以及人生礼仪和日常生活中的祭祀活动，使各个社区之间的界限清晰可辨，也使得地方居民建立起清晰的归属感和地方认同。在这些过程中，潮汕祠庙也发挥出对地方的教化作用。潮汕祠庙的工具价值在当下仍在延续，随着社会的进步，这种工具价值将有可能扩展到了社区建设、文化教育、旅游发展等领域。

# 参考文献


[1]（清）蓝鼎元. 鹿洲全集・上[M]. 厦门：厦门大学出版社，1995.

[2]（清）蓝鼎元. 蓝鼎元论潮文集[M]. 郑焕隆，选编校注. 深圳：海天出版社，1993.

[3]（清）顾祖禹. 读史方舆纪要[M]. 上海：上海书店出版社，1998.

[4] 陈天资. 东里志[M]. 广东：饶平县地方志编纂委员会办公室，1990.

[5]（清）林大川.《韩江记》《西湖记》校注[M]. 陈贤武，校注. 广州：广州暨南大学出版社，2021.

[6] 林凯龙. 潮汕老屋[M]. 汕头：汕头大学出版社，2004.

[7] 陈泽泓. 潮汕文化概说[M]. 广州：广东人民出版社，2001.

[8] 黄挺. 潮汕文化源流[M]. 广州：广东高等教育出版社，1997.

[9] 黄挺. 潮汕史简编[M]. 广州：暨南大学出版社，2017.

[10] 黄挺，马明达. 潮汕金石文征・宋元卷[M]. 广州：广东人民出版社，1999.

[11] 潮汕历史文化研究中心,汕头大学潮汕文化研究中心. 潮学研究2[M]. 汕头：汕头大学出版社，1994.

[12] 潮汕历史文化研究中心，汕头大学潮汕文化研究中心. 潮学研究7[M]. 广州：花城出版社，1999.

[13] 李坚诚. 区域文化教育丛书 潮汕乡土地理[M]. 广州：暨南大学出版社，2015.

[14] 贝闻喜，杨方笙，潮汕历史文化研究中心，揭西县三山祖庙管理委员会. “三山国王”丛谈[M]. 北京：国际文化出版公司，1999.

[15] 王永鑫. 潮汕方言俗语[M]. 广州：公元出版有限公司，2005.

[16] 陈韩星. 潮汕游神赛会[M]. 广州：公元出版有限公司，2007.

[17] 陈卓坤，王伟深. 潮汕时节与崇拜[M]. 广州：公元出版有限公司，2005.

[18] 吴奎信，丘彪等. 潮汕食俗[M]. 广州：公元出版有限公司，1992.

[19] 林俊聪. 潮汕庙堂[M]. 广州：广东高等教育出版社，1998.

[20] 黎志添，李静. 广州府道教庙宇碑刻集释・下[M]. 北京：中华书局，2013.

[21] 司徒尚纪. 岭南历史人文地理——广府、客家、福佬民系比较研究[M]. 广州：中山大学出版社，2001.

[22] 李楠明. 价值主体性：主体性研究的新视野[M]. 北京：社会科学文献出版社，2005.

[23] 李德顺．价值论——一种主体性的研究[M]．北京：中国人民大学出版社，1987.
[24] 杜书瀛．价值美学[M]．北京：中国社会科学出版社，2008.
[25] 张岱年．文化与价值[M]．北京：新华出版社，2004.
[26] 梁漱溟．乡村建设理论（《梁漱溟全集》第二卷）[M]．济南：山东人民出版，1990.
[27] 唐孝祥．岭南近代建筑文化与美学[M]．北京：中国建筑工业出版社，2010.
[28] 唐孝祥．建筑美学十五讲[M]．北京：中国建筑工业出版社，2017.
[29] 陆琦，唐孝祥．岭南建筑文化论丛[M]．广州：华南理工大学出版社，2010.
[30] 冯江著．祖先之翼·明清广州府的开垦、聚族而居与宗族祠堂的衍变（第2版）[M]．北京：中国建筑工业出版社，2017.
[31] 李哲扬．岭南建筑文化遗产研究博士文丛·潮州传统建筑大木构架体系研究[M]．广州：华南理工大学出版社，2017.
[32] 徐桐．迈向文化性保护[M]．北京：中国建筑工业出版社，2019.
[33] 朱光亚，李新建，胡石，等．建筑遗产保护学[M]．南京：东南大学出版社，2019.
[34] 林源．中国建筑遗产保护基础理论[M]．北京：中国建筑工业出版社，2012.
[35] 薛林平．建筑遗产保护概论[M]．北京：中国建筑工业出版社，2013.
[36] 阮仪三．城镇遗产保护论[M]．上海：上海科学技术出版社，2005.
[37] 张松．历史城市保护学导论：文化遗产和历史环境保护的一种整体性方法[M]．上海：上海科学技术出版社，2001.
[38] 常青．历史环境的再生之道：历史意识与设计探索[M]．北京：中国建筑工业出版社，2009.
[39] 单霁翔．留住城市文化的“根”与“魂”：中国文化遗产保护的探索与实践[M]．北京：北京科学出版社，2010.
[40] 张杰，吕舟．世界文化遗产保护与城镇经济发展[M]．上海：同济大学出版社，2013.
[41] 单霁翔．城市化发展与文化遗产保护[M]．天津：天津大学出版社，2006.
[42] 刘敦桢．中国古代建筑史（第二版）[M]．北京：中国建筑工业出版社，1984.
[43] 王其亨．风水理论研究[M]．天津：天津大学出版社，1992.
[44] 程建军．岭南古代大式殿堂建筑构架研究[M]．北京：中国建筑工业出版社，2002.
[45] 段玉明．中国寺庙文化[M]．上海：上海人民出版社，1994.
[46] 罗一星．明清佛山经济发展与社会变迁[M]．广州：广东人民出版社，1994.
[47] 赵世瑜．狂欢与日常——明清以来的庙会与民间社会[M]．北京：生活·读书·新知三联书店，2002.
[48] 赵世瑜．在空间中理解时间：从区域社会史到历史人类学[M]．北京：北京大学出

版社，2017.
[49] 皮庆生. 宋代民众祠神信仰研究[M]. 上海：上海古籍出版社，2008.
[50] 科大卫. 明清社会和礼仪[M]. 曾宪冠，译. 北京：北京师范大学出版社，2016.
[51] 王见川，皮庆生. 中国近世民间信仰——宋元明清[M]. 上海：上海人民出版社，2010.
[52] 雷闻. 郊庙之外——隋唐国家祭祀与宗教[M]. 北京：生活·读书·新知三联书店，2009.
[53] 蒲慕州. 追寻一己之福——中国古代的信仰世界[M]. 上海：上海古籍出版社，2007.
[54] 郑振满，陈春生. 民间信仰与社会空间[M]. 福州：福建人民出版社，2003.
[55] 荣新江. 唐代宗教信仰与社会[M]. 上海：上海辞书出版社，2003.
[56] 薛艺兵. 神圣的娱乐——中国民间祭祀仪式及其音乐的人类学研究[M]. 北京：宗教文化出版社，2003.
[57] 李泽厚. 美的历程[M]. 天津：天津社会科学院出版社，2001.
[58] 郑士有. 关公信仰[M]. 北京：学苑出版社，1994.
[59] 薛林平，王季卿. 山西传统戏场建筑[M]. 北京：中国建筑工业出版社，2005.
[60] 王铭铭. 社会人类学与中国研究[M]. 桂林：广西师范大学出版社，2005.
[61] 杨大禹. 云南少数民族住屋——形式与文化研究[M]. 天津：天津大学出版社，1997.
[62] 乌丙安. 中国民俗学[M]. 沈阳：辽宁大学出版社，1988.
[63] 陆元鼎. 中国民居建筑年鉴（1988—2008）[M]. 北京：中国建筑工业出版社，2008.
[64] 陆元鼎. 中国民居建筑年鉴（2008—2010）[M]. 北京：中国建筑工业出版社，2010.
[65] 王守恩. 诸神与众生——清代、民国山西太古的民间信仰与乡村社会[M]. 北京：中国社会科学出版社，2009.
[66] 费孝通. 文化的生与死[M]. 上海：上海人民出版社，2009.
[67] 费孝通. 乡土中国[M]. 上海：上海人民出版社，2007.
[68] 张驭寰. 古建筑勘察与探究[M]. 南京：江苏古籍出版社，1988.
[69] 张驭寰. 祠庙概述，张驭寰文集（第十一卷）[M]. 北京：中国文史出版社，2008
[70]（澳）罗德尼·哈里森. 文化和自然遗产——批判性思路[M]. 范佳翎，译. 上海：上海古籍出版社，2021.
[71]（澳）劳拉·简·史密斯，苏小燕. 遗产利用[M]. 张朝枝，译. 北京：科学出版社.

2020.
[72]（美）威廉·J. 穆尔塔夫. 时光永驻——美国遗产保护的历史和原理[M]. 谢靖，译. 北京：电子工业出版社，2012.
[73]（西）比尼亚斯. 当代保护理论[M]. 张鹏，等，译. 上海：同济大学出版社，2012.
[74]（英）约翰·罗斯金. 建筑七灯[M]. 上海：上海人民出版社，2019.
[75]（法）弗朗索瓦丝·萧伊. 建筑遗产的寓意[M]. 寇庆民，译. 北京：清华大学出版社，2013.
[76]（美）肯尼思·弗兰普敦. 建构文化研究论：19世纪和20世纪建筑中的建造诗学[M]. 王骏阳，译. 北京：中国建筑工业出版社，2007.
[77]（芬）尤嘎·尤基莱托. 建筑保护史[M]. 郭旃，译. 北京：中华书局，2011.
[78]（加）简·雅各布斯. 美国大城市的死与生[M]. 金衡山，译，南京：译林出版社，2006.
[79]（美）莎伦·佐金. 裸城——原真性城市场所的死与生[M]. 丘兆达，刘蔚，译. 上海：上海人民出版社，2015.
[80]（美）布罗林. 建筑与文脉：新老建筑的配合[M]. 翁致祥，等，译. 北京：中国建筑工业出版社，1988.
[81]（美）阿摩斯. 拉普卜特. 建成环境的意义——非言语表达方法[M]. 黄兰谷，等，译. 张良皋，校. 北京：中国建筑工业出版社，2003.
[82]（美）凯文·林奇. 城市意象[M]. 方益萍，等，译. 北京：华夏出版社，2001.
[83]（美）杨庆堃. 中国社会中的宗教：宗教的现代社会功能与其历史因素之研究[M]. 范丽珠，等，译. 上海：上海人民出版社，2007.
[84]（美）韩森. 变迁之神——南宋时期的民间信仰[M]. 包伟民，译. 上海：中西书局，2016.
[85]（挪）诺伯·舒兹. 场所精神——迈向建筑现象学[M]. 武汉：华中科技大学出版社，2010.
[86]（美）杜赞奇. 文化、权力与国家——1900—1942年的华北农村[M]. 王福明，译. 南京：江苏人民出版社，1996.
[87]（英）维克多·特纳. 仪式过程：结构与反结构[M]. 黄剑波，柳博赟，译. 北京：中国人民大学出版社，2024.
[88]（丹麦）扬·盖尔. 交往与空间[M]. 何人可，译. 北京：中国建筑工业出版社，2002.
[89]（法）亨利·勒菲弗. 空间与政治[M]. 李春，译. 上海：上海人民出版社，2008.
[90] 陈志华. 文物建筑保护中的价值观问题[J]. 世界建筑，2003,（07）：80-81.

[91] 王贵祥. 明清地方城市的坛壝与祠庙[Z]. 建筑史，2012：28-73.
[92] 王逸凡. 建筑图绘中的民俗学想象力——考现学与建筑民族志探索[J]. 建筑学报，2020，622（8）：106-113.
[93] 维克托·布克利，刘畅. 建筑人类学研究视角与方法的现代主义转向[J]. 广西民族大学学报（哲学社会科学版），2020，42（4）：2-11.
[94] 夏铸九. 建筑论述中空间概念的变迁：一个空间实践的理论建构[J]. 马克思主义与现实，2008，（1）：136-143.
[95] 张岱年. 论价值与价值观[J]. 中国社会科学院研究生院学报，1992，（6）：24-29.
[96] 吕舟. 北京中轴线：世界遗产的价值认知体系[J]. 北京规划建设，2019，184（1）：4-8.
[97] 陆地. 本体与符号——不可移动文化遗产的历史价值探源[J]. 建筑遗产，2021，021（1）：78-87.
[98] 宋峰，杨成. 遗产本体价值的回归[J]. 文物世界，2009，（1）：43-44，63.
[99] 常青，华耘，李晴，等. 我国风土建筑遗产整体保护的理论与方法研究[Z]. 2005.
[100] 王博，宋峰，孙铁. 遗产话语视角下世界自然遗产保护的文化转向[J]. 中国园林，2022，38（6）：86-90.
[101] 吕舟. 面对新挑战的世界遗产（43届世界遗产大会观察报告序）[J]. 自然与文化遗产研究，2020，5（2）：1-7.
[102] 徐进亮. 建筑遗产价值体系的再认识[J]. 中国名城，2018，199（4）：71-76.
[103] 陈耀华，刘强. 中国自然文化遗产的价值体系及保护利用[J]. 地理研究，2012，31（6）：1111-1120.
[104] 李晓黎，韩锋. 文化景观之理论与价值转向及其对中国的启示[J]. 风景园林，2015，121（8）：44-49.
[105] 魏青. 价值特征要素认定在世界文化遗产申报与管理中的应用与发展[J]. 自然与文化遗产研究，2020，5（02）：47-63.
[106] 孙华. 遗产价值的若干问题——遗产价值的本质、属性、结构、类型和评价[J]. 中国文化遗产，2019，89（1）：4-16.
[107] 白颖，唐孝祥，徐应锦，等. 历史性城镇景观视角下遗产价值试论——以揭阳城隍庙为例[J]. 中国园林，2023，39（09）：74-80.
[108] 陆地. 走向“生活世界”的建构 建筑遗产价值观的转变与建筑遗产再生[J]. 时代建筑，2013，（3）：29-33.
[109] 秦红岭. 乡愁：建筑遗产独特的情感价值[J]. 北京联合大学学报（人文社会科学版），2015，13（04）：58-63.

[110] 陈晨，杨旭东. 多元价值观影响下的世界遗产价值界定及共识建立——以罗马尼亚罗西亚-蒙塔纳采矿景观遗产为例[J]. 复旦学报（社会科学版），2022，64（3）：82-88.

[111] 傅晶，王敏，梁中荟，等. 泉州：宋元中国的世界海洋商贸中心——系列遗产整体价值及要素构成研究[J]. 自然与文化遗产研究，2021，6（3）：5-21.

[112] 林娜，张向炜，刘军. 中国20世纪建筑遗产的保护价值评价体系建构[J]. 当代建筑，2020，（4）：134-137.

[113] 杨华刚，王绍森. 现代建筑遗产价值体系的厘定、冲突及其调适——以福建土楼为样本的建筑遗产价值回溯与再认识[J]. 中国文化遗产，2020，100（6）：15-25.

[114] 张文卓，韩锋. 城市历史景观理论与实践探究述要[J]. 风景园林，2017，143（06）：22-28.

[115] 谢宗荣. 寺庙的类型与祀神[J]. 台湾工艺，2001，（4）：64-76.

[116] 李婷，李晓峰. 仪式场景视角下的传统聚落公共空间研究——以闽西芷溪祠庙群为例[J]. 新建筑，2021，（1）：104-109.

[117] 白颖，唐孝祥，冯楠. 基于遗产价值的潮汕地区三山国王庙建筑空间特征探析[J]. 古建园林技术，2024（02）：7-13.

[118] 岳永逸. 宗教、文化与功利主义：中国乡土庙会的学界图景[J]. 云南师范大学学报（哲学社会科学版），2015，47（2）：147-156.

[119] 王子涵. “神圣空间”的理论建构与文化表征[J]. 文化遗产，2018，（6）：91-98.

[120] 陈春声. 礼仪重建与地方文化传统[J]. 岭南文史，2007，（1）：64.

[121] 何韶颖，杨爽，汤众. 传统信仰场所的空间叙事——以潮州古城为例[J]. 现代城市研究，2016，（8）：17-23.

[122] 王建平，吴思远. 城市化进程中传统社区民间信仰活动的变迁与适应——以广东省潮州市枫溪区“游神赛会”活动为例[J]. 韩山师范学院学报，2011，32（1）：46-53.

[123] 李秀萍. 民间信仰与明清地方社会——以三山国王信仰为考察[Z]. 清史论丛，2015：176-191.

[124] 王文科. 潮汕游神民俗的认同与思想解放的拓展[J]. 韩山师范学院学报，2009，30（2）：40-45.

[125] 陈占山. 潮汕宗教信仰研究述评[J]. 汕头大学学报（人文社会科学版），2014，30（04）：13-20

[126] 黄挺. 民间宗教信仰中的国家意识和乡土观念——以潮汕双忠公崇拜为例[J]. 韩山师范学院学报，2002（04）：9-21，31.

[127] 陈占山. 潮汕传统宗教信仰的基本格局与作用[J]. 闽南师范大学学报（哲学社会科学版），2018，32（1）：80-88.

[128] 贺璋瑢. 潮汕民间信仰的历史、现状与管理探略[J]. 山东社会科学，2016，（09）：94-100.

[129] 刘军民，李金芮. 关中地区城隍庙的社会价值探究[J]. 城市发展研究，2017，24（12）：1-4.

[130] 闫爱萍. 地方文化系统中的关帝信仰——山西解州关帝庙庙会及关帝信仰调查研究[J]. 山西师大学报（社会科学版），2010，37（2）：68-72.

[131] 李畅，杜春兰. 巴渝“九宫十八庙”现象的场所性解析[J]. 中国园林，2015，31（2）：115-119.

[132] 王钊. 揭阳城隍庙[J]. 岭南文史，1999，（4）：54-55.

[133] 张志刚. 中国民间信仰研究的“他山之石”——以欧大年的理论探索为例[J]. 世界宗教文化，2016，（5）：7-12.

[134] 吴榕青. 潮州青龙（安济）庙的信仰渊源及其变迁[J]. 文化遗产，2015，（2）：84-92，158.

[135] 谢岳雄. 安济圣王与潮汕游神民俗文化[J]. 源流，2012，（10）：72-73.

[136] 陈福刁. 潮汕民俗游神赛会的现代意义——以揭阳市揭东县铺社村的游神赛会为例[J]. 韩山师范学院学报，2011，32（1）：54-57.

[137] 孙诗萌. “道德之境”：从明清永州人居环境的文化精神和价值表达谈起[Z]. 城市与区域规划研究，2013：162-204.

[138] 吴宗杰. 话语与文化遗产的本土意义建构[J]. 浙江大学学报（人文社会科学版），2012，42（05）：28-40.

[139] 周大鸣，黄锋. 民间信仰与村庄边界——以广东潮州凤凰村为中心的研究[J]. 民俗研究，2016，（2）：67-73，159.

[140] 周大鸣. 庙、社结合与中国乡村社会整合[J]. 贵州民族大学学报（哲学社会科学版），2014，148（6）：19-25.

[141] 朱光文. 社庙演变、村际联盟与迎神赛会——以清以来广州府番禺县茭塘司东山社为例[J]. 文化遗产，2016，（3）：112-119.

[142] 彭尚青，黄敏，李薇，等. 民间信仰的“社会性”内涵与神圣关系建构——基于粤东“夏底古村”的信仰关系研究[J]. 汕头大学学报（人文社会科学版），2019，35（2）：28-34，94.

[143] 李翠玲. 社神崇拜与社区重构——对中山市小榄镇永宁社区的个案考察[J]. 民俗研究，2011，（1）：171-186.

[144] 赵世瑜. 庙会与明清以来的城乡关系. 清史研究，1997（04）：12-21，62.
[145] 宋刚，杨昌鸣. 近现代建筑遗产价值评估体系再研究[J]. 建筑学报，2013,（12）.
[146] 喻学才，王健民. 关于世界文化遗产定义的局限性研究. 云南师范大学学报（哲学社会科学版），2007，39（4）：79-82.
[147] 张成渝. "真实性"和"原真性"辨析. 建筑学院，2010（S2）：55-59.
[148] 阮仪三. 城镇遗产保护与同济城市规划[J]. 城市规划学刊，2012（6）：1-2.
[149] 车文明. 神庙献殿源流[J]. 古建园林技术，2005（1）：36-39.
[150] 林从华. 闽台关帝庙建筑形制研究[J]. 西安建筑科技大学学报（自然科学版），34（4），2002. 12：329-332.
[151] PARKINSON A, SCOTT M, REDMOND D. Competing discourses of built heritage: lay values in Irish conservation planning[J]. International Journal of Heritage Studies, 2016, 22(3): 261-273.
[152] FREDHEIM, L. HARALD, MANAL KHALAF. The significance of values: heritage value typologies re-examined[J]. International Journal of Heritage Studies, 2016, 22(6): 466-481.
[153] RIEGL, A. The modern cult of monuments: Its character and its origin [J].Oppositions 1982, 25, 21-51.
[154] CLARK, K, LENNOX, R. Public value and cultural heritage [J] Public Value. Routledge, 2019. 287-298.
[155] POULIOS, IOANNIS. Moving beyond a values-based approach to heritage conservation. [J] Conservation and Management of Archaeological Sites, 2010 12 (2): 170-185.
[156] WALTER. NIGEL. From values to narrative: a new foundation for the conservation of historic buildings. [J] International Journal of Heritage Studies, 2014, 20(6): 634-650.
[157] MASON, R. Assessing values in conservation planning: methodological issues and choices. In assessing the values of cultural heritage [J].de la Torre, M., Ed.; Getty Conservation Institute: Los Angeles, CA, USA, 2002; pp. 5-30.
[158] STEPHENSON, JANET. The cultural values model: an integrated approach to values in landscapes[J]. Landscapes and Urban Planning, 2008, 84.2: 127-139.
[159] RUDOLFF, BRITTA. "intangible" and "tangible" heritage: a topology of culture in context of faith. [D] Mainz, Univ., Diss., 2007.

# 附录

## 附录1 潮汕祠庙建筑遗产资料图照表示例

<table>
<tr><td rowspan="9">权属信息</td><td>编号</td><td colspan="3">JZ-002 霖田祖庙</td></tr>
<tr><td>祭拜对象</td><td colspan="3">（左）巾山助政明肃宁国王，（中）明山为清化盛德报国王，（右）独山惠威宏应丰国王</td></tr>
<tr><td>始建时间</td><td colspan="3">☑元代以前隋朝 □明代 □清代 □民国时期 □新中国成立以后</td></tr>
<tr><td>建筑是否列入各级保护名录</td><td colspan="3">是☑ 否□，如是，请注明：广东省第六批文物保护单位</td></tr>
<tr><td>保护状况</td><td colspan="3">☑保护状况良好 □保护状况一般 □保护状况差、损毁严重</td></tr>
<tr><td>利用状况</td><td colspan="3">□闲置 □居住 ☑利用，用途：祭祀、参观</td></tr>
<tr><td>总占地面积</td><td>平方米</td><td>建筑面积</td><td>平方米</td></tr>
<tr><td>建筑高度</td><td>米</td><td>建筑宽度</td><td>米</td></tr>
<tr><td>建筑层数</td><td>1层</td><td>房屋间数</td><td>间</td></tr>
<tr><td>建筑概述</td><td colspan="4">总体描述建筑概况，包括：建筑外观、朝向、色彩、层数、屋顶形式等建筑特征，建筑材料、门窗、装饰、功能空间设置以及精神信仰空间等。<br>面积1420平方米，庙内建筑为三开间三进深，分别为前殿、左右偏殿、正殿、后殿。大庙周围扩宽6040平方米，配套各种设施。大庙坐北朝南，覆盖琉璃瓦，雕梁画栋，配以花岗岩地板，保持了明清以来的建筑风格</td></tr>
<tr><td>重要改建历史</td><td colspan="4">请将有记录的重大改建和重修时间，改重建原因等信息按时间顺序排列。<br>霖田祖庙位于揭西县霖田镇（距汕头市区以西115公里），又称明贶古庙、三山国王庙、大庙，至今已具1400多年历史，历代均有修建，至1958年拆毁。1984年重建。此外的三山国王庙一般认为都是从该庙传播出去的</td></tr>
<tr><td>建筑中的故事</td><td colspan="4">描述建筑中发生的各种有意义、有趣的故事。<br>三山国王祖庙（14张）源起隋初隋文帝时期，潮州之三山（明山、巾山、独山）出现“神迹”。当地人便在巾山之麓建庙奉祀此三山之神，至今已1400多年历史。<br>唐朝开始，三山神成为当地山神，潮人对三山神普遍顶礼膜拜，每年都要定期祭祀三山神，其职能在禳灾纳福，为一般民众服务为主。韩愈被贬为潮州刺史，时逢淫雨伤害庄稼，百姓祝祷求三山神，雨乃止，韩愈便写了《祭界石文》，派人到祖庙祭拜。<br>到了北宋，“潮州三山神”因助宋太宗征北汉刘继元有功，宋太宗“诏封明山为清化盛德报国王、巾山为助政明肃宁国王、独山为惠威宏应丰国王”，并赐庙额曰：“明贶，并敕增广庙宇，岁时合祭。”从此，三山神便被统称为三山国王，三山国王庙又称明贶庙。至宋仁宗明道年间，“复加封广灵二字”。至此，“三山国王”经皇封，提升为国家神，成为为国家皇权服务的神灵象征。当时，其地域影响大体局限于潮州。<br>元朝，三山神的影响和地位，较唐、宋时期更加显赫。潮州、梅州、惠州，都建有“三山国王庙”，祭拜者，除当地民众外，还有“远近士人”“岁时”或“走集”都要前来拜祭</td></tr>
</table>

续表

<table>
<tr><td>建筑图照</td><td>

提交建筑的鸟瞰、正面、侧面、背面、室内、重要装饰等照片。

建筑正立面图

建筑外檐装饰

建筑内檐屋顶装饰

建筑内部神龛装饰

建筑内碑刻

建筑外祭祀环境空间

（图片所有存档见文件夹jz002霖田祖庙）

</td></tr>
</table>

## 附录2　潮汕地区祠庙建筑遗产范例

| 序号 | 祠庙遗产名称 | 公布时间 | 市 | 县区 | 详细地点 | 年代 | 保护级别 |
|---|---|---|---|---|---|---|---|
| 1 | 古榕武庙 | 第七批国保单位<br>国发［2013］13号<br>2013-3-5 | 揭阳市 | 榕城区 | 天福路 | 明 | 全国 |
| 2 | 揭阳城隍庙 | 第八批国保单位<br>国发［2019］22号<br>2019-10-7 | 揭阳市 | 榕城区 | 城隍路 | 明 | 全国 |
| 3 | 赤山古院 | 第八批省保单位<br>粤府函［2015］343号<br>2015-12-10 | 揭阳市 | 惠来县 | 华湖镇东福村 | 元 | 省 |
| 4 | 堡内古寨 | 第八批省保单位<br>粤府函［2015］43号<br>2015-12-10 | 揭阳市 | 惠来县 | 华湖镇堡内村 | 清 | 省 |
| 5 | 三山祖庙遗址（霖田祖庙） | 第六批省保单位<br>粤府［2010］53号<br>2010-5-10 | 揭阳市 | 揭西县 | 河婆镇庙角村 | 清 | 省 |
| 6 | 北门天后宫 | 揭府布［1993］1号<br>1993-3-5 | 揭阳市 | 榕城区 | 北门妈前 | 清 | 市 |
| 7 | 石湖古庙 | 揭府［2009］70号<br>2009-8-18 | 揭阳市 | 榕城区 | 新河村<br>桥头 | 明—清 | 市 |
| 8 | 古溪国王庙 | 揭府［2019］15号<br>2019-3-30 | 揭阳市 | 榕城区 | 榕城区<br>东升街道<br>东泮村 | 清 | 市 |
| 9 | 圣者古庙 | 揭府［2019］15号<br>2019-3-30 | 揭阳市 | 空港<br>经济区 | 空港经济区<br>登岗镇<br>登岗村孙畔村 | 清 | 市 |
| 10 | 乔林双忠庙和二圣书院 | 揭府［1996］21号<br>1996-4-14 | 揭阳市 | 揭东区 | 磐东街道<br>乔林乡 | 明 | 市 |
| 11 | 潮临古庙（含心月园） | 揭府［2019］15号<br>2019-3-30 | 揭阳市 | 揭东区 | 产业园磐<br>东街道<br>潭角社区 | 清 | 市 |
| 12 | 普宁城隍庙 | 普府［2008］52号<br>2008-6-29 | 揭阳市 | 普宁市 | 洪阳镇东村 | 明·万历 | 市<br>（县） |
| 13 | 松阳古庙 | 普府［2011］32号<br>2011-5-29 | 揭阳市 | 普宁市 | 梅林镇松阳村 | 清·乾隆 | 市<br>（县） |
| 14 | 河婆塔 | 揭府字（84）第158号<br>1984-8-21 | 揭阳市 | 揭西县 | 河婆街道西北<br>1公里处横江<br>河旁 | 清 | 县 |

续表

| 序号 | 祠庙遗产名称 | 公布时间 | 市 | 县区 | 详细地点 | 年代 | 保护级别 |
|---|---|---|---|---|---|---|---|
| 15 | 永昌古庙暨云湖庵 | 揭西府布［1994］2号 1994-5-25 | 揭阳市 | 揭西县 | 棉湖镇北爷门 | 明—清 | 县 |
| 16 | 慈济古庙暨古戏台 | 揭西府布［1994］2号 1994-5-25 | 揭阳市 | 揭西县 | 棉湖镇米街居委 | 明—清 | 县 |
| 17 | 天后圣庙 | 揭西府布［1999］1号 1999-1-12 | 揭阳市 | 揭西县 | 棉湖镇沙坝尾 | 明—清 | 县 |
| 18 | 字祖古庙 | 揭西府布［2003］1号 2003-8-20 | 揭阳市 | 揭西县 | 棉湖镇湖东大路口 | 清 | 县 |
| 19 | 棉善古庵暨城隍庙 | 揭西府布［2003］1号 2003-8-20 | 揭阳市 | 揭西县 | 棉湖镇方围居委三角埕 | 明—清 | 县 |
| 20 | 帝君古庙 | 揭西府布［2003］1号 2003-8-20 | 揭阳市 | 揭西县 | 棉湖镇新寨南门埕 | 清 | 县 |
| 21 | 三官寺祠庙群 | 揭西府布［2005］1号 2005-1-24 | 揭阳市 | 揭西县 | 凤江镇鸿江乡 | 清 | 县 |
| 22 | 惠来城隍庙 | 惠府布［1995］8号 1995-8-20 | 揭阳市 | 惠来县 | 惠城镇西一社区 | 明 | 县 |
| 23 | 关帝庙（又称关夫子庙） | 惠府函［2012］21号 2012-7-2 | 揭阳市 | 惠来县 | 隆江镇关镇社区 | 明 | 县 |
| 24 | 枫溪三山国王庙 | 2011年 | 潮州市 | 枫溪区 | 枫溪区洲园宫前市场 | 明—清 | 市 |
| 25 | 安济王庙 | 2011年 | 潮州市 | 湘桥区 | 湘桥区南堤 | 1996年 | 市 |
| 26 | 玄帝庙 | 2006年 | 潮州市 | 潮安区 | 潮安区浮洋镇庵后村 | 清 | 市 |
| 27 | 凤凰洲天后宫 | 2020年 | 潮州市 | 湘桥区 | 湘桥区仙洲岛凤凰洲公园内 | 清 | 市 |
| 28 | 饶平城隍庙 | 2013年 | 潮州市 | 饶平县 | 三饶古城西门 | 明—清 | 县 |
| 29 | 汕头老妈宫、古井 | 2017年 | 汕头市 | 金平区 | 金平区同益街道福明社区升平路1号 | 清 | 市 |
| 30 | 冠山古庙 | 1997年 | 汕头市 | 澄海区 | 澄海区澄华街道冠山居委会神山北麓 | 明、清 | 县 |
| 31 | 山海雄镇庙 | 2019年 | 汕头市 | 澄海区 | 澄海区东里镇南社村 | 清 | 市 |

续表

| 序号 | 祠庙遗产名称 | 公布时间 | 市 | 县区 | 详细地点 | 年代 | 保护级别 |
|---|---|---|---|---|---|---|---|
| 32 | 贵屿桥及桥头天妃庙 | 1996年 | 汕头市 | 潮阳区 | 潮阳区贵屿镇南安居委 | 元、明、清 | 市 |
| 33 | 桑田双忠古庙 | 1997年 | 汕头市 | 潮阳区 | 潮阳区河溪镇西田村屿山山脚 | 清 | 市 |
| 34 | 深澳天后宫 | 1981年9月20日 | 汕头市 | 南澳县 | 南澳县深澳镇海滨村 | 明 | 县 |
| 35 | 翠峰岩 | 1985年11月2日 | 汕头市 | 潮阳区 | 潮南区仙城镇深溪乡 | 元 | 县 |
| 36 | 汕头妈宫旁关帝庙 | 1988年11月19日 | 汕头市 | 金平区 | 金平区升平路4、6号 | 清 | 市 |
| 37 | 汕头老妈宫 | 1988年11月19日 | 汕头市 | 金平区 | 金平区升平路4、6号 | 清 | 市 |
| 38 | 神山古庵寺群 | 1992年12月3日 | 汕头市 | 澄海区 | 澄海区澄华街道冠山居委 | 明 | 市 |
| 39 | 深澳城隍庙 | 1992年8月15日 | 汕头市 | 南澳县 | 南澳县深澳镇金山村 | 明 | 县 |
| 40 | 深澳武帝庙 | 1992年8月15日 | 汕头市 | 南澳县 | 南澳县深澳镇金山村 | 明 | 县 |
| 41 | 聚福古庵 | 1992年8月15日 | 汕头市 | 南澳县 | 南澳县深澳镇金山村 | 明末 | 县 |
| 42 | 前江关帝庙 | 1992年8月15日 | 汕头市 | 南澳县 | 南澳县后宅镇前浦埕村 | 清 | 县 |
| 43 | 厦岭妈宫 | 1994年10月6日 | 汕头市 | 金平区 | 金平区光华街道厦岭路光华小学左侧 | 明 | 市 |
| 44 | 大湖神庙 | 1997年4月9日 | 汕头市 | 潮阳区 | 潮阳区海门镇湖边村 | 唐 | 市 |
| 45 | 后宅金山古庙 | 1999年9月24日 | 汕头市 | 南澳县 | 南澳县后宅镇城西村 | 清 | 县 |
| 46 | 后宅下天后宫 | 1999年9月24日 | 汕头市 | 南澳县 | 南澳县后宅镇北面村 | 清 | 县 |
| 47 | 云澳中柱天后宫 | 1999年9月24日 | 汕头市 | 南澳县 | 南澳县云澳镇中杜村村委会 | 清 | 县 |
| 48 | 祖师庙 | 1999年9月24日 | 汕头市 | 南澳县 | 南澳县后宅镇城西村 | 清 | 县 |

续表

| 序号 | 祠庙遗产名称 | 公布时间 | 市 | 县区 | 详细地点 | 年代 | 保护级别 |
|---|---|---|---|---|---|---|---|
| 49 | 宫前天后宫 | 2003年8月5日 | 汕头市 | 南澳县 | 南澳县后宅镇宫前村 | 清 | 县 |
| 50 | 樟林古港遗址（内含的祠庙） | 1984年12月5日 | 汕头市 | 澄海区 | 澄海区东里镇观一、南社、新兴街管理区 | 明—清 | 省 |
| 51 | 妈屿天后古庙（含新庙） | 1988年11月19日 | 汕头市 | 龙湖区 | 龙湖区妈屿岛 | 清 | 市 |
| 52 | 浮陇三山国王庙 | 2010年3月22日 | 汕头市 | 金平区 | 金平区汕樟北路西路段 | 清 | 市 |
| 53 | 祖姑祠 | 2010年3月22日 | 汕头市 | 澄海区 | 澄海区隆都镇后溪村 | 明 | 市 |
| 54 | 玉石玄帝古庙 | 2010年3月22日 | 汕头市 | 濠江区 | 濠江区玉新街道玉石村 | 明 | 市 |
| 55 | 珠珍古庙 | 2010年3月22日 | 汕头市 | 潮阳区 | 潮阳区河溪镇东陇村 | 明 | 市 |
| 56 | 胪岗天后古庙 | 2010年3月22日 | 汕头市 | 潮南区 | 潮南区胪岗镇胪岗村 | 明 | 市 |
| 57 | 下宫天后古庙 | 1999年3月30日 | 汕头市 | 潮阳区 | 潮阳区和平镇下寨大东门社 | 南宋 | 县 |
| 58 | 真武古庙遗址 | 2014年3月18日 | 汕头市 | 潮阳区 | 汕头市潮阳区莲峰北路 | 南宋 | 市 |
| 59 | 潮阳棉城双忠行祠 | 1997年4月 | 汕头市 | 潮阳区 | 汕头市潮阳区外交部街 | 清 | 市 |
| 60 | 三都城隍庙 | 2013年 | 汕头市 | 金平区 | 鮀江街道蓬洲东大街 | 明 | 市 |
| 61 | 潮阳铜辊祠 | 1996年 | 汕头市 | 潮阳区 | 赵厝巷口祖祠右侧巷内 | 清 | 市 |
| 62 | 三饶城隍庙 | 2004年 | 潮州市 | 饶平县 | 三饶镇中华路 | 明 | 县 |

# 附录3　与潮汕祠庙建筑遗产相关的非物质文化遗产范例

| 序号 | 名称 | 起源 | 简介 | 保护时间 | 保护内容 | 保护等级 |
|---|---|---|---|---|---|---|
| 1 | 贵屿双忠信俗 | 明 | 明嘉靖十二年（1533年）汕头贵屿双忠赛会与贵屿街路棚习俗融为一体，存续至今，全民参与，独具特色 | 第四批国家非物质文化遗产保护名录 | 双忠游神赛会（每年农历二月） | 国家 |
| 2 | 潮阳英歌 | 明 | 潮阳英歌舞是汉族民间广场情绪舞蹈，是傩文化的沿革、变化，至明代吸收北方大鼓与秧歌而逐渐演化成英歌舞 | 第一批国家非物质文化遗产保护名录 | 潮阳英歌舞 | 国家 |
| 3 | 潮剧 | 明 | 潮剧是用潮汕方言演唱的地方戏曲剧种，是广东三大地方剧种之一，形成于明代，已有四百余年历史 | 第一批国家非物质文化遗产保护名录 | 潮剧。潮剧表演分为生、旦、丑、净四大行当。演唱用真声，柔婉清丽，唱腔以曲牌联缀兼板式变化 | 国家 |
| 4 | 潮州音乐 | 唐宋 | 潮州音乐是潮汕民间音乐种类的总称，潮州音乐以其品种多样，雅俗兼备，曲调优美丰富，节奏变化多端而称著 | 第一批国家非物质文化遗产保护名录 | 乐种为潮州大锣鼓、潮阳笛套古乐、潮州弦诗乐、潮州细乐、庙堂音乐和潮州外江音乐 | 国家 |
| 5 | 潮阳剪纸 | 清 | 潮阳剪纸艺术历史悠久，源远流长，是与民俗相融合演化而成的民间艺术。潮阳剪纸主要用于美化与装饰，题材广泛，造型灵活。刀法精巧细腻 | 第一批国家非物质文化遗产保护名录 | 潮阳剪纸蕴藏大量的文化历史和原生态民俗文化信息，对研究中原文化的发源和潮汕地区的历史及民俗文化有意义 | 国家 |
| 6 | 嵌瓷 | 明 | 大寮嵌瓷艺术是以潮汕风格为主兼带闽南特色的民间建筑装饰工艺，是建筑工艺重要的组成部分，至今有一百多年的历史 | 第二批国家非物质文化遗产保护名录 | 广泛应用于祠堂、庙宇、民居等大型建筑物的装饰 | 国家 |
| 7 | 蜈蚣舞 | 晚清 | 起源于晚清年间，是融音乐、舞蹈、武术于一体的广场式大型动物舞蹈。这种以蜈蚣为表演素材的舞蹈在全国独一无二，对研究潮汕传统文化和民俗都有特殊的艺术价值 | 第二批国家非物质文化遗产保护名录 | 既惟妙惟肖地模仿出蜈蚣的形态、习性，又表现出一种强烈、稳健、磅礴的气概 | 国家 |
| 8 | 澄海灯谜 | 明 | 澄海灯谜是人民群众喜闻乐见的民间民俗文化活动。有文字记载的历史至今有三百多年 | 第二批国家非物质文化遗产保护名录 | 其特色是衍延了宋代临安“司鼓引猜，曲乐助兴”的先朝遗风 | 国家 |

续表

| 序号 | 名称 | 起源 | 简介 | 保护时间 | 保护内容 | 保护等级 |
|---|---|---|---|---|---|---|
| 9 | 潮州木雕 | 唐 | 题材广泛、构图饱满、雕刻精细、玲珑剔透、多层镂空、金碧辉煌等特点而称誉海内外 | 第二批国家非物质文化遗产保护名录 | 木雕技艺是一种纯手工技艺，按技法分为：沉雕、浮雕、通雕、圆雕、镂空雕等 | 国家 |
| 10 | 南澳县后宅渔灯赛会 | 清 | 始于清代，起源于海岛每年元宵祭祀庙会，分布南澳全岛。融舞蹈、音乐、造型艺术、杂艺、戏曲于一身 | 第三批省级非物质文化遗产保护名录 | 后宅元宵灯会是南澳海岛的文化盛事 | 省 |
| 11 | 鳌鱼舞 | 1943 | 鳌鱼舞的创作题材来自古代神话传说中的鳌鱼崇拜，鳌鱼吐珠，焰火冲霄，锣鼓喧天，场面十分壮观 | 第三批省级非物质文化遗产保护名录 | 舞蹈由潮州大锣鼓和连缀曲牌伴奏 | 省 |
| 12 | 潮南英歌舞 | 唐 | 在潮南，英歌舞被认为具有“驱鬼神、镇邪恶、保平安、求福祉”的作用，每逢春节、元宵、游神赛会上表演 | 第四批省级非物质文化遗产保护名录 | 以刚劲、雄浑、粗犷、奔放的舞姿，构成了磅礴、威武、强壮、豪迈的气势 | 省 |
| 13 | 揭阳城隍庙会 | | 揭阳城隍庙会是以民间信仰为主要内容的民间群众性活动和民间文化活动，以祭拜和巡游为主要活动形式 | | 城隍庙会演变成寓教于乐、既尊重传统又活跃群众文化生活的民俗活动 | 市 |
| 14 | 潮式粿品制作技艺 | | “粿”成为潮汕地区民间习俗祭神拜祖的必备贡品。“时节做时粿”。粿品，不仅是精美食品，而且更凝结着一种潮汕人文精神 | 第五批省级非物质文化遗产保护名录 | 潮汕先民从中原南迁至潮汕，按祖籍习惯，祭祖要用面食当粿品，而南方不产麦子，只能用大米来做粿品 | 省 |
| 15 | 华阳珠珍娘娘信俗 | 明 | 华阳珠珍妈祖主管小孩“天花”“麻疹”“水痘疹”，当地百姓有求必应，人人无不信仰，成为当地群众护佑神 | 第六批省级非物质文化遗产保护名录 | “珠珍妈祖”圣诞日（每年农历六月六日），于节前备三牲、果品等分别前往“珠珍古庙”奉祭，不定期举办妈祖莲驾巡游庆典信俗活动 | 省 |
| 16 | 潮州青龙庙会 | 明 | 传统庙会以青龙古庙为活动中心，以遍布潮州各地的神前（社）为依托，庙会活动影响遍及潮汕地区，并受到侨居海外的潮汕人士的关注 | 第四批省级非物质文化遗产保护名录 | 农历正月二十四日至月末 | 省 |
| 17 | 南澳车鼓舞 | 清 | 取材于历史名著《水浒传》中梁山泊好汉营救卢俊义的故事 | 第一批市级非物质文化遗产保护名录 | 整个舞蹈融音乐、戏剧、杂耍、杂技于一体，具有鲜明的海岛文化特色 | 市 |

续表

| 序号 | 名称 | 起源 | 简介 | 保护时间 | 保护内容 | 保护等级 |
|---|---|---|---|---|---|---|
| 18 | 厦岭妈宫俗信 | 明 | 每年开春厦岭妈宫要举行传统的妈祖巡安民俗活动；农历三月二十三妈祖圣诞日要举行隆重的祭祀活动，为妈祖娘娘祝寿 | 第三批市级非物质文化遗产保护名录 | 年底前要举办酬谢神恩的传统民间习俗祭祀活动 | 市 |
| 19 | 凤岗珍珠娘娘庙会 | 清 | 每年正月十六晚至十七晚，来自四乡八里的香客汇集到凤岗珍珠娘娘庙奉拜凤岗妈，成为濠江乃至潮汕地区的特色乡村民俗庙会 | 第三批市级非物质文化遗产保护名录 | 濠江区凤岗社区的珍珠娘娘，也是从周边地区传的 | 市 |
| 20 | 深澳麒麟舞 | | 深澳舞麒麟是海岛优秀传统民间艺术，融渔灯、舞蹈、音乐、造型艺术于一身，以内涵丰富、特色鲜明、观赏性强，成为海岛民间舞蹈的一朵奇葩 | 第四批市级非物质文化遗产保护名录 | 体现了海岛群众旺财、旺人丁、旺文和吉祥如意的美好愿望 | 市 |
| 21 | 赛大猪习俗（冠山） | | 冠山赛大猪始于清代嘉庆年间，是每年祭神活动中的重头戏。“赛大猪”酬神活动举行的同时，祠前上演潮剧大戏、木偶戏及潮乐演奏。神轿出游队伍标旗花篮、龙舞高跷，配合潮州大锣鼓点翩翩起舞 | 第五批市级非物质文化遗产保护名 | 冠山赛大猪祭神信俗，形式独特，文娱活动丰富多彩，场面宏大，而百多年来一直延续至今，是澄海独具特色的民间习俗 | 市 |
| 22 | 下宫妈祖传说 | 明 | 下宫妈祖传说就是关于潮阳和平下宫天后古庙妈祖的所有传说，这些传说是老百姓世代口口相传的故事，它属于民间文学的范畴 | 第六批市级非物质文化遗产保护名录 | 六尊妈祖圣像，除掌宫妈为泥塑的之外，余者均为木雕 | 市 |
| 23 | 南枝醒狮 | 唐 | 南枝醒狮是从传统南狮孕育出来的一种醒狮技法，其技法可溯自唐代，自五代十国后随中原移民南迁传入岭南地区，与少林南枝拳结合，成为一项独具潮汕特色的民间传统技艺 | 第五批市级非物质文化遗产保护名录 | 逢年过节，重大节假日，都会舞狮助兴，祈求平安吉祥 | 市 |
| 24 | 塑彩（普宁金身妆彩） | | 潮汕地区将神像称为“金身”。金身妆彩是一种在雕刻好的神像素坯上作立体塑饰，再印金上彩的装饰技艺。它结合了木雕和泥塑工艺的技术经验和风格 | 第八批省级非物质文化遗产保护名录 | 普宁金身妆彩民俗内涵深厚，是潮汕文化的代表性符号之一 | 省 |
| 25 | 狮舞（刘厝寨金狮） | 清 | 刘厝寨金狮是一种以传统舞蹈为主兼及传统体育的游艺活动，流行于揭西县棉湖镇四乡村刘厝寨 | 第八批省级非物质文化遗产保护名录 | 刘厝寨金狮表达了一种驱邪祈福，致瑞呈祥的群众意愿，内容通俗易懂，为群众所喜闻乐见，具有通俗性和大众化的地方特色 | 省 |

续表

| 序号 | 名称 | 起源 | 简介 | 保护时间 | 保护内容 | 保护等级 |
| --- | --- | --- | --- | --- | --- | --- |
| 26 | 灯彩（西陇灯笼） | 元末 | 普宁市流沙北街道西陇村是远近闻名的“灯笼之乡” | 第八批省级非物质文化遗产保护名录 | 虱母仙指导村民们选好方位筑好寨门后，即教西陇人用竹料制作灯笼 | 省 |
| 27 | 三山国王祭典 | 明 | 祭祀活动主要在三山祖庙（即明贶庙）中进行，当地俗称“猪羊祭”。祭典当天，人们要将当地庙宇中的三山国王神像请到三山祖庙，安放在神龛上，才能进行祭祀。祭典活动有一整套严格的仪式 | 第二批省级非物质文化遗产保护名录 | 三山国王作为潮汕地区民间信仰习俗，庙祀千年不衰，祭典活动中保留了客家人的传统信仰仪式 | 省 |
| 28 | 锣鼓标旗巡游 | 南宋 | 锣鼓标旗巡游是潮汕地区群众喜闻乐见的节庆民俗娱乐形式，相传潮汕地区锣鼓标旗巡游源于南宋时临安送新酒的出游活动，经潮人引入家乡，兼容并蓄潮汕民间艺术，逐渐发展而成 | 第二批省级非物质文化遗产保护名录 | 锣鼓标旗巡游的内容涉及美术、音乐、曲艺、宗教信仰等多个门类，是一种综合性的民俗艺术形式 | 省 |
| 29 | 澄海火帝巡游 | 清 | 在每年农历二月十四，整个樟林便会举行一次盛大的“游火帝”活动，将供奉在火帝庙中的火帝抬出来全乡街道巡游 |  | 敬神活动已逐渐向民俗活动过渡，提升樟林古港知名度 | 市（申报） |

# 后记

本书源自作者博士学位论文，修订成稿，特此向导师唐孝祥教授表达深切的感激之情。恩师以身垂范，其严谨认真的治学理念、渊博深厚的理论素养、系统严密的思维方式，对笔者影响深远。感谢恩师在笔者学术探索中每一个倍感艰辛的关键节点上，为笔者拨云见日，给予了睿智远虑的指引，引领笔者以审美的态度豁达面对科研与人生。此番经历，让笔者深刻领悟到除了扎实的学养、广阔的视野及探索未知的勇气之外，更应持有一份从容不迫的人生 态度，此乃为学与为人至高境界的体现。

潮汕地区祠庙建筑遗产是城乡聚落的公共场所，其类型多样，保存完整，极具地方特色，与民俗活动共同构成了独特的社会现象和文化景观。本书选题依托国家自然科学基金项目《岭南道观园林空间演变机制研究》，从区域视野展开对潮汕祠庙遗产价值的研究，笔者希望能够借由此书为本土建筑遗产及城乡历史建成环境保护提供理论依据与本土化实践参考。但作者终究笔力有限，对潮汕祠庙遗产历久弥新的独特魅力还未能全面描摹，研究仍需进一步拓展和深化。未来的研究将进一步探索本体价值、衍生价值和工具价值的生成、特征和范围，构建更加细致清晰的遗产价值认知模型，更好地把握建筑遗产对社会、历史和文化的意义。其次，当代的发展进程带来了遗产价值的多元性和复杂性，在后续研究中会采用更为动态的研究方法审视建筑遗产的演变过程，深入理解其与当代社会的互动关系，关注价值中的冲突与变化，挖掘建筑遗产在历史发展过程中的重叠、隐含的价值，为其可持续发展和社会影响力的提升提供新的思路和方法。此外，考虑到建筑遗产类型的多样性及多元化的发展需求，研究的对象范围将考虑纳入更多类型的本土建筑遗产进行研究，希望在促进本土建筑遗产与日常生活的共同发展中起到一定作用。

本书的最终完成离不开在调研、撰写、出版等方面得到的诸多无私帮助，点滴汇聚成河，常流于心间，此乃笔者人生之幸，感激不尽。在此衷心感谢诸位师者、同门、同仁及亲友的悉心教导、鼎力相助与倾心扶持，感谢潮汕当地居民为本书提供了潮汕生活世界的宝贵素材，感谢中国建筑工业出版社细致严谨的出版工作，感谢惠州学院哲学人文社会科学项目、惠州市哲学社会科学项目、亚热带建筑与城市科学全国重点实验室的资助。